混凝土阻裂理论与试验研究

范向前　张　雷　胡少伟　陆　俊　著

科 学 出 版 社

北　京

内 容 简 介

本书介绍当前国内外在混凝土断裂与阻裂方面研究的最新成果，针对混凝土断裂破坏过程，将钢筋和 FRP 布作为阻裂介质，开展钢筋混凝土与 FRP 加固混凝土断裂破坏试验与理论研究工作。本书主要内容包括标准钢筋混凝土弯曲梁阻裂特性试验与理论，非标准弯曲梁阻裂特性试验与理论，FRP-混凝土黏结界面可变形双层梁理论模型，不同胶层厚度的 FRP-混凝土黏结界面节点模型，FRP 加固混凝土结构的应力-滑移黏聚本构模型，初始缝高比对 FRP 加固混凝土阻裂特性影响的试验与理论，FRP 加固混凝土最佳阻裂长度和层数试验与理论，不同 FRP 类型加固混凝土阻裂试验与理论，以及 FRP 加固混凝土黏结界面混合型断裂试验。

本书可供水利、力学、土木、工业民用建筑等领域从事混凝土理论研究的科研工作者和工程技术人员使用，也可为相关专业的高等院校教师、研究生及高年级本科生提供参考。

图书在版编目(CIP)数据

混凝土阻裂理论与试验研究/范向前等著. —北京：科学出版社, 2020.2
ISBN 978-7-03-064368-1

Ⅰ. ①混… Ⅱ. ①范… Ⅲ. ①纤维增强混凝土-研究 Ⅳ. ①TU528.572

中国版本图书馆 CIP 数据核字(2020)第 021889 号

责任编辑：惠 雪 张 湾 曾佳佳／责任校对：杨聪敏
责任印制：张 伟／封面设计：许 瑞

科学出版社 出版
北京东黄城根北街 16 号
邮政编码：100717
http://www.sciencep.com

北京中石油彩色印刷有限责任公司 印刷
科学出版社发行 各地新华书店经销
*
2020 年 2 月第 一 版 开本：720 × 1000 1/16
2020 年 2 月第一次印刷 印张：12 1/2
字数：250 000

定价：99.00 元

(如有印装质量问题，我社负责调换)

前　言

近年来，我国大型建设项目日益增多，以三峡大坝、东海大桥、上海洋山港和南水北调等为代表的大型工程更是标志着我国基础设施建设已经进入全新的发展阶段。混凝土作为近现代最广泛使用的建筑材料，由于其非均匀多相性，内部不可避免存在空隙、微裂缝等缺陷。另外，混凝土在浇筑过程中存在泌水作用，干燥期间水泥浆收缩受到粗骨料的限制，进一步加剧了水泥砂浆与骨料之间微裂缝的产生。但与此同时必须注意的是，混凝土材料具有抗拉强度低、韧性差、可靠性低和开裂后裂缝宽度难以控制等缺点，使许多混凝土结构在使用过程中，甚至是建设过程中出现众多不同程度、不同形式的裂缝。大坝中常见的温度裂缝若未得到有效控制，不仅会造成人们心理上的恐慌，严重的还将影响大坝的蓄水安全，渡槽中的收缩裂缝会影响结构的输水效率甚至输水安全，近海及跨海大桥中的裂缝会加速二氧化碳和氯离子等有害物质向混凝土内部的侵入，将极大危害这些结构的耐久性及使用寿命。在现有的经济和技术基础下，科学的要求是将混凝土的裂缝控制在允许的有害程度范围内，因此，从全球低碳经济的要求出发，对现有带裂缝混凝土结构工程的修复加固工作已成为建设领域的重要组成部分。

本书针对混凝土的开裂问题，开展钢筋混凝土与 FRP 加固混凝土断裂试验，得到 FRP 加固带裂缝混凝土的最佳黏结长度和最佳黏结层数，提出钢筋与 FRP 对混凝土的阻裂理论，构建 FRP 加固混凝土黏结界面滑移模型，揭示 FRP 加固混凝土损伤断裂界面的剥离规律，并结合双 K 断裂理论建立 FRP 加固混凝土荷载、有效裂缝长度及 FRP 参数间的等量关系式。

本书共 11 章，第 1 章为绪论，第 2 章为标准钢筋混凝土弯曲梁阻裂特性试验与理论，第 3 章为非标准弯曲梁阻裂特性试验与理论，第 4 章为 FRP–混凝土黏结界面可变形双层梁理论模型，第 5 章为不同胶层厚度的 FRP–混凝土黏结界面节点模型，第 6 章为 FRP 加固混凝土结构的应力–滑移黏聚本构模型，第 7 章为初始缝高比对 FRP 加固混凝土阻裂特性影响的试验与理论，第 8 章为 FRP 加固混凝土最佳阻裂长度试验与理论，第 9 章为 FRP 加固混凝土最佳阻裂层数试验与理论，第 10 章为不同 FRP 类型加固混凝土阻裂试验与理论，第 11 章为 FRP 加固混凝土黏结界面混合型断裂试验。

本书的研究工作先后得到了江苏省优秀青年科学基金项目 “CFRP 加固腐蚀混凝土缺口梁断裂理论与试验研究”(BK20180051)，国家自然科学基金项目 “FRP 加固混凝土动态断裂及其声发射特性研究”(51679150)、“FRP 加固水工混凝土结构的界面断裂及粘聚本构关系研究”(51209102)、“基于 AE 技术的 FRP 增强混凝土缺口梁损伤断裂机理研究”(51409162)，中央级公益性科研院所南京水利科学研究院重点领域科研创新团队“水工结构服役安全与性能提升创新团队”(Y417015)，南京水利科学研究院基金重大项目“水工混凝土疲劳裂缝扩展机理及多尺度预测模型构建”(Y419003)，中央级公益性科研院所基本科研业务费专项资金“水工泄水建筑物新老混凝土粘结II型断裂性能研究”(HKY-JBYW-2013-04)，南京水利科学研究院出版基金的大力资助。同时，本书借鉴了国内外有关专家的研究成果，在此一并表示感谢。

本书总结作者在混凝土断裂与阻裂方面的研究成果，提出一些作者的观点和想法，这些观点和想法仅代表作者当前对上述问题的认识，有待进一步补充、完善和提高。虽然作者在书稿的写作过程中付出了很多努力，但书中难免存在不足之处，敬请读者批评指正。

范向前

2019 年 8 月 15 日

目 录

第1章 绪 论

1.1 概 述

混凝土结构经历了百余年的发展，已经成为结构工程领域最为常见的结构形式之一。它具有造价低廉，受力性能好，可塑性强，施工方便等特点。即便在新型结构和新型材料蓬勃发展的今天，混凝土结构仍能以其无可替代的优势，被广泛采用。但混凝土结构也存在许多不可避免的缺陷，如混凝土的质量受施工和环境因素影响较大，这成为制约混凝土结构应用的主要因素。很多混凝土结构如住宅、桥梁、海港码头等在浇筑养护过程中的振捣不足或者温度突变，服役期间经受冻融循环等诸多因素都可能造成结构中混凝土的薄弱，从而削弱结构的抗力，尤其对于长期暴露在氯离子环境下的结构，这种现象更为普遍 [1−4]。有资料显示，美国 1975 年由混凝土的各种腐蚀引起的损失达 700 亿美元，英国英格兰岛中部环形快车道上 11 座混凝土高架桥，10 年间对混凝土的修缮费达到了造价的 1.6 倍 [5]。近年来，各地地震频发，震级之大，造成的财产损失和人员伤亡程度之严重令人触目惊心。为了保证混凝土结构服役期间的抗震安全，延长其有效服役寿命，人们急需通过有效的措施对既有混凝土结构进行加固处理。

早期由于纤维增强聚合材料 (fiber reinforced polymer, FRP) 造价昂贵，刚问世时仅在航空航天和汽车工业上有所应用。FRP 加固混凝土结构技术的研究始于瑞士联邦材料测试与研究实验室于 1984 年进行的碳纤维增强聚合材料 (carbon fiber reinforced polymer, CFRP) 板加固钢筋混凝土梁的试验 [6]。从 20 世纪 90 年代起，FRP 在土木工程中的应用一直是国内外研究的热点，其在混凝土结构加固领域的效果也被越来越多的学者所认知 [7]。随着科技的进步和社会的发展，FRP 的生产成本大幅度降低，这也使 FRP 能够作为一款高性价比的加固材料出现在建筑结构加固领域。1990 年，美国国家科学基金会 (National Science Foundation, NSF) 资助了有关玻璃纤维增强聚合材料 (glass fiber reinforced polymer, GFRP) 产品的研发项目，美国混凝土协会 (American Concrete Institute, ACI) 编制并发布了 FRP 加固钢筋混凝土结构指导测试方法等规范规程 [8]。与此同时，加拿大也针对 FRP 加固混凝土在干湿交替和冻融循环状态下的加固效果展开了较为长期的研究。日本在 1995 年阪神大地震后也开始了 FRP 加固钢筋混凝土结构的研究，并制定了相关规范规程。

我国对 FRP 加固钢筋混凝土结构的研究大约开始于 20 世纪 80 年代末期，清华大学、同济大学、香港理工大学、东南大学、大连理工大学等多所高校和研究机构都对 FRP 加固钢筋混凝土结构进行了研究，并取得了很多宝贵的科研成果。我国已经编制了《碳纤维片材加固混凝土结构技术规程》(CECS146: 2003)[9] 等一批关于 FRP 加固钢筋混凝土结构的技术规程，并且在《混凝土结构加固设计规范》(GB 50367—2013)[10] 中将“粘贴纤维复合材料加固法”作为重要的一章。目前有很多钢筋混凝土结构都采用 FRP 法进行加固 [11]，如美国 Bergstroms 机场的 Hilton 饭店，还有我国湖南溆浦、上海宝山、韶关等地的桥和引桥等，都获得了良好的加固效果。在日本的加固工程中，FRP 加固工程占到总数的 45%。在我国也有越来越多的钢筋混凝土结构采用 FRP 进行加固 [12]。可见 FRP 加固技术已经在国内外都得到了广泛的研究与应用。相信随着技术的进步和 FRP 加固理论的日趋完善，FRP 会在钢筋混凝土加固领域发挥越来越大的作用。

实际工程中对混凝土结构的加固方法有很多 [13−18]，传统的方法如增大混凝土截面法、粘贴钢板法、预应力加固法、改变结构法等都已广泛地应用于工程之中。但是传统方法存在施工周期长、耗时费力、抗锈抗腐蚀能力差等缺陷，这些都会对加固效果产生不良影响。随着科技的进步和经济的发展，一种曾经价格高昂的 FRP 悄然进入了建筑结构加固领域，以其特有的优势逐渐取代了传统加固方法，成为结构工程领域重要的加固材料之一。FRP 是多股连续纤维，采用基底材料 (如聚酰胺树脂、聚乙烯树脂、环氧树脂) 胶合后，经过特制的模具挤压成型材或将纤维编织成布，用黏结剂制成的不同形状的材料 [19]。按照纤维种类的不同，目前常见的 FRP 包括 CFRP、GFRP、芳纶纤维增强聚合材料 (aramid fiber reinforced polymer, AFRP) 和玄武岩纤维增强聚合材料 (basalt fiber reinforced polymer, BFRP) 等。与传统加固方法相比，FRP 加固法有以下优点。

(1) 轻质高强。FRP 的拉伸强度最大可以达到钢材强度的十倍以上，而重量约为钢材重量的五分之一。

(2) 施工方便。FRP 加固施工流程简单，现场无湿作业，施工周期短。

(3) 防腐性好。FRP 具有良好的化学稳定性，其加固的钢筋混凝土结构具有卓越的抗酸、碱和盐的能力，增强了结构对外界的适应能力。

(4) 使用范围广泛。FRP 可以制成片材、型材和板材，因此可以根据混凝土构件的形状和样式选择加固材料。

(5) 热膨胀系数与混凝土相近，不会由于温度改变在界面之间产生较大的黏结应力，影响加固效果。

1.2　混凝土断裂力学基本理论和研究进展

按照力学理论和材料强度进行设计的材料，计算时只要工作应力不超过材料的允许应力就认为结构或构件是安全的 [20]，而实际构件却往往会在低于设计荷载情况下发生低应力脆断现象，甚至造成灾难性事故。断裂力学正是为了弥补传统设计思想的这一严重不足而产生的。通过大量的观察和研究发现，低应力脆断事故的发生大都是因为存在于材料内原有的微小裂缝和缺陷。人们越来越认识到必须进一步研究含裂缝材料的性能，弄清裂缝尖端附近应力–应变情况，掌握裂缝在荷载作用下的扩展规律，进而提出抗断设计的方法。断裂力学就是在这种背景下产生和发展起来的。由于断裂力学能把含裂缝构件的断裂应力、裂缝大小及材料抵抗裂缝扩展的能力定量地联系在一起，它不仅能圆满解释传统力学不能解释的低应力脆断事故，而且也为避免这类事故的发生找到了解决的办法，为发展新材料、新工艺指明了方向。

早在 1920 年，Griffith 就在关于玻璃脆断的论文中建立了脆性断裂理论的基本框架，同时清楚地表述了弹性理论解析关于含椭圆孔无限平面介质的弹性解的模糊性。在 Griffith 之后的二十余年间，诸多科学家在这一学科领域播下了对断裂力学发展有启蒙作用的种子，但均没有上升到 20 世纪 40 年代末 50 年代初 Irwin 等所达到的高度。Irwin 和 Orowan 分别在同一时期内独立地将 Griffith 理论扩展到金属材料 [21]，同时 Irwin 将 Griffith 理论的整体概念与一个更容易计算的裂缝尖端的应力参数联系起来。因为这两个贡献在断裂力学的发展中起着决定作用，所以线弹性断裂力学也称为 Griffith-Irwin 断裂力学。1981 年，我国编纂的第一本应力强度因子手册 [22] 问世，标志着线弹性断裂力学趋于成熟。

1961 年，Kaplan[23] 首先将线弹性断裂力学理论应用于混凝土构件, 从此开始了广泛的混凝土断裂试验研究工作，并引起了当时学术界的广泛关注和重视 [24]。此后三十多年，针对混凝土断裂性能，有关学者进行了大量的试验研究工作 [25]。随着研究工作的不断深入，舍弃一些不符合混凝土特点的假定、理论和试验方法，采用能反映混凝土本身特点的新假定、理论和试验方法，从而逐渐形成了断裂力学的一个新分支 —— 混凝土断裂力学。

混凝土在承受荷载前，内部就存在微孔穴和微裂缝。在受载后，新裂缝可能在原有裂缝基础上发展，也可能以骨料破坏形式出现，还可能是在骨料间与水泥浆基体的黏结部位产生，或是上述三种情况同时出现。因此对混凝土裂缝产生的原因、裂缝的特性、裂缝的发展过程、裂缝危害性的评估及防止裂缝的对策进行研究是相当必要和紧迫的，并且得到学术界的极大关注。对混凝土裂缝特性的研究，始于 1976 年 Hillerborg 及其同事提出的虚拟裂缝模型 (fictitious crack model，FCM)[26]，这也是混凝土断裂力学成熟的起点，之后被众多学者不断完善。混凝土自身存在不可避免的微裂缝，使混凝土裂缝前缘部分传递应力的能力削弱，这一现象称为混凝土材料的软化。材料软化后其传递应力的能力与微裂区的“宏观”变形之间存在一种反比关系，即微裂区发展越充分，其所传递的应力越小，当微裂区扩展宽度达到

材料的极限宽度 W_0 时，所传递的应力为零，并同时出现宏观裂缝。根据混凝土裂缝扩展的上述特点，FCM 认为可以将微裂区简化成一条“虚裂缝”，该虚裂缝的张开宽度 (w) 代表微裂区变形量的大小，虚裂缝面上某一点所传递的软化应力 $\sigma(x)$ 与该点虚裂缝面的张开宽度 $W(x)$ 之间的关系称为软化曲线。

国际断裂力学会议最早于 1965 年在日本举行，但直到 1973 年在联邦德国举办的第 3 届国际断裂力学会议，混凝土断裂力学才被设为专题研究，此后每届国际断裂力学会议都发表有关于混凝土断裂力学的文章。

国际材料与结构研究实验联合会 (International Union of Laboratories and Experts in Construction Materials, Systems and Structures, RILEM) 于 1979 年举行了第一次混凝土断裂力学专题讨论会，各国学者就混凝土断裂力学方面的研究成果和最新进展展开交流。之后，RILEM 几乎每年举行一次混凝土断裂力学学术讨论会。特别是 1992 年，国际混凝土及混凝土结构断裂力学协会在瑞士成立，将各种混凝土断裂力学国际研讨会统一起来，并举办了首届国际混凝土和混凝土结构断裂力学学术大会，之后每三年召开一次，并遵循欧洲 — 美国 — 欧洲 — 亚洲的循环模式，目前已召开了十届。第 10 届国际混凝土和混凝土结构断裂力学学术大会于 2019 年在法国召开。

我国 20 世纪 70 年代的河南板桥水库、石漫滩水库，20 世纪 90 年代的青海沟后面板砂砾坝等相继发生溃坝，引起国内学者对断裂力学这一问题的高度重视 [27]，国内学者也开始了对混凝土断裂力学的研究。章佺等 [28]、潘家铮 [29]、于骁中和居襄 [30] 等在我国重要期刊上发表了一系列有关混凝土断裂力学的研究成果。这些论文的发表对于我国混凝土断裂力学的研究起到了很好的推动作用。随后在各单位的共同努力下，国内在混凝土断裂力学方面取得了一批有价值的研究成果。我国第 1 届全国岩土、混凝土断裂力学会议于 1981 年在湖南柘溪举行，到目前已成功举办了 16 届。

混凝土断裂力学发展到现在已经取得了很大的进展，有关混凝土断裂力学的文献逐年增加，取得了一批重要成果。早期，有关学者主要围绕混凝土断裂韧度 K_{Ic} 进行研究。从 1961 年 Kaplan 研究这一问题开始，国内外很多学者探讨了混凝土配合比 [31,32]、龄期 [33,34]、骨料种类 [35] 和尺寸 [36,37] 等变量对混凝土断裂韧度的影响 [38,39]。

混凝土在发生失稳断裂前存在裂缝缓慢而稳定的增长阶段，Kaplan 采用染色法测量了失稳前裂缝的扩展情况，徐世烺 [40] 和田明伦等 [41] 也都分别在试验中予以证实，因而人们设想混凝土裂缝端部会形成一个微裂缝区，而不像某些金属材料那样在裂缝端部形成塑性区。混凝土裂缝端部微裂缝区的特性对于深入探讨混凝土的断裂机理、建立混凝土断裂物理模型是有重要意义的。为此，于骁中和居襄 [42] 就混凝土裂缝端部的微裂缝区进行了探讨。受裂缝端部的微裂缝区的影响，混凝土的应力–应变曲线、荷载–位移曲线和荷载–裂缝张口位移曲线都不同程度地显示了混凝土具有一定程度的非线性。裂缝端部微裂缝区的影响应当作为混凝土裂缝端部的特性加以考虑，同时，其他部位的微裂缝改变了材料的结构，消耗了部分外力功也应考虑进去。

混凝土断裂韧度测试技术也是人们长期以来研究的课题之一。首先对于试件的形状和尺寸进行了较为深入的探讨。从 Kaplan 采用三点弯曲梁和纯弯曲梁试件以来，人们在试验中还先后采用了紧凑拉伸试件、板型试件、双扭转梁试件和双悬臂试件，现在较为一致的看法是采用三点弯曲梁试件比较简便易行，所以目前采用三点弯曲梁试件的试验居多。RILEM 于 1982 年 3 月在巴黎召开的混凝土断裂力学会议上已推荐了采用三点弯曲梁试件测定混凝土断裂韧度和断裂能的试验方法。上述研究工作为建立混凝土断裂韧度的试验规程打下了良好的基础。

在早期的研究中，人们主要采用线弹性断裂力学理论来测定混凝土材料的断裂韧度。把试验测定的最大荷载和试件的初始裂缝长度代入线弹性断裂力学给出的应力强度因子计算公式 [式 (1-1)] 中来计算混凝土材料的断裂韧度，并应用式 (1-2) 来评估带裂缝混凝土构件的寿命和安全性。

$$K_{\mathrm{I}} = y\sigma\sqrt{a} \tag{1-1}$$

$$K_{\mathrm{I}} = K_{\mathrm{Ic}}, \qquad K_{\mathrm{I}} = y\sigma\sqrt{a} \tag{1-2}$$

式中，K_{I} 为 I 型裂缝缝端应力场的强度因子，它反映裂缝端部局部区域内应力场的强弱情况；K_{Ic} 为材料的断裂韧度，即材料发生脆性断裂破坏时应力场强度因子 K_{I} 的临界值；a 为裂缝长度；σ 为拉应力；y 为反映构件几何的几何因子。

然而，大量的试验数据显示 [43,44]，采用式 (1-1) 测得的断裂韧度存在明显的尺寸效应，表现出随尺寸增大而增大的递增关系，而不是人们期望的稳定常数 [45,46]。由于当时根据线弹性断裂力学无法解释混凝土断裂韧度的尺寸效应现象，很多学者对线弹性断裂力学移植于混凝土材料的可行性产生了质疑，混凝土断裂力学的发展也一度处于停滞阶段。随着试验测量和观察技术的发展，人们发现在混凝土裂缝的发展历程中，并不像理想均质材料一样裂缝的起裂就意味着裂缝开始失稳扩展，它们响应于两个不同的加载历史，在这期间裂缝发展要经历一个较长的稳定亚临界扩展阶段，通常把该稳定的裂缝扩展区称为断裂过程区，它是混凝土材料固有的断裂属性。事实上，线弹性断裂力学主要用来解决理想脆性材料和构件存在裂缝型缺陷时裂缝的扩展规律。实际上，裂缝尖端附近总是存在塑性区，若塑性区很小 (如远小于裂缝长度)，则可采用线弹性断裂力学方法进行分析。但线弹性断裂理论不同于传统的强度理论，后者把材料看成均匀、连续的理想固体，忽略材料内部可能存在的缺陷，而前者正是把材料本身的缺陷作为前提，因此更符合材料的实际情况。若裂缝体内裂缝尖端附近有较大范围的塑性区，就需用弹塑性断裂力学方法，即采用弹性力学、塑性力学研究物体裂缝扩展规律和断裂准则 [47]。

混凝土断裂力学从它问世以来就有着鲜明的实用目的，实际工程的迫切需要促使混凝土断裂力学研究工作蓬勃兴起。混凝土断裂力学的发展又可以不断解决工程中的实际问题，促进生产的发展。但是，混凝土作为一个多相复合材料，其断裂机理非常复杂，它的断裂过程不仅是一个力学问题，还将包括热力学、物理学、化学等问题。由于混凝土材料的复杂性，混凝土断裂力学研究中的每一步都颇为困难。然而，混凝土材料在生产中日益广泛的应用，使这项研究工作正处在异军突起、方兴未艾的阶段。随着研究工作的深入开展，许多新兴的边缘学科也在不断开拓，同时也将促进混凝土断裂力学及其应用的更大发展。

到目前为止，混凝土断裂研究大致可分为两类 [48]，一类是建立在 Griffith 理论基础上的线弹性断裂力学参数所表示的混凝土断裂特性，另一类则着重研究裂缝形态和断裂表面，以了解材料不均匀性对裂缝的影响。从本质上来讲，混凝土材料从起裂到断裂始终都不是线弹性的，也不是真正意义上的均质各向同性的。因此，线弹性混凝土断裂力学的发展遇到了不少困难。为此，人们提出了以下几种混凝土断裂破坏的非线性分析方法和模型。

1) FCM

Hillerborg 提出的 FCM 从概念上基本摆脱了金属断裂力学的影响，开创了混凝土非线性断裂研究的新思路 [29]。Hillerborg 认为裂缝的扩展以裂缝前形成的微裂区为先导，将微裂区视为一条虚拟裂缝，随着外荷载的增加，此区域内材料的刚度降低，使裂缝前端部分传递应力的能力降低。但由于骨料和基体的桥接作用，在虚拟裂缝面上作用着能使裂缝有闭合趋势的黏聚力，裂缝前端仍有传递应力的能力。黏聚力与虚拟裂缝宽度存在一定的反比关系，即黏聚力随虚拟裂缝宽度的增加而降低。当虚拟裂缝宽度达到某一极限值时，黏聚力变为零，此时宏观裂缝出现。虚拟裂缝上传递应力和虚拟裂缝宽度 (张口位移) 之间的关系为材料的软化本构关系，它反映材料上一点的应力状态，无论采用何种测试方法，其值均应相同。然而 FCM 不能直接求出裂缝扩展的亚临界扩展长度的解析解，需要与有限元相结合。尽管该模型广泛用于非线性断裂力学有限元分析中，但因其计算复杂，难以应用到实际的工程问题分析中。

2) 钝裂缝带模型

在 Hillerborg 研究的基础上，Bazant 于 1983 年提出了钝裂缝带模型 (blunt crack band model, BCBM)[49]。BCBM 将裂缝的断裂过程区看作一些密集平行的微裂缝组成的裂缝带，这些裂缝带具有一定的宽度。对于混凝土材料，裂缝带的宽度取为最大骨料粒径的 3 倍。由于裂缝带有一定的宽度，缝端也有一定的宽度，即缝端并非尖状的，而是钝状的。由于该模型将裂缝带看作正交各向异性介质，可以很方便地确定裂缝带及结构的应力和变形。该模型能自动形成新的裂缝，而不必改变网格图，还能表示任何方向的裂缝，在使用方面比 FCM 要方便。

20 世纪 80 年代以来，以 FCM 和 BCBM 为基础的混凝土非线性断裂力学取得了迅速的发展，许多反映裂缝扩展及断裂过程区的模型也相继建立起来，主要有双参数断裂模型 (two parameter fracture model, TPFM)、等效裂缝模型 (effective crack model, ECM)、尺寸效应模型 (size effect model, SEM)。

3) TPFM

Jenq 和 Shah 通过进行线弹性断裂模型的修正，提出了 TPFM[50,51]，该模型以线弹性断裂力学为基础，引入一些符合混凝土非线性特性的假设。Jenq 和 Shah 提出了两个断裂控制参数，即临界失稳韧度 $K^{s}_{\mathrm{I c}}$ 和临界裂缝尖端张口位移 $\mathrm{CTOD_c}$，并使用它们建立了断裂准则。TPFM 采用 0.95 倍最大荷载处的卸载韧度计算临界有效裂缝长度 a_c，弥补了不可恢复变形对计算裂缝长度 a 的影响；在断裂参数测试方法上，TPFM 需要复杂的加卸载过程，并需要统计回归，且其经验公式在应用上多受限制；闭合力的大小与应变软化曲线无关，不能探讨应变软化曲线与材料性能的影响关系；该模型以线弹性断裂力学中的应力强度因子的解析表达为目的，没有考虑分布在断裂过程区内的黏聚力作用。

1990 年 RILEM 建议了 TPFM 中采用的两个断裂控制参数的测定方法 [52]。在此之后，RILEM 组织进行了大量系统的试验，结果发现控制参数 $K^{s}_{\mathrm{I c}}$ 可视为材料的参数，与几何尺寸无关，但另一控制参数 $\mathrm{CTOD_c}$ 计算的结果偏差甚大，关于它是否可认为是材料参数没有给出结论。

4) ECM

最经典的两个 ECM 是 Karihaloo 和 Nallathambi 的 ECM[53,54] 与 Swartz 等的 ECM[55,56]。

Karihaloo 和 Nallathambi 的 ECM 研究的对象是三点弯曲梁，使用的是荷载–加载点位移，而不是荷载–裂缝张口位移，并采用在最大荷载时对应的割线柔度，这就意味着 ECM 考虑了塑性变形对临界等效裂缝长度的贡献，所得到的临界等效裂缝长度大于 TPFM 中线弹性等效的临界等效裂缝长度。使用临界弹性等效裂缝长度可以得到模型的等效断裂失稳韧度。

而 Swartz 等的 ECM 主要依赖于试验的观察。该模型指出，就三点弯曲梁而言，当梁高大于 203mm 且缝高比小于 0.65 时，断裂过程区就能充分发展且形状保持不变。因此，当试件破坏时，断裂过程区的长度实质上就是一条应力自由的宏观弹性裂缝。根据这一假设他们通过染色法试验测定了缝高比从 0.2 到 0.8 不同试件破坏时的平均裂缝长度，得到了破坏时裂缝长度与最大荷载的变化曲线，称其为标定曲线。

5) SEM

Bazant 和 Kazemi 根据弹性等效方法提出了 SEM[57]。该模型通过测试一系列几何形状相似但尺寸不同的混凝土切口试件的最大荷载 $F_{\max}$，由线性回归计算平均断裂能 $\overline{G_{\mathrm{F}}}$。该模型所测得的平均断裂能 $\overline{G_{\mathrm{F}}}$ 与一般试验方法测得的断裂能不同，它不随试件的尺寸变化，RILEM 也推荐此方法并详细介绍了试验要求和计算步骤 [11]；并且 Bazant 结合 BCBM，通过量纲分析和相似原理给出了描述非线性过渡区的数学表达式。该模型测试断裂参数时需要复杂的试验设备和技术，并需要统计回归，且其经验公式在应用上多受限制，因此也表现出其不足之处。

6) 双 K 断裂模型

大量研究结果表明，混凝土的破坏过程就是裂缝的产生、闭合、扩展和失稳的过程，混凝土内部众多裂缝端部的应力集中是混凝土开裂，从而导致混凝土结构发生失稳破坏的原因。

混凝土作为一种准脆性材料，由于骨料掺合料的增加，其断裂并不像理想的脆性材料那样突然，而是一个由线弹性稳定扩展到最后失稳破坏的三阶段逐步发展的过程，失稳断裂韧度作为控制阈值可确定混凝土裂缝从非线性裂缝稳定扩展到失稳扩展阶段的转折点，但无法估计断裂从线弹性到非线性，即裂缝起裂到稳定扩展的控制点。尽管断裂力学在混凝土结构应用中能够跟踪裂缝的发展，预测、预报混凝土结构中裂缝发展对结构造成的危险程度，从而采取适当的措施加强或修补混凝土结构，延长混凝土结构寿命，但是，作为一个反映混凝土断裂行为特征的断裂模型仅有失稳断裂参数是不够的，因为对于一些特殊功能要求的混凝土结构 (如海上混凝土钻井平台、混凝土高拱坝)，不仅需要了解其失稳断裂参数，掌握其起裂断裂参数也是非常重要的。

鉴于上述原因，吸取众多混凝土断裂模型的优点，考虑各自的局限性，基于线弹性断裂力学并考虑断裂过程区内黏聚力的作用，1999 年 Xu 和 Reinhardt[58,59] 提出了以应力强度因子为参量的混凝土断裂模型 —— 双 K 断裂模型，该模型不仅具有完备的理论基础，而且可以描述混凝土裂缝的扩展特性。在这个模型中，除了使用失稳断裂韧度这一参数来控制裂缝的临界失稳外，还引入了一个新的概念，即起裂断裂韧度来作为裂缝起裂的控制参数。并且该模型可以通过简便的试验方法确定其所包括的两个断裂参数，即混凝土的起裂断裂韧度和失稳断裂韧度，可望在工程中进入实际的应用阶段。

在实际应用中，双 K 断裂模型有一个重要的优点，即一般的准则在描述破坏极限状态时都以失稳断裂韧度为判定标准，是单一参数，而对于某些重要的结构，结构的起裂和失稳都需要一个明确的量化参数，有时对裂缝起裂的准确预测更为重要，双 K 参数准则解决了这一问题。$K=K_{\mathrm{Ic}}^{\mathrm{ini}}$ 可作为主要结构裂缝扩展的判断准则；$K_{\mathrm{Ic}}^{\mathrm{ini}}<K<K_{\mathrm{Ic}}^{\mathrm{un}}$ 可作为主要结构失稳扩展前的安全警报；$K=K_{\mathrm{Ic}}^{\mathrm{un}}$ 可作为

一般结构裂缝扩展的判断准则。

为了求得混凝土试件的起裂断裂韧度 $K_{\mathrm{Ic}}^{\mathrm{ini}}$ 和失稳断裂韧度 $K_{\mathrm{Ic}}^{\mathrm{un}}$，必须精确测得试件的起裂荷载 F_{ini}、最大荷载 $F_{\max}$ 及起裂荷载和最大荷载对应的裂缝长度，最大荷载 $F_{\max}$ 可以通过试验直接求得，而起裂荷载 F_{ini} 很难通过试验求得。尽管目前有关起裂荷载的测试方法有激光散斑法、光弹贴片法、扫描电子显微镜法等，但是这些设备并非所有实验室都可以配备，因此其使用起来还是具有很大的局限性，而且大多数探测方法只是针对混凝土试件表面的裂缝，对试件内部裂缝发展情况却不能准确反映。我国《水工混凝土断裂试验规程》(DL/T 5332—2005) 中建议将试验测得的荷载–裂缝张口位移 (F-CMOD) 曲线上找到的线性段和非线性段的转折点作为起裂荷载 F_{ini}，但实际读数会因人而异，误差较大，因此需要对此进行改进。鉴于此，双 K 断裂理论提出了反分析方法解析确定起裂断裂韧度，经过分析发现，起裂断裂韧度 $K_{\mathrm{Ic}}^{\mathrm{ini}}$ 和失稳断裂韧度 $K_{\mathrm{Ic}}^{\mathrm{un}}$ 不是孤立的两个断裂控制参数，它们与骨料黏聚力导致的黏聚韧度增值 $K_{\mathrm{Ic}}^{\mathrm{c}}$ 符合三参数定律，公式表示为

$$K_{\mathrm{Ic}}^{\mathrm{ini}} = K_{\mathrm{Ic}}^{\mathrm{un}} - K_{\mathrm{Ic}}^{\mathrm{c}} \tag{1-3}$$

式中，$K_{\mathrm{Ic}}^{\mathrm{ini}}$ 为起裂断裂韧度；$K_{\mathrm{Ic}}^{\mathrm{un}}$ 为失稳断裂韧度；$K_{\mathrm{Ic}}^{\mathrm{c}}$ 为混凝土骨料之间黏聚韧度增值。

使用 FCM 提出的软化本构关系，Xu 和 Reinhardt[60] 给出了 $K_{\mathrm{Ic}}^{\mathrm{c}}$ 的积分解和实用的解析解，确定了起裂断裂韧度 $K_{\mathrm{Ic}}^{\mathrm{ini}}$ 和失稳断裂韧度 $K_{\mathrm{Ic}}^{\mathrm{un}}$。印度学者 Kumar 和 Barai 采用权函数解析法求得了 $K_{\mathrm{Ic}}^{\mathrm{c}}$ [61]，分析了双 K 断裂参数的尺寸效应，并与 FCM 预测的尺寸效应进行了对比 [62]。

双 K 断裂理论综合了虚拟裂缝方法和等效弹性方法，避免了 FCM 和 BCBM 的数值运算，也避免了 SEM 和 ECM 的回归分析，同时也考虑了 TPFM 忽略的塑性变形的影响。该模型物理意义明确，理论基础较为完备，使用的试验技术方法简易可行，但是双 K 断裂韧度值不能通过计算直接得出。

双 K 断裂理论系统而完备，基于完全的解析分析之上，无须任何统计回归分析。在试验中，双 K 断裂模型所要求测定的试验参数少，只需测定 F-CMOD 曲线的上升段，试验方法简便易行，在一般试验条件下都可以实现，因此受到国内外工程界和学术界的关注。美国科罗拉多大学 Saouma 教授认为双 K 断裂模型是对 FCM 的挑战。因为在 Hillerborg 提出的 FCM 中，裂缝扩展的判定仍建立在裂缝尖端的强度基础上，其隐含的一个前提就是裂缝尖端的奇异性是不存在的。而双 K 断裂模型认为裂缝黏聚力对裂缝抵抗阻力的贡献并不足以用来抵消外荷载在裂缝尖端的奇异性，因此裂缝扩展的判定并不以强度为标准，而是以线弹性断裂力学为基础。而且双 K 断裂模型引入起裂断裂韧度和失稳断裂韧度可以区分裂缝的起裂和稳定扩展阶段。通过简化计算，双 K 断裂模型给出了双参数的闭合解析解。对

工程技术人员而言，双 K 断裂方法可能更易接受 [63]。西班牙学者 Elices 在 ACI 公开出版的一本学术专著的论述改进的线弹性断裂力学方法一节中评论了两种模型，即 Jenq 和 Shah 的 TPFM 与双 K 断裂模型，认为 TPFM 属于只把裂缝失稳扩展作为规定条件的那类较为简单的模型类型，而双 K 断裂模型已经对此作了新的发展，提出了一个新的概念，即起裂断裂韧度表征初始裂缝的起裂，在确定有效裂缝长度方面与 TPFM 也有所不同。

双 K 断裂模型于 2000 年秋由 ACI446 委员会作为断裂参数规范化测试方法的五种建议草案之一进行了讨论，并在 2001 年 11 月美国材料与试验协会 (American Society for Testing and Materials, ASTM) 召开的学术讨论会上作了进一步讨论，我国《水工混凝土断裂试验规程》(DL/T 5332—2005)[64] 也将双 K 断裂模型作为其理论基础。

7) 新 K_{R} 阻力曲线模型

在双 K 断裂准则的基础之上，Xu 和 Reinhardt 以应力强度因子为前提提出了基于虚拟裂缝扩展黏聚力 (简称为黏聚力) 的新 K_{R} 阻力曲线模型，该模型能够合理描述准脆性材料断裂全过程的裂缝扩展规律 [65,66]。新 K_{R} 阻力曲线模型即裂缝扩展阻力曲线模型，认为在裂缝扩展过程中，裂缝扩展阻力表示材料本身对外界荷载的抵抗力。这部分抵抗力很大程度上是由黏聚力产生的。裂缝扩展阻力由两部分组成: 一部分是材料本身抵抗开裂的韧度，即起裂断裂韧度; 另一部分就是在主裂缝扩展过程中，分布在断裂过程区上的黏聚力所产生的扩展阻力。该方法有较完备的理论基础，其包括的断裂参数可以用简单的断裂试验加以确定，与其他阻力曲线模型相比更具有实用性。另外，该方法不仅考虑了外荷载影响，而且充分考虑到分布在断裂过程区上黏聚力的影响，新 K_{R} 阻力曲线模型体现了混凝土材料的软化特性，能较好地反映混凝土结构裂缝起裂、稳定扩展和失稳断裂的全过程。试件尺寸及所选用的混凝土软化曲线形状对新 K_{R} 阻力曲线模型的影响研究表明，新 K_{R} 阻力曲线模型基本上无尺寸效应，混凝土软化曲线形状对新 K_{R} 阻力曲线模型有一定的影响，但所获得的结果有一定程度的离散性。

文献 [67-69] 从能量的角度出发，结合线弹性断裂力学和虚拟裂缝上的黏聚力分布，将能量释放率 G 作为断裂性能判定参数，建立了混凝土结构裂缝扩展的双 G 准则。与双 K 断裂参数相对应，双 G 准则引入了两个重要的裂缝扩展判定参量: 起裂断裂韧度 $G_{\mathrm{Ic}}^{\mathrm{ini}}$ 和失稳断裂韧度 $G_{\mathrm{Ic}}^{\mathrm{un}}$。

1.3 混凝土阻裂方法及研究概况

现有文献对带裂缝混凝土结构工程的修复加固主要集中在以下几个方面: ① 钢筋修复加固 [70,71]; ② 纤维修复加固 [72,73]; ③ 超高韧性水泥基复合材料

(ultra high toughness cementitious composite，UHTCC) 修复加固 [74]；④ FRP 修复加固 [75,76]。虽然有关四种加固混凝土结构的研究均已取得了阶段性的成果，但是，四种加固混凝土结构断裂特性的研究工作还非常有限，为此，本书在国内外已有文献综合分析的基础上，对上述四种加固混凝土缺口梁断裂性能进行较为系统的阐述与总结。

1.3.1 钢筋加固混凝土断裂研究概况

由于钢筋与混凝土两者材料的互补性，钢筋混凝土结构成为迄今结构工程中应用最成功、最广泛的复合材料结构，采用钢筋抑制混凝土裂缝的扩展备受学者关注 [77]。

基于普通混凝土断裂参数计算公式，在研究钢筋混凝土断裂参数计算公式时，假定混凝土与钢筋之间黏结牢固，且钢筋的应力–应变关系采用理想的弹塑性模型，如图 1-1 所示，即钢筋一旦进入塑性，其应变不断增加，应力保持不变 [78]。

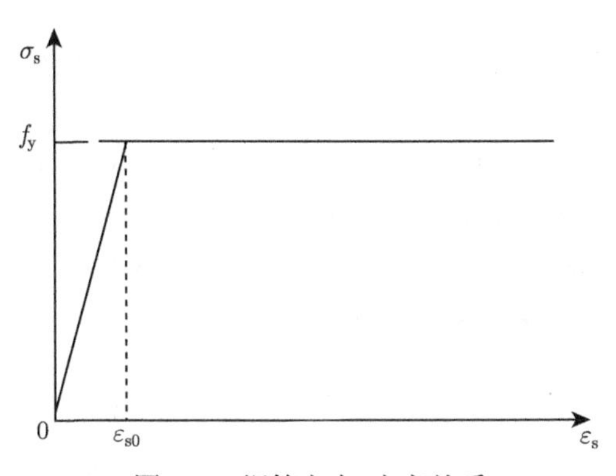

图 1-1 钢筋应力–应变关系

f_y 为钢筋屈服强度，σ_s 和 ε_s 分别为钢筋的应力和应变，ε_{s0} 为钢筋屈服时对应的钢筋应变值

在钢筋混凝土沿预制裂缝扩展的过程中，由于钢筋对裂缝的闭合作用，将会延迟裂缝的开裂，延缓裂缝的扩展速度，提高钢筋混凝土三点弯曲梁试件破坏时的极限承载能力。随着荷载的增大，裂缝尖端处的应力强度因子由于应力集中的存在而逐渐增加，并当钢筋混凝土三点弯曲梁试件的起裂断裂韧度 $K_{\mathrm{Ic}}^{\mathrm{ini}}$ 等于钢筋与荷载在裂缝尖端产生的应力强度因子 (K_{Is}、K_{IF}) 时，钢筋混凝土试件开始沿预制裂缝扩展；钢筋混凝土从开裂到失稳之前，由于裂缝前端断裂过程区的存在，在虚拟裂缝面上将有黏聚力产生，黏聚力同钢筋一样，起到使裂缝闭合的作用，因此钢筋混凝土的失稳断裂韧度除了受钢筋与荷载在裂缝尖端产生的应力强度因子影响外，还受到黏聚力产生的应力强度因子 $K_{\mathrm{I}}^{\mathrm{c}}$ 的影响，当荷载、黏聚力、钢筋三者在裂缝尖端产生的应力强度因子等于裂缝的失稳断裂韧度 $K_{\mathrm{Ic}}^{\mathrm{un}}$ 时，裂缝开始失稳扩

展，混凝土逐渐退出工作，之后的荷载由钢筋承担 [79]。

朱榆 [80] 等通过研究指出：钢筋混凝土三点弯曲梁在断裂过程中分为三个阶段，即裂缝起裂阶段、稳定扩展阶段和失稳破坏阶段；钢筋在混凝土裂缝扩展过程中的限制作用，使钢筋混凝土在失稳破坏前的裂缝长度有所增长。

1.3.2　纤维加固混凝土断裂研究概况

由于混凝土具有明显的脆断性，如何提高混凝土的抗裂强度和韧性，是工程界十分关注的问题。20 世纪 70 年代初研究人员将钢纤维、合成纤维等掺入混凝土，制成了抗裂性能优良的加固混凝土结构 [81]。

王新友 [82] 基于线弹性断裂力学和叠加原理，假定纤维产生的闭合力沿裂缝长度均匀分布且不考虑非线性桥接区中吸收的能量，给出了纤维加固复合材料中裂缝尖端的应力强度因子 K_{R}，如式 (1-4) 所示：

$$K_{\mathrm{R}} = K_{\mathrm{c}} + K_{\mathrm{r}} \tag{1-4}$$

式中，K_{c} 为无纤维时裂缝尖端的应力强度因子；K_{r} 为使裂缝闭合的纤维桥接引起的应力强度因子。

关丽秋和赵国藩 [83] 基于线弹性断裂力学理论研究了钢纤维混凝土的断裂问题。以 I 型裂缝问题为例，将钢纤维简化成作用在裂缝上的阻裂应力 σ_{f}，在计算上就可以把一个钢纤维混凝土构件当作一个尺寸与之完全相同的素混凝土构件 (等效构件) 来处理，可得纤维混凝土应力强度因子 K_{I}，如式 (1-5) 所示：

$$K_{\mathrm{I}} = Y\sqrt{a/2}\left[\sigma - \eta_0\tau_0\,(l/d)\,V_{\mathrm{f}}\right] \tag{1-5}$$

式中，Y 为与裂缝类型、加载方式及构件尺寸有关的常数；a 为裂缝长度；σ 为作用在无穷远处垂直于裂缝的拉应力；η_0 为纤维方向系数；τ_0 为黏结应力；l/d 为试件的长细比；V_{f} 为纤维体积掺量。

Gao 和 Zhang[84] 通过理论推导，也给出了钢纤维混凝土的断裂韧度计算公式，如式 (1-6) 所示：

$$K_{\mathrm{fIc}} = \frac{F_{\max}S}{BW^{\frac{3}{2}}}F\left(\frac{a_{\mathrm{e}}}{W}\right) \tag{1-6}$$

$$F\left(\frac{a_{\mathrm{e}}}{W}\right)=2.9\left(\frac{a_{\mathrm{e}}}{W}\right)^{1/2}-4.6\left(\frac{a_{\mathrm{e}}}{W}\right)^{3/2}+21.8\left(\frac{a_{\mathrm{e}}}{W}\right)^{5/2}-37.6\left(\frac{a_{\mathrm{e}}}{W}\right)^{7/2}+38.7\left(\frac{a_{\mathrm{e}}}{W}\right)^{9/2} \tag{1-7}$$

式中，K_{fIc} 为钢纤维混凝土断裂韧度；a_{e} 为有效裂缝长度；S 为试件两支座间的跨度；B 为试件的宽度；W 为试件的高度。

Petresson[85] 通过三点弯曲梁试验得出一般混凝土的断裂能为 60~100N/m，钢纤维加入混凝土后，钢纤维与混凝土基体间的桥接作用的强弱、钢纤维拔出量的多少对断裂能有明显影响 [86]，通过三点弯曲梁试验得到的钢纤维混凝土切口梁的荷载–挠度曲线呈逐渐下降的趋势，而不像普通混凝土近于直线下降，钢纤维使峰值后的荷载–挠度曲线变得平缓，因此，钢纤维混凝土的断裂能较普通混凝土断裂能有明显提高 [87,88]，且研究表明，钢纤维混凝土断裂能随养护时间的增加逐渐增大 [89]，钢纤维类型对混杂纤维高强混凝土的断裂性能具有显著影响，切断弓形钢纤维对高强混凝土断裂性能的改善优于铣削型钢纤维和剪切波纹型钢纤维 [90]。

1.3.3 UHTCC 加固混凝土断裂研究概况

UHTCC 具有轻质高强、高能耗及高弯曲性能，而且与普通混凝土的黏结性能好。对混凝土材料内部结构进行调整、优化，使混凝土材料在拉伸时通过多条细密裂缝以提高混凝土的韧度，使混凝土材料出现准应变强化特征 [91,92]。

范兴朗等 [93] 给出了 UHTCC 净应力强度因子 K_{net}，可以表达为

$$K_{\mathrm{net}} = K_{\mathrm{F}} - K_{\mathrm{c}} - K_{\mathrm{u}} = 0 \tag{1-8}$$

式中，K_{F}、K_{u} 分别为外荷载及 UHTCC 的桥接应力产生的应力强度因子。

朱榆和徐世烺 [94] 通过试验，基于双 K 断裂模型 [95]，引入适用于 UHTCC 加固混凝土三点弯曲梁裂缝扩展过程的起裂断裂韧度 $K_{\mathrm{Ic}}^{\mathrm{ini}}$ 和失稳断裂韧度 $K_{\mathrm{Ic}}^{\mathrm{un}}$，起裂断裂韧度采用与其相同材料、相同试件形式的素混凝土三点弯曲切口梁测得的起裂断裂韧度，失稳断裂韧度是根据素混凝土得到的起裂断裂韧度和 UHTCC 加固的混凝土三点弯曲梁实际的黏聚韧度增值 $K_{\mathrm{Ic}}^{\mathrm{c}}$ 由三参数定律计算求得，如式 (1-9)：

$$K_{\mathrm{Ic}}^{\mathrm{un}} = K_{\mathrm{Ic}}^{\mathrm{ini}} - K_{\mathrm{Ic}}^{\mathrm{c}} \tag{1-9}$$

研究结果表明 [96]：UHTCC 的开裂要早于混凝土裂缝的起裂，UHTCC 的存在不仅能明显提高混凝土的开裂荷载和失稳荷载，还可以显著延长混凝土的失稳破坏过程，有助于提高结构的安全性。

UHTCC 材料因其优异的力学性能, 为混凝土结构解决耐久性、工程结构抗裂防震及对旧结构翻新和加固等提供了新的途径。UHTCC 与混凝土界面的黏结性能是确保 UHTCC 在混凝土桥梁结构中加固应用的基本前提，同时 UHTCC 与混凝土的界面又是比较薄弱的部位，因此，国内外学者对 UHTCC 与混凝土界面的黏结性能也进行了一些相关的研究。

1) 抗拉性能研究

目前国内外学者 [97,98] 主要进行了界面粗糙度、UHTCC 强度等级、混凝土基材强度等级、界面黏结剂类型、界面龄期 (28 天、120 天和 365 天)、UHTCC 加固方法 (现浇 UHTCC、预制 UHTCC) 对 UHTCC 与混凝土界面轴向抗拉性能的影响研究，以及现浇 UHTCC 与混凝土界面、预制 UHTCC 与混凝土界面的轴向拉

伸强度预测模型的研究。研究结果表明：界面粗糙度、UHTCC 强度等级、界面黏结剂、界面龄期、UHTCC 加固方法对界面轴向抗拉性能的影响显著，而混凝土基材强度等级对界面轴向抗拉性能的影响甚微；抗拉强度模型与试验结果具有较好的一致性。

2) 抗剪性能研究

目前国内外学者 [99−104] 主要进行了界面粗糙度、UHTCC 强度等级、混凝土基材强度等级、界面黏结剂类型、界面的干湿状态 (湿饱和状态、干燥状态)、界面的方位 (水平面、竖直面)、界面龄期 (28 天、120 天和 365 天)、界面处理方式 (钢刷处理、刨凿处理、酸侵蚀处理)、UHTCC 加固方法 (现浇 UHTCC、预制 UHTCC)、UHTCC 的砂灰比 (0.5、0.6 和 0.8)、UHTCC 厚度、UHTCC 中矿渣和粉煤灰的掺入量对 UHTCC 与混凝土界面抗剪强度的影响研究，以及 UHTCC、自密实混凝土、普通混凝土与混凝土界面抗剪强度的对比研究。研究结果表明：界面粗糙度、UHTCC 强度等级、混凝土基材强度等级、界面黏结剂类型、界面龄期、界面处理方式、UHTCC 加固方法、UHTCC 的砂灰比对界面抗剪强度的影响显著，而界面的干湿状态、界面的方位、UHTCC 厚度、UHTCC 中矿渣和粉煤灰的掺入量对界面抗剪强度的影响并不显著；并根据试验数据回归建立了界面粗糙度与界面抗剪强度之间的关系公式，两者之间近似呈线性关系；相同强度下 UHTCC 与混凝土界面的抗剪强度优于自密实混凝土、普通混凝土与混凝土界面的抗剪强度。

3) 断裂性能研究

对于 UHTCC 与混凝土界面断裂性能的研究尚未得到学术界广泛的关注，目前众多学者 [105,106] 仅进行了不同界面粗糙度对 UHTCC 与混凝土界面断裂性能的影响研究，研究结果表明：界面粗糙度显著影响 UHTCC 与混凝土界面的断裂能，且界面的粗糙度越大界面断裂能越大；并根据试验数据回归建立了界面断裂能与界面粗糙度的关系，两者之间呈二次函数关系。

4) 耐久性研究

在学术界对于 UHTCC 与混凝土界面的耐久性也尚未得到广泛的关注，目前国内外学者仅进行了 UHTCC 与混凝土界面的收缩 [107]、抗氯离子渗透性 [108,109]、抗气体与液体渗透性 [109] 的研究，研究结果表明：收缩对 UHTCC 与混凝土界面力学性能的影响甚微；UHTCC 与混凝土界面具有良好的抗氯离子渗透性、抗气体与液体渗透性。

5) 界面黏结性能和抗裂性能研究

UHTCC 具有超高的韧性、良好的裂缝宽度控制能力和微小多裂缝特征，即使在极限拉应变达到 3%时，裂缝宽度依然可以控制在 100μm 以内 [110]，所以可以将 UHTCC 应用到钢筋混凝土梁的受拉区，改善其抗裂性。UHTCC 与混凝土界面的黏结性能是保证 UHTCC 与混凝土一起工作的关键，因此国外学者进行了弯曲荷载作用下，UHTCC 层厚度、UHTCC 部分加固与整体加固、界面粗糙度对 UHTCC 加固钢筋混凝土梁的界面黏结性能、弯曲控裂性能的试验研究，弯曲荷载作用下高强钢筋混凝土/UHTCC 叠合梁的力学性能研究 [111]，以及持久荷载作用下 UHTCC 加固钢筋混凝土梁的弯曲控裂性能研究 [112,113]。

1.3.4 FRP 加固混凝土断裂研究概况

FRP 由于其强度高、质量轻、防腐蚀、耐疲劳、与混凝土的黏结性能好及便于施工等诸多优点而受到重视 [114,115]。

Yi 等 [116] 通过混凝土三点弯曲梁的外贴碳纤维加固试验，研究了 FRP 加固混凝土梁断裂特性。研究认为，FRP 与混凝土界面剪切强度计算公式为

$$\tau_{\mathrm{u}} = 1.5\beta_{\mathrm{w}} f_{\mathrm{ts}} \tag{1-10}$$

式中，f_{ts} 为混凝土试件抗拉强度；$\beta_{\mathrm{w}} = \sqrt{\dfrac{2.25 - b_{\mathrm{f}}/b_{\mathrm{c}}}{1.25 + b_{\mathrm{f}}/b_{\mathrm{c}}}}$，$b_{\mathrm{f}}/b_{\mathrm{c}}$ 为 FRP 与混凝土试件的宽度比。

通过在 FRP 表面粘贴应变片监测 FRP 中的应变，根据两个毗邻测点 i、j 得到的应变值 ε_i、ε_j，两测点间的平均剪切应力计算公式为

$$\tau_{ij} = \frac{t_{\mathrm{p}} \times E_{\mathrm{p}} \times (\varepsilon_i - \varepsilon_j)}{\Delta l_{i,j}} \tag{1-11}$$

式中，t_{p}、E_{p} 和 $\Delta l_{i,j}$ 分别为 FRP 的厚度、弹性模量及两测点 i、j 应变片的中心距离。将 τ_{ij}、τ_{u} 进行比较，进而判断出 FRP 与混凝土的黏结状态。

在进行 FRP 有效黏结长度计算过程中，由于 FRP 厚度较小，王利民等 [117] 忽略了 FRP 内应力及变形梯度的影响，将 FRP 纤维轴向的应力视作在横截面内沿厚度均匀分布，其轴向力的合力记为 N，FRP 的剪切应力取为 τ，将 FRP 板单独取出，如图 1-2 所示。

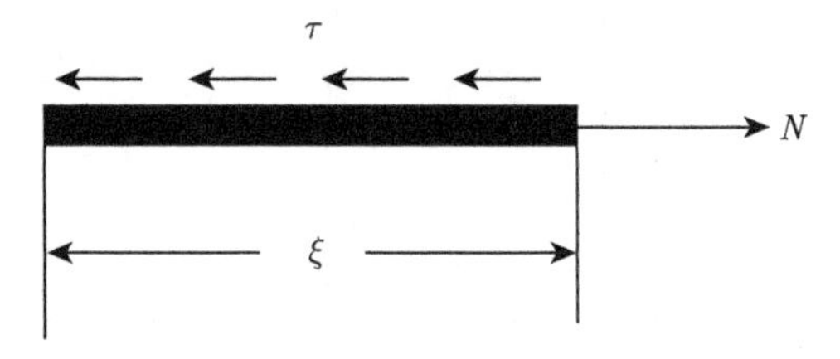

图 1-2 FRP 板力学模型

距 FRP 端点为 ξ 处的轴力与 FRP 板应变 $\varepsilon(\xi/l_0)$ 的关系为

$$N(\xi/l_0) = EA\varepsilon(\xi/l_0) \tag{1-12}$$

式中，l_0 为 FRP 板长度的一半；E 为 FRP 板的弹性模量；A 为板的横截面面积。

令 $x=\xi/l_0$，根据平衡关系，可得轴力与剪切应力分布的关系表达式，即

$$N(x)=\int_0^x \tau(t)bl_0\mathrm{d}t \tag{1-13}$$

式中，b 为 FRP 板的宽度。

对式 (1-13) 两边求导得

$$\frac{\mathrm{d}N(x)}{\mathrm{d}x}=bl_0\tau(x) \tag{1-14}$$

于是，FRP 板剪切应力的函数表达式为

$$\tau(x)=\frac{1}{bl_0}\frac{\mathrm{d}N(x)}{\mathrm{d}x}=\frac{1}{bl_0}(a_1+2a_2x+3a_3x^2+4a_4x^3) \tag{1-15}$$

式中，a_1、a_2、a_3、a_4 为系数。

通过式 (1-15) 可确定三点弯曲梁缺口深度所对应的最佳 FRP 黏结长度。易富民等 [118] 通过研究指出：FRP 加固混凝土三点弯曲梁能明显提高带缺口梁的极限承载力和延性，延缓混凝土裂缝的扩展；FRP 加固混凝土三点弯曲梁在断裂破坏过程中存在三个明显临界点，即混凝土起裂点、混凝土虚拟裂缝充分扩展时出现的第一个波峰点和极限承载力点。

1.4　各种加固阻裂方法之间的比较

FRP 加固混凝土结构各种方法之间的优缺点比较见表 1-1。

表 1-1　各种加固阻裂方法优缺点比较

项目	增大截面法	体外预应力法	粘贴钢板法	粘贴 FRP 片材	UHTCC 加固
增加体积	大	小	小	小	大
增加重量	大	小	大	小	大
施工时间	长	较长	较长	短	较长
施工人数	多	多	多	少	多
施工空间	大	大	大	小	大
重型机械	需要	需要	需要	不需要	需要
耐久性	差	差	差	良好	良好

粘贴 FRP 片材加固混凝土结构的原理与粘贴钢板法相似，但与粘贴钢板法相比，粘贴 FRP 片材加固法具有更多的优点：由于材料轻，施工时无须采用重型施工机械，采用手工操作即可完成加固作业；施工空间不受限制，不影响结构的正常使用；FRP 具有较强的耐腐蚀性，维护费用较低；由于采用树脂固化，加固结构具

有良好的防水效果，可以抑制钢筋锈蚀和混凝土裂化；FRP 现场剪裁比较简单，质量较容易保证。

粘贴 FRP 片材加固混凝土结构的施工方法非常简单，现以粘贴 CFRP 的施工为例，施工方法为打磨混凝土基层，用丙酮将表面清洗干净，在混凝土表面均匀饱满涂一道黏结剂，将碳纤维布用黏结剂浸透，待混凝土表面黏结剂黏度较大时，粘贴玻璃纤维布，用滚轮反复滚压玻璃纤维布，使之与混凝土表面黏结密实，排除气泡。

综上所述，FRP 加固混凝土相比其他加固阻裂方式，有着不可替代的优势。

1.5 FRP 加固混凝土阻裂研究进展

根据美国土木工程师协会 (American Society of Civil Engineers, ASCE) 报告，混凝土结构初期和后期的维修费几乎呈 5 倍基数增长。从经济的角度来考虑，尽管大多数混凝土存在着一些问题，但不能因此拆除重建，而应尽早对存在缺陷的混凝土结构进行维修加固，充分表明混凝土维修加固技术是我国工程现状的迫切需求。因此，有必要利用 FRP 修复加固混凝土构件，FRP 的约束作用使核心混凝土处于三向应力状态，提高核心混凝土的变形能力和抗压强度。FRP 的研发出现为工程技术人员提供了解决该问题极具吸引力与经济性的研究方案。

1.5.1 国内研究进展

碳纤维布在我国是最早应用于研究和实际加固工程中的一种纤维复合材料，经过几年的努力，已形成了科研院所、高等院校、生产单位、商业公司共同开发、研究的趋势，取得了大量的科研成果，已发表有关论文数百篇，完成大量的工程应用，已有数种经过检验、批量生产的粘贴专业树脂。相关技术标准的编制工作正在紧张而有序地进行，其中一部分已经完成，另一部分则正在编制，这些工作对于 FRP 加固修复结构技术在我国的发展将起到至关重要的作用，为我国的基本建设的发展起到了良好的推动作用。

我国目前对 CFRP 的研究主要集中在碳纤维布加固混凝土构件上，对碳纤维板的研究次之，对棒材的研究也有少数单位正在进行，对其他形式的 CFRP 用于加固修复结构的研究及其应用尚未见报道。对于碳纤维布加固混凝土构件的研究主要可以分为以下几个方面。

1) 碳纤维布加固钢筋混凝土梁静载试验研究

1997 年 9 月~1998 年 4 月国家工业建筑诊断与改造加固工程技术研究中心进行了首批碳纤维布加固钢筋混凝土基本构件的试验 [119−126]。碳纤维布加固梁的试验考虑了配布率、配筋率和不同种类的碳纤维布。试验结果表明，经碳纤维布加固的钢筋混凝土梁承载力有明显提高；加固量过多将转变加固梁的破坏形态；对于配筋率低的梁加固效果比较好。

中国人民解放军后勤工程学院进行了预应力碳纤维布加固钢筋混凝土梁受弯试验研究 [127,128]。该试验共 6 根梁，其中有 2 根直接黏结碳纤维布加固，2 根是预应力碳纤维布加固。试验中制作了预应力加载装置。预应力碳纤维布主要的优点是在受拉钢筋屈服前，提前参与工作并发挥较大作用，加固效果无论是在抗弯承载力提高方面还是在梁的刚度方面都要优于直接黏结碳纤维布的情况。

东南大学在碳纤维布 (板) 加固钢筋混凝土梁、板、柱的研究方面开展了许多工作 [129−131]，近年来又进行了在梁侧面黏结碳纤维布的试验 [132]。该试验制作了 4 根钢筋混凝土少筋梁，预裂后在梁侧面黏结碳纤维布以补强加固，试验重点研究了加固梁的承载力、延性、变形、裂缝及碳纤维布不同的黏结方案对加固效果的影响，提出了梁侧面黏结碳纤维布加固梁的实用计算方法。试验结果表明，在梁测面黏结碳纤维布用量相同的情况下，于梁底受拉区底部配置越多，梁的加固效果越好，加固梁的刚度提高越多。

山东省建筑科学研究院进行了 2 根混凝土梁侧面黏结碳纤维布加固抗弯承载力试验研究 [133]。试验结果表明，加固后梁的承载力有所提高，但提高的幅度不如梁底黏结碳纤维布。梁侧面的锚固不应仅在梁端部锚固，还应在梁的中部锚固。梁侧面黏结碳纤维布应该尽量靠近梁的底部，一般应控制在梁截面高度的 1/4 以内。

上海市建筑科学研究院于 1999 年开展了 FRP 加固钢筋混凝土梁抗弯试验研究 [134]。试验共做了 29 根钢筋混凝土对比梁和碳纤维布、玻璃纤维布加固梁。试验梁通过改变混凝土强度等级、钢筋配筋率、FRP 的黏结量和黏结方式及锚固措施四个变化参数来研究加固梁的破坏类型、梁的抗弯承载力提高情况、加固后梁的刚度及锚固措施。

清华大学水利水电工程系和土木工程系都开展了碳纤维布加固钢筋混凝土梁抗弯力学性能研究 [135,136]。试验通过改变纤维布的层数、配筋率等参数研究了加固梁的破坏特性、纤维配置率与极限荷载的关系及加固梁的刚度。

同济大学、哈尔滨工业大学、浙江大学、武汉工业大学、武汉大学、天津大学 [137−143] 近年来逐渐开展了碳纤维布加固钢筋混凝土梁试验研究。梁的试验总体上也是考虑配筋率、混凝土强度、加固量等变化参数来研究加固后梁的破坏形态。

2) 碳纤维布 (板) 加固已经卸载的钢筋混凝土梁 (二次受力) 试验研究

关于碳纤维布 (板) 加固钢筋混凝土梁的二次受力的研究国内较少。就目前完成的试验研究情况而言，主要集中在碳纤维布 (板) 加固已经卸载的钢筋混凝土梁上，对于不卸载加固的研究更少。迄今为止，完成的加固试验主要有以下几种 [144−147]。

(1) 武汉大学进行的 3 根碳纤维板加固钢筋混凝土梁二次受力性能试验。该试验中，将混凝土梁预先加载到梁极限荷载的 40%。试验结果表明，二次受力的加固梁承载力提高较多，碳纤维板的应变存在滞后现象。

(2) 清华大学进行了 2 根碳纤维布加固已经完全卸载的钢筋混凝土梁试验。试验结果表明卸载后黏结碳纤维布加固的梁极限承载力与直接黏结碳纤维布的梁极限承载力相差不多。

(3) 清华大学根据实际工程进行了碳纤维布加固已经承受荷载的钢筋混凝土板、梁试验研究。该试验共制作了 4 块钢筋混凝土矩形板和 4 根钢筋混凝土矩形截面梁。试验中对钢筋混凝土板预先施加的荷载为极限荷载的 28.9%和 37.1%；对钢筋混凝土梁预先施加的荷载为极限荷载的 26.5%和 31.7%。该试验将钢筋混凝土板、梁倒置反位加载。试验结果表明，初始弯矩越大，极限承载力越小。

(4) 湖南大学进行了 15 根碳纤维布加固已经卸载或持载的钢筋混凝土梁试验研究，试验均采用反位加载方式。该试验虽然取得了一些试验结果，但是由于加固梁出现了多种不同的破坏形态，试验结果间缺乏比较性。

1.5.2 国外研究进展

1960 年美国开始对 FRP 进行开发，FRP 的研究工作主要集中在 GFRP。但由于 GFRP 的弹性模量低而中断研究近 20 年。盐腐蚀钢筋导致建筑结构和桥梁结构使用性能退化，从而将 FRP 重新提上日程。康奈尔大学成功地进行了小尺寸 FRP 预应力梁的试验。南达科他矿业理工学院开发了 GFRP 筋 [148,149]。

日本在 20 世纪 70 年代就进行了 FRP 的应用开发。日本现已开发出各种 FRP，有 FRP 筋 (包括圆形的、方形的、变形的)，FRP 绞线，三维和平面格状材、片材、板材。在日本使用最多的是 CFRP，其次是 AFRP 和 GFRP。近年来，FRP 片材已经开始使用玻璃和聚乙烯纤维。日本于 1993 年编制了世界上第一个 FRP 设计施工规范，并于 1997 年发行了欧洲版本。FRP 片材在 1987 年作为一种抗震材料被提出，1995 年阪神大地震之后，日本迅速开展了 FRP 片材的开发和使用，并编制了相应的设计施工规范 [150]。

20 世纪 70 年代，德国斯图加特大学开始对 FRP 进行研究, 重点是 GFRP 预应力筋。1978 年，承包商 Strabag、化工品商 Bayer 合作开发了 GFRP 预应力筋和锚固系统并应用在德国和奥地利的几座桥梁中。1983 年，荷兰化学商 AKZO、承包商 HBG 开发了名叫 Arapree 的 AFRP 筋。苏黎世 EMPA 研究院开展了外贴 CFRP 片材的研究工作。近期的研究工作主要集中在 FRP 筋的使用上。1991 年 11 月～1996 年底，德国、荷兰的几个大学合作进行了名为“BRITE/EURAM”的项目。1993 年 12 月～1997 年底，英国、荷兰、瑞典、法国、挪威合作研究了“EUROCRETE”项目。1997 年，来自欧洲不同国家的 11 个科研队伍开展了名为

“ConFiberCrete Network”的合作项目。1986 年，德国建成世界上第一座后张法预应力悬索 FRP 桥。在欧洲，FRP 的主要应用是桥梁结构。通过粘贴 FRP 片材或板材来维修加固受损结构、地震区的古建筑，增强结构的安全性，以及满足建筑物使用性能 [151]。

在美国、欧洲和日本，FRP 筋经常用于混凝土桥的大梁或桥面板中 [152−156]。对于 FRP 预应力筋，由于 FRP 的弹性模量低，减少了混凝土的徐变收缩而造成的预应力损失。FRP 索可用于悬索桥中。此外，FRP 可作为加固材料应用在海洋结构、桥墩、防波堤、钢筋混凝土隧道、地层锚杆、纤维喷射混凝土、防护墙。由于 FRP 的非电磁性，其可用于高速公路导向道、机场导向仪的防护墙。在维修与加固方面，FRP 片材、板材以其施工简便、重量轻、施工期短、强度高、延性好、费用低等优点取得令人满意的效果。

国外对 CFRP 加固钢筋混凝土梁的试验研究主要集中在两个方面 —— CFRP 板和 CFRP 布。众多试验表明，FRP 加固的钢筋混凝土梁 FRP 端部由于应力集中易沿混凝土保护层发生剥落破坏。FRP 加固钢筋混凝土梁界面破坏的主要形式如下。

(1) 混凝土与胶体之间剪切应力过大，超过了混凝土与胶体之间的剪切强度，而造成混凝土与胶体之间剥离破坏。

(2) FRP 与胶体之间剪切应力过高造成 FRP 与胶体之间剥离破坏。

(3) 跨中最大弯矩处弯曲裂缝开展过宽，造成混凝土保护层沿着纵筋向着支座方向剥落。

(4) FRP 端部集中应力过高，超过了混凝土抗拉强度，造成混凝土保护层沿着纵筋方向剥落。

对于剥离试验的研究可以分为以下几个类型：① 直拉试验；② 单剪或双剪试验；③ 梁铰式构件试验；④ FRP 加固梁的试验。在试验研究方面，多数集中在直拉或单剪、双剪试验上, 对于后两种试验的研究开展较少。

直拉试验是通过 FRP 上的小铁块直接拉拔黏结在混凝土表面上的纤维布以获得黏结强度。该试验由于黏结面过小，没有考虑弯曲和剪切的影响，很难直接评估黏结强度。

单剪或双剪试验是将 FRP 黏结在混凝土棱柱体单面或双面上，通过拉拔混凝土棱柱体或 FRP 以获得黏结强度。双剪试验的缺点是存在力的偏心问题，无论是单剪试验还是双剪试验都没有考虑弯曲和剪切的影响。如果黏结长度过短，通常造成 FRP 剥离破坏；如果黏结长度过长，FRP 将断裂，均没有达到混凝土剥离破坏的效果。

梁铰式构件试验是模拟钢筋混凝土梁中钢筋与混凝土之间的黏结而建立的一种试验模式。Laura 等设计了梁铰式构件 [157]。该试件为 T 型梁，梁的上部有一个钢铰，梁底跨中处事先预留一竖直裂缝。加载时预留裂缝将向梁上部钢铰开展。这样，就可以确定受压区混凝土合力和内力臂，从而可以精确地计算 FRP 的应力。在 FRP 粘贴电阻应变片测量 FRP 的应变，从而可以得到 FRP 的应力。由微分关系可求出黏结剪切应力和滑移之间的关系。

为避免混凝土剥离破坏这种脆性破坏形式的发生，国外众多学者对这种破坏形式进行了数值分析和试验研究。在数值研究方面主要有以下三种解法：① 基于弹性理论的解；② 基于线弹性断裂力学的解；③ 半理论半经验的解。在试验方面主要通过测量 FRP 的拉应变来间接测得 FRP 与混凝土梁之间的黏结应力。

基于弹性理论的解中比较有代表性的是 Roberts 的解 [158]、Smith 和 Teng 的解 [159]。Roberts 将分析方法分为三个阶段，最后的解由叠加得到。Roberts 建议当最大黏结剪切应力在 3~5MPa 时将发生剥离破坏。Smith 和 Teng 将 FRP 加固的梁视为由三种均质弹性材料组成，没有考虑混凝土的开裂和非线性特性，给出了均布荷载、两点对称荷载及跨中集中荷载的作用下端部应力的解。

Malek 等 [160] 分析了 FRP 端部和梁弯曲裂缝处的应力，并与有限元法、试验结果做了比较。Malek 等给出了剥离弯矩和剥离破坏准则，但 Malek 等的方法相当麻烦，需要计算开裂和不开裂梁的截面惯性矩，不易手算。

Leung[161] 基于断裂力学理论，分析 T 裂缝处 FRP 的销栓作用，给出了裂缝处黏结剪切应力的分布，指出大尺寸试件、胶体过薄、FRP 刚度大、黏结面积小易发生剥离破坏。

Rabinovitch 和 Frostig[162] 提出了一种高阶封闭解的形式，分析了不同的 FRP 端部胶体溢出的形状、FRP 端部不同的形状及端部锚固条带的影响，指出增加端部 FRP 条带的宽度，减少端部 FRP 条带的厚度可减小端部应力；应当避免将端部的多余胶体除掉；端部锚固可以有效地降低端部应力，避免剥离破坏的发生。

Raoof 和 Hassanen[163] 分析了 FRP 加固的钢筋混凝土梁最大和最小裂缝间距，将裂缝间的混凝土保护层作为分析对象，简化为在黏结剪切应力作用下的悬臂梁，给出了剥离弯矩的计算方法。

El-Mihilmy 和 Tedesco[164] 统计了 FRP 加固的部分试验梁，将一些理论分析的结果与试验结果做了比较。在 Roberts 给出的公式基础上，统计并回归了公式中的部分参数，给出了剥离荷载的计算方法。

1.6 本书主要研究内容

本书主要研究内容如下：

(1) 在双 K 断裂模型的基础上，通过基本假定与理论推导，建立了标准钢筋混凝土三点弯曲梁断裂计算模型，为标准钢筋混凝土三点弯曲梁断裂试验提供理论基础。

(2) 基于标准混凝土三点弯曲梁试件双 K 断裂模型，将跨高比作为主要变量，引入三点弯曲梁断裂韧度计算公式之中，推导了与跨高比有关的断裂韧度计算公式，建立了非标准混凝土三点弯曲梁试件和非标准钢筋混凝土三点弯曲梁试件断裂参数计算模型，补充并完善了《水工混凝土断裂试验规程》(DL/T 5332—2005) 的不足，为非标准混凝土三点弯曲梁和非标准钢筋混凝土三点弯曲梁断裂试验提供必要的理论支撑。

(3) 基于"刚性节点模型"和"剪切变形双材料梁模型"，考虑各子层由剪切和摩擦产生的变形，引进界面柔度参数，提出了黏结界面可变形双层梁模型。

(4) 提出了考虑 FRP 加固混凝土黏结胶层厚度的节点模型，研究 FRP–混凝土黏结界面沿着胶层厚度方向的剪切应力分布与不同胶层和胶接层界面的应力集中情况，探究界面脱黏和发展的原因，得到 FRP 加固混凝土结构的失效破坏模型。

(5) 利用自行设计的试验装置，对 FRP 与混凝土试块的黏结性能进行了纯剪、弯剪两种试验研究，详细分析了两种试验条件下 FRP 板表面应变和黏结面应力沿板长的分布规律。

(6) 基于 FRP 加固混凝土断裂过程的黏聚区模型 (cohesive zone model, CZM)，构建 FRP 的 σ_{f}-x 计算模型，推导 FRP 加固混凝土三点弯曲梁的断裂韧度的计算公式；根据荷载–裂缝张口位移 (F-CMOD) 曲线分析不同初始缝高比对 FRP 加固混凝土峰值荷载的影响；根据改进的断裂韧度计算公式，计算不同初始缝高比的 FRP 加固混凝土断裂参数，并分析不同初始缝高比对试件变形能力的影响。

(7) 基于断裂力学理论，通过三点弯曲梁试验研究外贴不同长度 FRP 加固带裂缝混凝土梁的断裂特性，将双 K 断裂韧度作为混凝土材料的主要断裂参数，确定带裂缝混凝土三点弯曲梁试验中最佳 FRP 黏结长度；采用声发射无损检测技术，分析 FRP 黏结长度对声发射信号的影响程度。

(8) 基于断裂力学理论，通过三点弯曲试验研究不同黏结层数 FRP 加固带裂缝混凝土三点弯曲梁的断裂特性，将起裂断裂韧度和失稳断裂韧度作为混凝土材料的主要断裂参数，确定带裂缝混凝土三点弯曲梁断裂试验中最佳 FRP 黏结层数；采用声发射无损检测技术，分析不同 FRP 黏结层数对声发射信号的影响程度。

(9) 基于 CFRP 加固预制裂缝混凝土梁断裂特性，探讨不同种类 FRP 加固带裂缝混凝土的断裂性能，得出外贴加固带裂缝混凝土性价比最优的 FRP 种类；根据不同种类 FRP 加固带裂缝混凝土的断裂现象，对比其破坏形式，并分析主要原因；构建裂缝尖端闭合力阻裂模型，给出裂缝扩展状态的判定准则，揭示 FRP 加固混凝土梁阻裂加固机理。

(10) 对四点弯曲荷载下 FRP–混凝土结构中 FRP–混凝土黏结界面的断裂强度进行了理论分析与试验研究，给出了 FRP–混凝土断裂试件柔度和能量释放率的理论解析解。

参 考 文 献

[1] 施士升. 冻融循环对混凝土力学性能的影响 [J]. 土木工程学报, 1997, 30(4): 35-42.
[2] 覃丽坤. 高温及冻融循环后混凝土多轴强度和变形试验研究 [D]. 大连: 大连理工大学, 2003.
[3] 梁发云. 碳化后混凝土基本构件力学性能研究 [D]. 上海: 同济大学, 1998.
[4] 高祥杰. 海港码头氯离子侵蚀混凝土实测分析研究 [D]. 杭州: 浙江大学, 2008.
[5] 金伟良. 腐蚀混凝土结构学 [M]. 北京: 科学出版社, 2011.
[6] 滕锦光, 陈建飞, 史密斯 S T, 等. FRP 加固混凝土结构 [M]. 北京: 中国建筑工业出版社, 2005.
[7] 王文炜, 赵国藩. FRP 加固混凝土结构技术及应用 [M]. 北京: 中国建筑工业出版社, 2007.
[8] ACI COMMITTEE 440. Guide test methods for fiber-reinforced polymers(FRPs) for reinforcing or strengthening concrete structures[M]. New York: American Concrete Institute, 2004.
[9] 国家工业建筑诊断与改造工程技术研究中心，四川省建筑科学研究院. 碳纤维片材加固混凝土结构技术规程: CECS146: 2003 [S]. 北京: 中国计划出版社, 2007.
[10] 中华人民共和国住房和城乡建设部，中华人民共和国国家质量监督检验检疫总局. 混凝土结构加固设计规范: GB 50367—2013 [S]. 北京: 中国建筑工业出版社, 2013.
[11] 梁猛. CFRP 约束混凝土圆柱强度及变形特性研究 [D]. 大连: 大连理工大学, 2012.
[12] 田朋飞. 腐蚀环境下 FRP 加固混凝土构件的力学性能研究 [D]. 哈尔滨: 哈尔滨工业大学, 2008.
[13] 李少语. 预应力钢带加固钢筋混凝土柱受压性能试验研究 [D]. 西安: 西安建筑科技大学, 2013.
[14] 李俊华, 唐跃峰, 刘明哲, 等. 外包钢加固火灾后钢筋混凝土柱的试验研究 [J]. 工程力学, 2012, 29(5): 166-173.
[15] 郭俊平, 邓宗才, 卢海波, 等. 预应力钢绞线网加固钢筋混凝土柱恢复力模型研究 [J]. 工程力学, 2014, 31(5): 109-119.
[16] 赵明. 增大截面法加固钢筋混凝土柱的受力性能研究 [D]. 西安: 西安建筑科技大学, 2009.
[17] 陈凤山. 实用混凝土结构加固技术 [M]. 北京: 化学工业出版社, 2013.
[18] 肖岩, 郭玉荣, 何文辉, 等. 局部加劲钢套管加固钢筋混凝土柱的研究 [J]. 建筑结构学报, 2003, 24(6): 79-86.
[19] 范兴朗. FRP 约束混凝土本构关系及 FRP 加固混凝土梁断裂全过程分析 [D]. 大连: 大连理工大学, 2014.
[20] 尹双增. 断裂判据与在混凝土工程中的应用 [M]. 北京: 科学出版社, 1996.

[21] KANNINEN M V F, POPELAR C H. 高等断裂力学 [M]. 洪其麟, 郑光华, 郑祺选, 等译. 北京: 北京航空学院出版社, 1987.

[22] 中国航空研究院. 应力强度因子手册 [M]. 北京: 科学出版社, 1981.

[23] KAPLAN M F. Crack propagation and the fracture of concrete[J]. Journal of the American Concrete Institute, 1961, 58(5): 591-610.

[24] BLAKEY F A, BERESFORD F D. Dicussion of the paper crack propagation and the fracture of concrete[J]. Journal of the American Concrete Institute, 1962, 59(4): 919-923.

[25] GLUCKLICH J. Fracture of plain concrete[J]. Journal of the engineering mechanics division, ASCE, 1963(59): 127-138.

[26] HILLERBORG A, MODÉER M, PETERSSON P E. Analysis of crack formation and crack growth in concrete by means of fracture mechanics and finite elements[J]. Cement and concrete research, 1976, 6(6): 773-782.

[27] 邢林生. 我国水电站大坝事故分析与安全对策 [J]. 水利水电科技进展, 2001, 21(2): 26-32.

[28] 章佺, 许念增, 龚安特. 混凝土坝坝墩的断裂力学分析 [J]. 冶金建筑, 1979, 9(1): 42-48.

[29] 潘家铮. 断裂力学在水工结构设计中的应用 [J]. 水利学报, 1980, 11(1): 45-59.

[30] 于骁中, 居襄. 混凝土断裂韧性的研究 [J]. 力学与实践, 1980(4): 69-71.

[31] NAUS D J, LOTT J L. Fracture toughness of portland cement concrete[J]. ACI journal, 1961, 66(5): 481-489.

[32] ALAEE F J, KARIHATOO B L. Fracture model for flexural failure of beams retrofitted with cardifrc[J]. Journal of engineering mechanics, 2003, 129(9): 1028-1038.

[33] KHRAPKOV A A, TRAPESNIKOV L P, GEINATS G S, et al. The application of fracture mechanics to the investigation of cracking in massive concrete construction elements of dams[J]. Applications and non-metals, 1978(3): 1211-1217.

[34] 栾曙光, 陈昌平, 徐秀娟. 混凝土断裂韧度、特征长度随强度、龄期变化规律 [J]. 工业建筑, 2003, 33(2): 46-48.

[35] STRANGE P C, BRYANT A H. Experimental tests on concrete fracture[J]. Journal of the engineering mechanics division, ASCE, 1979, 105(EM2): 337-342.

[36] KESLER C E, NAUS D J, LOTT J L. Fracture mechanics-its applicability to concrete[J]. The society of materials science, 1972(4): 113-124.

[37] 吴智敏, 赵国藩, 徐世烺. 大尺寸混凝土试件的断裂韧度 [J]. 水利学报, 1997, 28(6): 67-70.

[38] WITT F J, MAGER T R. Fracture toughness values at temperatures up to 550°F for astm A 533 grade B, class 1 steel[J]. Nuclear engineering and design, 1971, 17(1): 91-102.

[39] 高泉, 赵国藩, 赵顺波. 龄期及粗骨料级配对高坝混凝土断裂能 G_F 和断裂韧度 K_{Ic} 的影响规律 [J]. 建筑科学, 1994(3): 19-23.

[40] 徐世烺. 混凝土断裂韧性的试验及分析 [J]. 水利学报, 1982, 13(6): 61-66.
[41] 田明伦, 黄松梅, 刘恩锡, 等. 混凝土的断裂韧度 [J]. 水利学报, 1982, 13(6): 38-46.
[42] 于骁中, 居襄. 混凝土的强度和破坏 [J]. 水利学报, 1983, 14(2): 22-36.
[43] SHAH S P, MCGARRY F J. Griffith fracture criterion of concrete[J]. Journal of engineering mechanics, ASCE, 1971, 97 (3): 1663-1676.
[44] BROWN J H. Measuring the fracture toughness of cement paste and mortars[J]. Cement and concrete research, 1972, 2(3): 475-480.
[45] HILLEMEIER B, HILSDORF H K. Fracture mechanics studies on concrete compounds[J]. Cement and concrete research, 1977, 7(5): 523-535.
[46] NAVALURKAR R, HSU C. Fracture analysis of high strength concrete members[J]. Journal of materials in civil engineering, 2001, 13(3): 185-193.
[47] 卜丹. 楔入式紧凑拉伸断裂试验研究 [D]. 大连: 大连理工大学, 2006.
[48] 郭少华. 混凝土破坏理论研究进展 [J]. 力学进展, 1993, 23(4): 520-529.
[49] BAZANT Z P. Crack band theory for fracture of concrete[J]. Materials and structure, 1983, 16(3): 155-177.
[50] JENQ Y S, SHAH S P. A fracture toughness criterion for concrete[J]. Engineering fracture mechanics, 1985, 21(5): 1055-1069.
[51] JENQ Y S, SHAH S P. Two parameter fracture model for concrete[J]. Journal of engineering mechanics, 1985, 111(10): 1227-1244.
[52] RILEM TC-89 FMT. Determination of the fracture parameters of plain concrete using three-point bend tests[J]. Materials and structures, 1990, 23(5): 457-460.
[53] KARIHALOO B L, NALLATHAMBI P. An improved effective crack model for the determination of fracture toughness of concrete[J]. Cement and concrete research, 1989, 19(4): 603–610.
[54] KARIHALOO B L, NALLATHAMBI P. Effective crack model for the determination of fracture toughness of concrete[J]. Engineering fracture mechanics, 1990, 35(4/5): 637-645.
[55] SWARTZ S E, GO C G. Validity of compliance calibration to cracked concrete beams in bending[J]. Experimental mechanics, 1984, 24(2): 129-134.
[56] SWARTZ S E, REFAI T M E. Influence of size on opening mode fracture parameters for precracked concrete beams in bending[C]// Proceedings of SEM-RILEM international conference on fracture of concrete and rock, Houston, Texas, 1987: 242-254.
[57] BAZANT Z P, KAZEMI M T. Determination of fracture energy, process zone length and brittleness number from size effect, with application to rock and concrete[J]. International journal of fracture, 1990, 44(2): 111-131.
[58] XU S L, REINHARDT H W.Determination of double-K criterion for crack propagation in quasi-brittle materials, part I: experimental investigation of crack propagation[J]. International journal of fracture, 1999, 98(2): 111-149.

[59] XU S L, REINHARDT H W. Determination of double-K criterion for crack propagation in quasi-brittle materials, part Ⅱ: analytical evaluating and practical measuring methods for three-point bending notched beams[J]. International journal of fracture, 1999, 98(2): 151-177.

[60] XU S L, REINHARDT H W. Determination of double-K criterion for crack propagation in quasi-brittle materials, part Ⅲ: compact tension specimens and wedge splitting specimens[J]. International of fracture, 1999, 98(2): 179-193.

[61] KUMAR S, BARAI S V. Determining the double-K fracture parameters for compact tension and wedge splitting tests using weight function[J]. Engineering fracture mechanics, 2009, 76(7): 935-948.

[62] KUMAR S, BARAI S V. Size effect prediction from the double-K fracture model for notched concrete beam[J]. International journal of damage mechanics, 2010, 19(4): 473-497.

[63] SAOUMA V E, NATEKAR D, HANSEN E. Cohesive stresses and size effects in elasto-plastic and quasi-brittle materials[J]. Imemational journal of fracture, 2003, 119(3): 287-298.

[64] 中国电力企业联合会. 水工混凝土断裂试验规程: DL/T 5332—2005 [S]. 北京: 中国电力出版社, 2006.

[65] XU S L, REINHARDT H W. Crack extension resistance and fracture properties of quasi brittle softening materials like concrete based on the complete process of fracture[J]. International journal of fracture, 1998, 92(1): 71-99.

[66] REINHARDT H W, XU S L. Crack extension resistance based on the cohesive force in concrete[J]. Engineering fracture mechanics, London, 1999, 64(5): 563-587.

[67] RAGHU P B，BHARATKUMAR B，RAMACHANDRA M D, et a1. Fracture mechanics model for analysis of plain and reinforced high-performance concrete beams[J]. Journal of engineering mechanics, ASCE, 2005, 131(8): 831-838.

[68] 赵艳华. 混凝土断裂过程中的能量分析研究 [D]. 大连: 大连理工大学, 2002.

[69] 赵艳华, 徐世烺, 吴智敏. 混凝土结构裂缝扩展的双 G 准则 [J]. 土木工程学报, 2004, 37(10): 13-18, 51-91.

[70] 肖建庄, 王平, 朱伯龙. 我国钢筋混凝土材料抗火性能研究回顾与分析 [J]. 建筑材料学报, 2003, 6(2): 182-189.

[71] ISKHAKOV I，RIBAKOV Y. Exact solution of shear problem for inclined cracked bending reinforced concrete elements[J]. Materials and design, 2014, 57(5): 472-478.

[72] 程云虹, 王宏伟, 王元. 纤维增强混凝土抗碳化性能的初步研究 [J]. 建筑材料学报, 2010, 13(6): 792-795.

[73] 王占桥, 高丹盈, 朱海堂, 等. 聚丙烯纤维高强混凝土的断裂性能 [J]. 硅酸盐学报, 2007, 35(10): 1347-1352.

[74] WANG N, XU S L. Flexural response of reinforced concrete beams strengthened with post-poured ultra high toughness cementitious composites layer[J]. Journal of Central South University of Technology, 2011, 18(3): 932-939.

[75] 朱万成, 张娟霞, 唐春安. FRP 加固混凝土构件中裂纹扩展规律的数值模拟 [J]. 建筑材料学报, 2007, 10(1): 83-88.

[76] BRUNO D, GRECO F, LONETTI P. A fracture-ALE formulation to predict dynamic debonding in FRP strengthened concrete beams[J]. Composites part B: engineering, 2013, 46(1): 46-60.

[77] 胡少伟, 米正祥. 标准钢筋混凝土三点弯曲梁双 K 断裂特性试验研究 [J]. 建筑结构学报, 2013, 34(3): 152-157.

[78] FAN X, HU S. Influence of crack initiation length on fracture behaviors of reinforced concrete[J]. Applied clay science, 2013, 79(6): 25-29.

[79] ZHU Y, XU S L. The influence of reinforcing bar on crack extension of concrete[C]// Proceedings of FraMCoS-7, 7th international conference on fracture mechanics of concrete and concrete structures, Seoul, 2010: 345-350.

[80] 朱榆. 混凝土断裂及阻裂理论的研究 [D]. 大连: 大连理工大学, 2009.

[81] RAMADOSS P，NAGAMANI K. Tensile strength & durability characteristics of high performance fiber reinforced concrete[J]. The Arabian journal for science and engineering, 2008, 33(2): 577-582.

[82] 王新友. 钢纤维混凝土的断裂模型研究 [J]. 广西水利水电, 1992(3): 2-7.

[83] 关丽秋, 赵国藩. 钢纤维混凝土在单向拉伸时的增强机理与破坏形态的分析 [J]. 水利学报, 1986(9): 34-43.

[84] GAO D Y, ZHANG T Y. Fracture characteristics of steel fiber reinforced high strength concrete under three-point bending[J]. Journal of the Chinese Ceramic Society, 2007, 35(12): 1630-1635.

[85] PETRESSON P E. Fracture energy of concrete cement[J]. Concrete research, 1980(10): 78-101.

[86] ELSER M, TSCHEGG E K, FINGER N, et a1. Fracture behavior of polypropylene fiber reinforced concrete: modeling and computer simulation[J]. Composites science and technology, 1996, 56(8): 947-956.

[87] JANSSON A, LŐFGREN I, GYLLTOFT K. Flexural behaviour of members with a combination of steel fibres and conventional reinforcement[J]. Nordic concrete research, 2010, 42(2): 155-171.

[88] 高丹盈, 张廷毅. 三点弯曲下的钢纤维高强混凝土断裂能 [J]. 水利学报, 2007, 38(9): 1115-1120, 1127.

[89] KAMIL H, THOMAS H L, SCHMIDT J W, et al. Wedge splitting test and inverse analysis on fracture behaviour of fiber reinforced and regular high performance concretes[J]. Journal of civil engineering and architecture, 2014, 8(5): 595-603.

[90] 朱海堂, 高丹盈, 王占桥. 混杂纤维高强混凝土断裂性能试验研究 [J]. 建筑结构学报, 2010, 31(1): 41-46.

[91] 徐世烺, 李贺东. 超高韧性水泥基复合材料研究进展及其工程应用 [J]. 土木工程学报, 2008, 41(6): 45-60.

[92] HOU L J, XU S L, ZHANG X F. Toughness evaluation of ultra-high toughness cementitious composite specimens with different depths[J]. Magazine of concrete research, 2012, 64(12): 1079-1088.

[93] 范兴朗, 潘剑云, 吴熙, 等. UHTCC 加固混凝土梁断裂行为分析 [J]. 水利水电科技进展, 2014, 34(1): 53-56.

[94] 朱榆, 徐世烺. 超高韧性水泥基复合材料加固混凝土三点弯曲梁断裂过程的研究 [J]. 工程力学, 2011, 28(3): 69-77.

[95] XU S, REINHARDT H W. A simplified method for determining double-K fracture parameters for three-point bending tests[J]. International journal of fracture, 2000, 104: 181-209.

[96] HOU L J, XU S L, ZHANG X F, et al. Shear behaviors of reinforced ultrahigh toughness cementitious composite slender beams with stirrups[J]. Journal of materials in civil engineering, 2014, 26(3): 466-475.

[97] WANG B, XU S, LIU F. Evaluation of tensile bonding strength between UHTCC repair materials and concrete substrate[J]. Construction & building materials, 2016, 112: 595-606.

[98] 卜良桃, 周宁, 鲁晨, 等. PVA-ECC 与混凝土界面钻芯拉拔试验研究 [J]. 山东大学学报 (工学版), 2012, 42(2): 45-51.

[99] 王楠. 超高韧性水泥基复合材料与既有混凝土粘结工作性能试验研究 [D]. 大连: 大连理工大学, 2011.

[100] 邓宗才, 薛会青. 高韧性纤维增强水泥基复合材料与老混凝土的界面直剪试验研究 [J]. 公路, 2011, 2: 118-122.

[101] SAHMARAN M, YÜCEL H E, YILDIRIM G, et al. Investigation of the bond between concrete substrate and ECC overlays[J]. Journal of materials in civil engineering, 2013, 26(1): 167-174.

[102] 王冰. 超高韧性水泥基复合材料与混凝土的界面粘结性能及其在抗弯补强中的应用 [D]. 大连: 大连理工大学, 2011.

[103] 周宁. 聚乙烯醇纤维水泥砂浆与混凝土界面粘结性能试验研究 [D]. 长沙: 湖南大学, 2011.

[104] 李志华, 崔启飞, 时开龙. 功能梯度混凝土层间界面黏结性能试验研究 [J]. 混凝土, 2016(11): 16-20.

[105] 胡春红. SHCC 修复既有混凝土构件的界面粘结性能研究 [D]. 西安: 西安建筑科技大学, 2013.

[106] 余江滔, 许万里, 张远淼. ECC- 混凝土黏结界面断裂试验研究 [J]. 建筑材料学报, 2015, 18(6): 958-963.

[107] HABEL K, DENARIÉ E, BRÜHWILER E. Time dependent behavior of elements combining ultra-high performance fiber reinforced concretes (UHPFRC) and reinforced concrete[J]. Materials and structures, 2006, 39(5): 557-569.

[108] TAYEH B A, BAKAR B H A, JOHARI M A M. Characterization of the interfacial bond between old concrete substrate and ultra high performance fiber concrete repair composite[J]. Materials and structures, 2013, 46(5): 743-753.

[109] TAYEH B A, BAKAR B H A, JOHARI M A M, et al. Mechanical and permeability properties of the interface between normal concrete substrate and ultra high performance fiber concrete overlay[J]. Construction and building materials, 2012, 36: 538-548.

[110] 徐世烺, 李贺东. 超高韧性水泥基复合材料直接拉伸试验研究 [J]. 土木工程学报, 2009, 42(9): 32-41.

[111] 高淑玲, 郭亚栋, 吴耀泉, 等. 高强钢筋混凝土/ECC 叠合梁受弯性能及仿真分析 [J]. 建筑科学, 2017(1): 44-51.

[112] 胡春红, 司斌. SHCC 修复既有混凝土梁在持续荷载作用下的裂缝试验研究 [J]. 混凝土, 2017(2): 15-20.

[113] 范向前, 刘决丁, 胡少伟, 等. 增强混凝土结构断裂力学特性研究 [J]. 混凝土与水泥制品, 2018(4): 18-21.

[114] TUAKTA C, BÜYÜKÖZTÜRK O. Deterioration of FRP/concrete bond system under variable moisture conditions quantified by fracture mechanics[J]. Composites part B: engineering, 2011, 42(2): 145-154.

[115] ELBATANOUNY M K, LAROSCHE A, MAZZOLENI P, et al. Identification of cracking mechanisms in scaled FRP reinforced concrete beams using acoustic emission[J]. Experimental mechanics, 2014, 54(1): 69-82.

[116] YI F M, DONG W, ZHAO Y H, et al. Fracture characteristics and ductility of cracked concrete beam post-strengthened with CFRP sheet[J]. Journal of Harbin Institute of Technology (New Series), 2011, 18(3): 5-10.

[117] 王利民, 卢俊杰, 刘灿昌, 等. 炭纤维强化板及其加固混凝土梁的力学性能 [J]. 复合材料学报, 2008, 25(3): 160-167.

[118] 易富民, 董伟, 吴智敏, 等. CFRP 加固混凝土梁断裂特性的试验研究 [J]. 水力发电学报, 2009, 28(6): 193-199.

[119] 陈小兵, 颜子涵, 岳清瑞, 等. 碳纤维材料加固钢筋混凝土梁的试验研究 [J]. 工业建筑, 1998, 28(11): 6-10.

[120] 叶列平, 崔卫, 岳清瑞, 等. 碳纤维布加固钢筋混凝土构件正截面受弯承载力分析 [J]. 建筑结构, 2001, 31(3): 3-5, 12.

[121] 张宁, 终晓利, 岳清瑞, 等. 碳纤维布加固修复钢结构技术性能研究 [C]// 第二届全国土木工程用纤维增强复合材料 (FRP) 应用技术论文集. 北京: 清华大学出版社, 2002.
[122] 杨勇新, 岳清瑞. 碳纤维布加固混凝土梁截面刚度计算 [J]. 工业建筑, 2001, 31(9): 1-4.
[123] 赵树红, 李全旺, 叶列平, 等. 碳纤维布加固钢筋混凝土柱受剪性能试验研究 [J]. 工业建筑, 2000, 30(2): 12-15.
[124] 张柯, 岳清瑞, 付常武, 等. 碳纤维布加固钢筋混凝土柱后弯矩–曲率关系分析 [J]. 工业建筑, 2001, 31(6): 20-23.
[125] 张柯, 岳清瑞, 叶列平. 碳纤维布加固钢筋混凝土柱滞回耗能分析及目标延性系数确定 [J]. 工业建筑, 2001, 31(6): 5-8.
[126] 张柯, 岳清瑞, 叶列平, 等. 碳纤维布加固混凝土柱改善延性的试验研究 [J]. 工业建筑, 2000, 30(2): 16-19.
[127] 飞渭, 江世永, 彭飞飞, 等. 预应力碳纤维布加固混凝土受弯构件试验研究 [C]// 第二届全国土木工程用纤维增强复合材料 (FRP) 应用技术论文集. 北京: 清华大学出版社, 2002.
[128] 飞渭, 江世永, 彭飞飞, 等. 预应力碳纤维布加固混凝土受弯构件正截面承载力分析 [C]// 第二届全国土木工程用纤维增强复合材料 (FRP) 应用技术论文集. 北京: 清华大学出版社, 2002.
[129] 曹双寅, 滕锦光, 邱洪兴, 等. 外贴纤维复合材料加固 RC 悬臂板的试验研究及简化计算 [J]. 土木工程学报, 2001, 34(l): 39-43.
[130] 吴刚, 吕志涛. 外贴碳纤维布加固混凝土梁的抗剪设计方法 [J]. 工业建筑, 2000, 30(10): 35-38, 34.
[131] 吴刚, 安琳, 吕志涛. 碳纤维布用于钢筋混凝土梁抗弯加固的试验研究与分析 [C]// 中国首届纤维增强塑料 (FRP) 混凝土结构学术交流会论文集. 北京: 冶金工业部建筑研究院, 2000.
[132] 张继文, 岳丽杰, 吕志涛, 等. 混凝土梁侧面粘贴 CFRP 布的结构加固性能研究 [C]// 第二届全国土木工程用纤维增强复合材料 (FRP) 应用技术论文集. 北京: 清华大学出版社, 2002.
[133] 崔士起, 张田德, 成勃, 等. 混凝土梁侧贴加固抗弯承载力试验研究 [C]// 第二届全国土木工程用纤维增强复合材料 (FRP) 应用技术论文集. 北京: 清华大学出版社, 2002.
[134] 王薄, 夏春红. 碳纤维布加固 RC 梁抗弯试验研究的某些结论 [C]// 第二届全国土木工程用纤维增强复合材料 (FRP) 应用技术论文集. 北京: 清华大学出版社, 2002.
[135] 汪长安, 黄勇, 孙哲峰, 等. 单向碳纤维布用于混凝土受弯构件的加固和修复 [J]. 建筑材料学报, 1999, 2(2): 171-174.
[136] 邓宗才. 碳纤维布增强钢筋混凝土梁抗弯力学性能研究 [J]. 中国公路学报, 2001, 14(2): 45-51.
[137] 赵彤, 谢剑. 碳纤维布补强加固混凝土结构新技术 [M]. 天津: 天津大学出版社, 2001.
[138] 陈宽城, 彭少民, 张海波, 等. 碳纤维织物用于混凝土梁抗弯加固试验研究 [C]// 中国首届纤维增强塑料 (FRP) 混凝土结构学术交流会论文集. 北京: 冶金工业部建筑研究

院, 2000.

[139] 赵鸣, 赵东海, 张誉. 碳纤维片材加固混凝土梁理论分析 [C]// 中国首届纤维增强塑料 (FRP) 混凝土结构学术交流会论文集. 北京: 冶金工业部建筑研究院, 2000.

[140] 薛伟辰, 李杰. FRP 筋混凝土梁受力性能研究 [C]// 中国首届纤维增强塑料 (FRP) 混凝土结构学术交流会论文集. 北京: 冶金工业部建筑研究院, 2000.

[141] 赵东海, 张誉, 赵鸣. 碳纤维片材与混凝土基层粘结性能研究 [C]// 中国首届纤维增强塑料 (FRP) 混凝土结构学术交流会论文集. 北京: 冶金工业部建筑研究院, 2000.

[142] 张国栋, 朱墩. 碳纤维加固一次受力钢筋混凝土梁试验研究 [J]. 武汉水利电力大学（宜昌）学报, 2000, 22(4): 283-285, 2.

[143] 聂肃非, 徐德新. 碳纤维布、钢板加固与碳纤维布加固钢筋混凝土梁的抗弯性能研究 [C]// 第二届全国土木工程用纤维增强复合材料 (FRP) 应用技术论文集. 北京: 清华大学出版社, 2002.

[144] 徐芸, 徐德新, 潘芬芬. 碳纤维板加固梁一次受力和二次受力的试验研究 [C]// 第二届全国土木工程用纤维增强复合材料 (FRP) 应用技术论文集. 北京: 清华大学出版社, 2002.

[145] 黄慧明, 易伟建. 粘贴碳纤维片材加固钢筋混凝土梁正截面承载力试验研究 [J]. 湖南大学学报 (自然科学版), 2001, 28(3): 121-126.

[146] 叶列平, 崔卫, 胡孔国, 等. 碳纤维布加固钢筋混凝土板二次受力试验研究 [C]// 中国首届纤维增强塑料 (FRP) 混凝土结构学术交流会论文集. 北京: 冶金工业部建筑研究院, 2000.

[147] 胡孔国, 岳清瑞, 陈小兵, 等. 碳纤维布加固混凝土桥面板受弯性能试验研究 [C]// 中国首届纤维增强塑料 (FRP) 混凝土结构学术交流会论文集. 北京: 冶金工业部建筑研究院, 2000.

[148] DOLAN C W. FRP prestressing in the USA[J]. Concrete international, 1999, 21(10): 21-24.

[149] RIZKALLA S, LABOSSIERE P. Structural engineering with FRP-in Canada[J]. Concrete international, 1999, 21(10): 25-28.

[150] FUKUYAMA H. FRP composites in Japan[J]. Concrete international, 1999, 21(10): 29-32.

[151] TAERWE L, MATTHYS S. FRP for concrete construction: activities in Europe[J]. Concrete international, 1999, 21(10): 33-36.

[152] BUYUKOZTURK O, HEARING B. Failure behavior of precracked concrete beams retrofitted with FRP[J]. Journal of composites for construction, 1998, 2(3): 138-144.

[153] DEURING M. Verstärken von Stahlbeton mit gespannten Faserverbundwerkstoffen[D]. Switzerland: ETH Zurich, 1993.

[154] FINCH W W, CHAJES M J, MERTZ D R, et al. Bridge rehabilitation using composite materials[C]//Infrastructure: new materials and methods of repair. ASCE, 1994: 1140-1147.

[155] NANNI A. Concrete repair with externally bonded FRP reinforcement[J]. Concrete international, 1995, 17(6): 22-26.

[156] ROSTASY F S, HANKERS C, RANISCH E H. Strengthening of R/C-and P/C-structures with bonded FRP plates[J]. Advanced composite materials in bridge and structures, 1992(11): 253-263.

[157] LAURA DE LORENZIS B M, ANTONIO N. Bond of fiber-reinforced polymer laminates to concrete[J]. Material journal, 2001, 98(3): 256-264.

[158] ROBERTS T M. Approximate analysis of shear and normal stress concentrates in the adhesive layer of plated RC beams[J]. The structural engineer, 1989, 67: 222-233.

[159] SMITH S T, TENG J G. Interfacial stresses in plated beams[J]. Engineering structures, 2001, 23(7): 857-871.

[160] MALEK A M, SAADATMANESH H, EHSANI M R. Prediction of failure load of R/C beams strengthened with FRP plate due to stress concentration at the plate end[J]. ACI structural journal, 1998, 95: 142-152.

[161] LEUNG C K Y. Delamination failure in concrete beams retrofitted with a bonded plate[J]. Journal of materials in civil engineering, 2001, 13(2): 106-113.

[162] RABINOVITCH O, FROSTIG Y. High-order approach for the control of edge stresses in RC beams strengthened with FRP strips[J]. Journal of structural engineering, 2001, 127(7): 799-809.

[163] RAOOF M, HASSANEN M A H. Peeling failure of reinforced concrete beams with fibre-reinforced plastic or steel plates glued to their soffits[J]. Proceedings of the institution of civil engineers-structures and buildings, 2000, 140(3): 291-305.

[164] EL-MIHILMY M T, TEDESCO J W. Prediction of anchorage failure for reinforced concrete beams strengthened with fiber-reinforced polymer plates[J]. Structural journal, 2001, 98(3): 301-314.

第2章　标准钢筋混凝土弯曲梁阻裂特性试验与理论

混凝土断裂力学诞生以来，国内外学者通过各种断裂模型针对混凝土在不同参数作用下的断裂特性进行了大量的试验与理论研究 [1–5]。混凝土作为一种人造石材，其抗压能力很强，而抗拉能力很弱。钢筋混凝土是在混凝土基体材料中配设不同形式的抗拉钢筋所构成的组合材料，两者的性能互补，钢筋混凝土结构成为迄今结构工程中应用最成功、最广泛的复合材料结构。在普通混凝土研究的基础上，有关学者对钢筋混凝土的断裂问题做了大量的理论与试验研究，Azad 等 [6] 通过试验确定了钢筋混凝土梁的断裂能；Ruiz[7] 采用试验法研究了少筋混凝土梁的断裂问题，并指出极限承载力大小与配筋率成正比；Wu 和 Bailey[8]、Wu 和 Ye[9]、Ferro 等 [10] 采用线弹性断裂力学，得到了钢筋力及混凝土黏聚力在裂缝尖端产生的应力强度因子的平衡方程；Hu 等 [11] 采用声发射技术研究了钢筋混凝土的断裂参数问题；徐世烺和王建敏 [12]、徐世烺和尹世平 [13] 通过大量试验，以双 K 断裂模型为基础，进行了钢筋混凝土断裂参数的试验研究。我国《水工混凝土断裂试验规程》(DL/T 5332—2005) 仅给出了普通混凝土断裂参数的试验方法和计算过程，而到目前为止，钢筋混凝土断裂参数的计算过程还没有统一的标准，因此，有必要对钢筋混凝土的断裂试验进行深入的研究，为此开展了本章的研究工作。

参考《水工混凝土断裂试验规程》(DL/T 5332—2005) 中标准混凝土三点弯曲梁试件断裂参数计算方法，对钢筋混凝土断裂模型进行一些基本假定，在此基础上，通过理论推导，建立了标准钢筋混凝土三点弯曲梁试件断裂参数计算模型，给出了标准钢筋混凝土三点弯曲梁试件断裂参数计算公式。对比强度等级、试件尺寸、初始缝高比对标准混凝土三点弯曲梁试件断裂参数的影响规律，本章系统研究了初始缝高比、钢筋直径、钢筋–裂缝位置关系对标准钢筋混凝土三点弯曲梁断裂参数的影响。

2.1　钢筋混凝土断裂参数计算模型

2.1.1　断裂参数的计算公式

在进行钢筋混凝土三点弯曲梁试件断裂参数的整个计算过程中，假定混凝土与钢筋之间黏结牢固，且钢筋的应力–应变关系采用理想的弹塑性模型，如图 1-1 所示，即钢筋一旦进入塑性，其应变不断增加，应力保持不变。

在钢筋混凝土沿预制裂缝扩展的过程中，由于钢筋对裂缝的闭合作用，将会延迟裂缝的开裂，延缓裂缝的扩展速度，提高钢筋混凝土三点弯曲梁试件破坏时的极限承载能力。随着荷载的增大，裂缝尖端处的应力强度因子由于应力集中的存在而逐渐增加，并当钢筋混凝土三点弯曲梁试件的起裂断裂韧度 $K_{\mathrm{Ic}}^{\mathrm{ini}}$ 等于钢筋与荷载在裂缝尖端产生的应力强度因子 (K_{Is}、K_{IF}) 时，钢筋混凝土试件开始沿预制裂缝扩展；钢筋混凝土从开裂到失稳之前，由于裂缝前端断裂过程区的存在，在虚拟裂缝面上将有黏聚力产生，黏聚力与钢筋一样，起到使裂缝闭合的作用，故钢筋混凝土的失稳断裂韧度除了受钢筋与荷载在裂缝尖端产生的应力强度因子影响外，还受到黏聚力产生的应力强度因子 $K_{\mathrm{I}}^{\mathrm{c}}$ 的影响，当荷载、黏聚力、钢筋三者在裂缝尖端产生的应力强度因子等于裂缝的失稳断裂韧度 $K_{\mathrm{Ic}}^{\mathrm{un}}$ 时，裂缝开始失稳扩展，混凝土逐渐退出工作，之后的荷载由钢筋承担。

根据上述分析，标准钢筋混凝土三点弯曲梁裂缝开始扩展和失稳破坏时裂缝尖端的净应力强度因子可以按照式 (2-1) 和式 (2-2) 进行计算：

$$K_{\mathrm{I}}^{\mathrm{ini}} = K_{\mathrm{IF}}^{\mathrm{ini}} - K_{\mathrm{Is}}^{\mathrm{ini}} \tag{2-1}$$

$$K_{\mathrm{I}}^{\mathrm{un}} = K_{\mathrm{IF}}^{\mathrm{un}} - K_{\mathrm{Is}}^{\mathrm{un}} \tag{2-2}$$

式中，$K_{\mathrm{I}}^{\mathrm{ini}}$ 和 $K_{\mathrm{I}}^{\mathrm{un}}$ 分别为标准钢筋混凝土三点弯曲梁试件起裂断裂韧度和失稳断裂韧度；$K_{\mathrm{IF}}^{\mathrm{ini}}$ 和 $K_{\mathrm{IF}}^{\mathrm{un}}$ 分别为荷载产生的起裂断裂韧度和失稳断裂韧度；$K_{\mathrm{Is}}^{\mathrm{ini}}$ 和 $K_{\mathrm{Is}}^{\mathrm{un}}$ 分别为钢筋产生的起裂断裂韧度和失稳断裂韧度。

2.1.2　荷载产生的应力强度因子

由于假定钢筋与混凝土之间黏结牢固，不考虑钢筋与混凝土之间的黏结滑移对断裂韧度的影响，故标准钢筋混凝土三点弯曲梁起裂及失稳破坏时，由荷载作用产生的应力强度因子均可通过《水工混凝土断裂试验规程》(DL/T 5332—2005) 进行计算。

$$K_{\mathrm{IF}}^{\mathrm{ini}} = \frac{1.5\left(F^{\mathrm{ini}} + \dfrac{mg}{2} \times 10^{-2}\right) \times 10^{-3} \cdot S \cdot a_0^{1/2}}{th^2} f(\alpha) \tag{2-3}$$

其中，

$$f(\alpha) = \frac{1.99 - \alpha(1-\alpha)(2.15 - 3.93\alpha + 2.7\alpha^2)}{(1+2\alpha)(1-\alpha)^{3/2}}, \quad \alpha = \frac{a_0}{h}$$

$$K_{\mathrm{IF}}^{\mathrm{un}} = \frac{1.5\left(F^{\mathrm{un}} + \dfrac{mg}{2} \times 10^{-2}\right) \times 10^{-3} \cdot S \cdot a_{\mathrm{c}}^{1/2}}{th^2} f(\alpha) \tag{2-4}$$

其中，

$$f(\alpha) = \frac{1.99 - \alpha(1-\alpha)(2.15 - 3.93\alpha + 2.7\alpha^2)}{(1+2\alpha)(1-\alpha)^{3/2}}, \quad \alpha = \frac{a_{\mathrm{c}}}{h}$$

式中，F^{ini} 为标准钢筋混凝土三点弯曲梁起裂荷载；m 为试件支座间的质量 (用试件总质量按 S/L 折算)；g 为重力加速度；S 为试件两支座间的跨度；a_0 为初始预制裂缝长度；t 为试件厚度；h 为试件高度；F^{un} 为标准钢筋混凝土三点弯曲梁失稳荷载；a_{c} 为标准钢筋混凝土三点弯曲梁失稳时刻所对应的有效裂缝长度。

2.1.3 钢筋产生的应力强度因子

标准钢筋混凝土三点弯曲梁试件起裂时钢筋产生的应力强度因子为

$$K_{\mathrm{Is}}^{\mathrm{ini}}=\frac{2F_{\mathrm{s}}^{\mathrm{ini}}/b}{\sqrt{\pi a_0}}F\left(\frac{c}{a_0},\frac{a_0}{h}\right) \tag{2-5}$$

$$F(\eta,\zeta)=\frac{3.52(1-\eta)}{(1-\zeta)^{3/2}}-\frac{4.35-5.28\eta}{(1-\zeta)^{1/2}}+\left[\frac{1.30-0.30\eta^{3/2}}{(1-\eta^2)^{1/2}}+0.83-1.76\eta\right]\times[1-(1-\eta)\zeta]$$

式中，$\eta=\dfrac{c}{a_0}$；$\zeta=\dfrac{a_0}{h}$；$F_{\mathrm{s}}^{\mathrm{ini}}$ 为标准钢筋混凝土三点弯曲梁试件开始起裂时所对应的钢筋作用力；c 为钢筋中心距试件底边的距离。由于钢筋的作用力对裂缝起闭合作用，$K_{\mathrm{Is}}^{\mathrm{ini}}$ 为负值。

在钢筋混凝土试件预制裂缝刚开始起裂时，钢筋仍处于弹性变形范围内，此时钢筋的作用力 $F_{\mathrm{s}}^{\mathrm{ini}}$ 可以将钢筋的应变 $\varepsilon_{\mathrm{s}}^{\mathrm{ini}}$，以及相应的钢筋应力 $\sigma_{\mathrm{s}}^{\mathrm{ini}}$ 代入胡克定律求得

$$\sigma_{\mathrm{s}}^{\mathrm{ini}}=E_{\mathrm{s}}\varepsilon_{\mathrm{s}}^{\mathrm{ini}} \tag{2-6}$$

$$F_{\mathrm{s}}^{\mathrm{ini}}=\sigma_{\mathrm{s}}^{\mathrm{ini}}A_0 \tag{2-7}$$

式中，E_{s} 为钢筋混凝土基体结构弹性模量；A_0 为钢筋的截面面积。

对应钢筋混凝土三点弯曲梁试件预制裂缝起裂时钢筋产生的应力强度因子 $K_{\mathrm{Is}}^{\mathrm{ini}}$，$K_{\mathrm{Is}}^{\mathrm{un}}$ 是钢筋混凝土三点弯曲梁试件失稳破坏时裂缝尖端由钢筋作用产生的应力强度因子，相应的计算公式如下：

$$K_{\mathrm{Is}}^{\mathrm{un}}=-\frac{2F_{\mathrm{s}}^{\mathrm{un}}/b}{\sqrt{\pi a_{\mathrm{c}}}}F_2\left(\frac{c}{a_{\mathrm{c}}},\frac{a_{\mathrm{c}}}{h}\right) \tag{2-8}$$

$$\begin{aligned}F_2\left(\frac{c}{a_{\mathrm{c}}},\frac{a_{\mathrm{c}}}{h}\right)=&\frac{3.52\,(1-c/a_{\mathrm{c}})}{(1-a_{\mathrm{c}}/h)^{3/2}}-\frac{4.35-5.28c/a_{\mathrm{c}}}{(1-a_{\mathrm{c}}/h)^{1/2}}\\&+\left\{\frac{1.30-0.30\,(c/a_{\mathrm{c}})^{3/2}}{\left[1-(c/a_{\mathrm{c}})^2\right]^{1/2}}+0.83-1.76c/a\right\}\times[1-(1-c/a_{\mathrm{c}})\,a_{\mathrm{c}}/h]\end{aligned}$$

式中，$F_{\mathrm{s}}^{\mathrm{un}}$ 为标准钢筋混凝土三点弯曲梁试件裂缝开始失稳扩展时所对应的钢筋作用力。

此时，如果钢筋屈服，钢筋的应力 $\sigma_{\mathrm{s}}^{\mathrm{un}}$ 为钢筋的屈服强度 f_{y}，如果钢筋没有屈服，则钢筋的作用力 $F_{\mathrm{s}}^{\mathrm{un}}$ 采用式 (2-9)、式 (2-10) 按照失稳扩展时相应的钢筋应变 $\varepsilon_{\mathrm{s}}^{\mathrm{un}}$ 计算求得。

钢筋屈服时：

$$F_{\mathrm{s}}^{\mathrm{un}} = \sigma_{\mathrm{s}}^{\mathrm{un}} A_0 = f_{\mathrm{y}} A_0 \tag{2-9}$$

钢筋尚未屈服时：

$$F_{\mathrm{s}}^{\mathrm{un}} = \sigma_{\mathrm{s}}^{\mathrm{un}} A_0 = E_{\mathrm{s}} \varepsilon_{\mathrm{s}}^{\mathrm{un}} A_0 \tag{2-10}$$

2.1.4 临界有效裂缝长度的确定

当标准钢筋混凝土三点弯曲梁试件失稳扩展时，计算荷载产生的应力强度因子 $K_{\mathrm{IF}}^{\mathrm{un}}$ 和钢筋作用产生的应力强度因子 $K_{\mathrm{Is}}^{\mathrm{un}}$ 均要用到临界有效裂缝长度值 a_{c}，因此，准确地确定临界有效裂缝长度 a_{c} 的值，对求得标准钢筋混凝土三点弯曲梁试件的试验结果非要重要。

由于裂缝张口位移 (CMOD) 的测定相对简便，可以通过 $tE_0\dfrac{\mathrm{CMOD}}{F}$ 与 $\dfrac{a_{\mathrm{c}}}{h}$ 之间的函数关系 [式 (2-11)] 确定临界有效裂缝长度 a_{c}。

$$tE_0\frac{\mathrm{CMOD}}{F} = \alpha + \beta\tan^2\left(\frac{\pi}{2}\frac{a_{\mathrm{c}}}{h}\right) \tag{2-11}$$

由式 (2-11) 可知，只要确定了系数 α 和 β 的值，便可以通过对 $tE_0\dfrac{\mathrm{CMOD}}{F}$ 的测定，由式 (2-12) 求得任意时刻的临界有效裂缝长度 a_{c}。

$$a_{\mathrm{c}} = \frac{2}{\pi}h\arctan\sqrt{\frac{tE_0}{\beta F}\mathrm{CMOD} - \frac{\alpha}{\beta}} \tag{2-12}$$

式中，E_0 为钢筋混凝土三点弯曲梁的弹性模量，与标准混凝土三点弯曲梁计算所得的弹性模量相一致。

2.2 试 验 概 况

2.2.1 试件设计

为了与标准混凝土三点弯曲梁断裂特性进行对比，本章探讨不同参数对标准钢筋混凝土三点弯曲梁断裂特性的影响，试验设计试件尺寸均为《水工混凝土断裂试验规程》(DL/T 5332—2005) 给出的标准尺寸，长 1000mm，宽 120mm，高 200mm，每个试件底部布置一排 2 根圆钢，如图 2-1 所示，设计变化参数包括初始预制裂缝长度值，即初始缝高比 (0.2、0.3、0.4、0.5)；配筋率，即钢筋直径 (6mm、8mm、10mm)。另外，为了探讨钢筋–裂缝位置关系对标准钢筋混凝土三点弯曲梁试件断裂参数的影响，特选择初始缝高比为 0.3 (初始裂缝长度 60mm) 的标准钢筋混凝土三点弯曲梁试件 (长 × 宽 × 高 =1000mm×120mm×200mm)，在此基础上设计四组不同钢筋–裂缝位置关系的标准钢筋混凝土三点弯曲梁试件 16 根，如图 2-2 所示，钢筋距试件底端距离 c 有 50mm、55mm、65mm、70mm 四种情况。

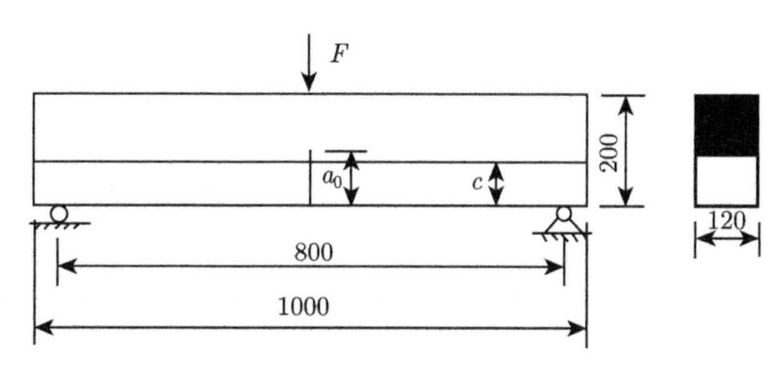

图 2-1 标准钢筋混凝土三点弯曲梁 (单位：mm)

图 2-2 钢筋与裂缝位置关系图

类似于标准混凝土三点弯曲梁试件编号设计情况，以 RC 代表钢筋混凝土，并随后给出试件设计强度等级，如 RC25，之后是试件主要变化参数，包括预制缝长度 [40mm(-02)、60mm(-03)、80mm(-04)、100mm(-05)]、钢筋直径 (-06、-08、-10)、钢筋距试件底端距离 (-50、-55、-65、-70)。例如，RC25-04 表示设计强度等级为 25MPa，初始缝高比为 0.4 的标准钢筋混凝土三点弯曲梁；RC60-06 表示设计强度等级为 60MPa，钢筋直径大小为 6mm 的标准钢筋混凝土三点弯曲梁。试件具体设计参数见表 2-1。

表 2-1　标准钢筋混凝土三点弯曲梁试件设计参数值

试件编号	强度等级/MPa	c/mm	钢筋直径/mm	支座间跨度/mm	预制缝长/mm	初始缝高比	试件数
RC25-04	25	25	8	800	80	0.4	4
RC35-04	35	25	8	800	80	0.4	4
RC60-04	60	25	8	800	80	0.4	4
RC60-06	60	25	6	800	80	0.4	4
RC60-08	60	25	8	800	80	0.4	4
RC60-10	60	25	10	800	80	0.4	4
RC60-02	60	25	8	800	40	0.2	4
RC60-03	60	25	8	800	60	0.3	4
RC60-04	60	25	8	800	80	0.4	4
RC60-05	60	25	8	800	100	0.5	4
RC60-50	60	50	8	800	60	0.3	4
RC60-55	60	55	8	800	60	0.3	4
RC60-65	60	65	8	800	60	0.3	4
RC60-70	60	70	8	800	60	0.3	4

2.2.2　试验材料

标准钢筋混凝土三点弯曲梁试件所用材料与 2.1 节中标准混凝土三点弯曲梁试件材料一样，所有试件均一次性浇筑完成，在同一条件下养护。

2.3　试验结果与影响参数分析

2.3.1　试验现象

在分析不同变量对标准钢筋混凝土三点弯曲梁试件断裂参数影响之前，首先在图 2-3 中给出了相同设计强度等级、相同试件尺寸、相同初始缝高比的标准混凝土三点弯曲梁试件和标准钢筋混凝土三点弯曲梁试件荷载–裂缝张口位移 (F-CMOD) 关系曲线，由图 2-3 可知，标准混凝土三点弯曲梁试件与标准钢筋混凝土三点弯曲梁试件断裂破坏过程既有相似部分，又存在一定的差别。

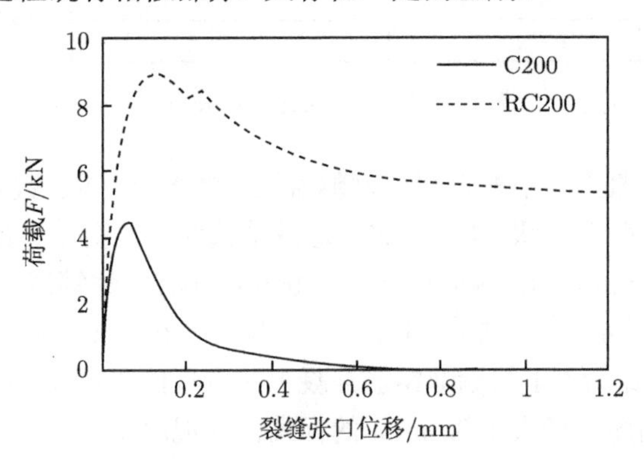

图 2-3　标准混凝土 (C200) 和标准钢筋混凝土 (RC200) F-CMOD 曲线

混凝土和钢筋混凝土标准三点弯曲梁试件起裂之前，裂缝张口位移均随荷载的增加而呈线性增加趋势，完全表现出混凝土的线弹性特点，钢筋的加入分担了一部分荷载，钢筋混凝土三点弯曲梁试件荷载–裂缝张口位移初始阶段线弹性部分明显增长，即钢筋混凝土三点弯曲梁试件起裂荷载值明显大于普通混凝土三点弯曲梁试件的起裂荷载值。试件开裂之后，混凝土和钢筋混凝土标准三点弯曲梁试件的荷载–裂缝张口位移 (F-CMOD) 曲线均表现出明显的非线性，相对于混凝土试件，钢筋的加入使三点弯曲梁试件的荷载–裂缝张口位移曲线的非线性阶段更长，经过非线性阶段之后，混凝土和钢筋混凝土荷载值均达到最大，三点弯曲梁试件开始失稳扩展。进入失稳扩展阶段之后，混凝土和钢筋混凝土三点弯曲梁试件荷载–裂缝张口位移曲线表现出明显的差别，对于混凝土三点弯曲梁试件，其裂缝沿着开裂方向迅速扩展，荷载值急剧下降，最终完全断开，对应于图 2-3 中荷载–裂缝张口位移曲线下降很快，而钢筋混凝土三点弯曲梁试件的荷载值达到最大荷载之后，缓慢降低，甚至出现再次增加的现象，最终在钢筋的作用下，荷载值稳定在钢筋屈服强度 f_{y} 左右，随后缓慢地下降，很少出现钢筋混凝土三点弯曲梁试件发生脆断的情况，最终破坏情况如图 2-4(a)、(b) 所示。对于钢筋混凝土三点弯曲梁试件，加载过程中会有部分钢筋发生滑移，从而导致失稳荷载减小的情况，如图 2-5 所示。

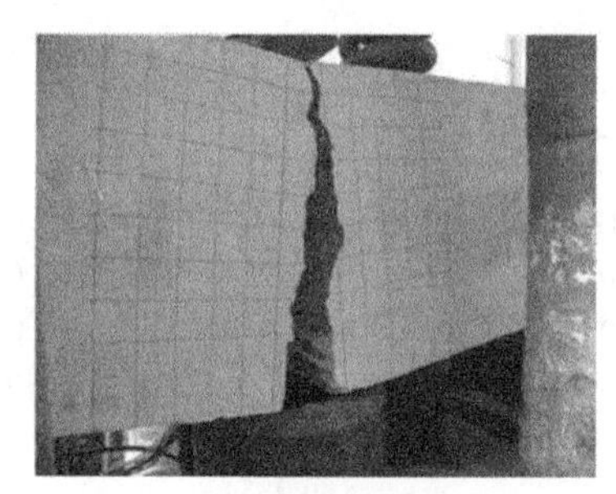

(a) 混凝土试件

(b) 钢筋混凝土试件

图 2-4 三点弯曲梁试件最终破坏情况

图 2-5 钢筋发生滑移

2.3.2　初始缝高比对标准钢筋混凝土三点弯曲梁断裂特性的影响

1. 试验计算结果

根据标准混凝土三点弯曲梁试件起裂荷载确定方法，采用粘贴应变片的方法，求得每个标准钢筋混凝土三点弯曲梁试件的起裂荷载值 F^{ini}，将求得的起裂荷载 F^{ini} 代入式 (2-3) 计算出荷载值所产生的起裂断裂韧度值 $K_{\text{IF}}^{\text{ini}}$，并根据荷载–裂缝张口位移曲线 F-CMOD 读取每个试件的最大荷载 F^{un} 及最大荷载所对应的裂缝张口位移，代入式 (2-4) 计算出荷载值所产生的失稳断裂韧度值 $K_{\text{IF}}^{\text{un}}$。

根据 F^{ini}、F^{un} 对应的钢筋应变，判断钢筋是否屈服。若钢筋未屈服或者屈服，则将钢筋应变及相应的荷载值分别代入式 (2-9) 或式 (2-10)，计算出试件起裂时刻钢筋的荷载值 $F_{\text{s}}^{\text{ini}}$ 和试件失稳时刻钢筋的荷载值 F_{s}^{un}，并将 $F_{\text{s}}^{\text{ini}}$、$F_{\text{s}}^{\text{un}}$ 分别代入式 (2-5) 和式 (2-8) 求出试件起裂、失稳时刻钢筋产生的断裂韧度值 $K_{\text{Is}}^{\text{ini}}$、$K_{\text{Is}}^{\text{un}}$。

把 $K_{\text{IF}}^{\text{ini}}$、$K_{\text{IF}}^{\text{un}}$、$K_{\text{Is}}^{\text{ini}}$、$K_{\text{Is}}^{\text{un}}$ 分别代入式 (2-1) 和式 (2-2)，将计算结果分别作为标准钢筋混凝土三点弯曲梁试件起裂断裂韧度 $K_{\text{I}}^{\text{ini}}$ 与失稳断裂韧度 K_{I}^{un}，由于试验过程中会不可避免地出现一些误差，剔除偏离均值较大的试验数据，并将有效试验结果列入表 2-2 和表 2-3 中。

表 2-2　不同初始缝高比钢筋混凝土三点弯曲梁试件起裂时试验结果

试件编号	a_0 /mm	F^{ini} /kN	$F_{\text{s}}^{\text{ini}}$ /kN	$K_{\text{IF}}^{\text{ini}}$ /(MPa·m$^{1/2}$)	$K_{\text{Is}}^{\text{ini}}$ /(MPa·m$^{1/2}$)	$K_{\text{I}}^{\text{ini}}$ /(MPa·m$^{1/2}$)
RC60-02-01	40	7.413	2.7112	0.8512	0.2276	0.6236
RC60-02-02	40	7.905	2.3548	0.8943	0.1977	0.6966
RC60-02-03	40	5.744	2.4068	0.7051	0.2021	0.5030
RC60-02-04	40	7.356	3.7428	0.8462	0.3143	0.5320
RC60-02	40	7.105	2.8039	0.8242	0.2354	0.5888
RC60-03-01	60	5.410	3.3781	0.8750	0.2753	0.5998
RC60-03-02	60	5.706	2.9640	0.9086	0.2415	0.6671
RC60-03-03	60	4.396	2.6927	0.7601	0.2194	0.5407
RC60-03-04	60	5.745	4.1868	0.9130	0.3411	0.5719
RC60-03	60	5.314	3.3054	0.8642	0.2693	0.5949
RC60-04-01	80	4.463	2.9259	1.0001	0.2798	0.7203
RC60-04-03	80	4.937	3.9850	1.0701	0.3811	0.6890
RC60-04-04	80	4.065	3.5734	0.9413	0.3417	0.5996
RC60-04	80	4.488	3.4948	1.0038	0.3342	0.6696
RC60-05-01	100	4.531	4.3976	1.3571	0.5545	0.8025
RC60-05-02	100	4.365	5.4395	1.3241	0.6859	0.6382
RC60-05-03	100	4.028	4.3545	1.2572	0.5491	0.7082
RC60-05-04	100	3.423	5.0288	1.1372	0.6341	0.5031
RC60-05	100	4.087	4.8051	1.2689	0.6059	0.6630

表 2-3 不同初始缝高比钢筋混凝土三点弯曲梁试件失稳时刻试验结果

试件编号	F^{un} /kN	F_{s}^{un} /kN	CMOD /m	a_{c} /mm	$K_{\text{I F}}^{\text{un}}$ /(MPa·m$^{1/2}$)	$K_{\text{I s}}^{\text{un}}$ /(MPa·m$^{1/2}$)	K_{I}^{un} /(MPa·m$^{1/2}$)
RC60-02-01	9.019	5.9744	40.40	0.0789	1.6478	0.5645	1.0833
RC60-02-02	8.945	5.1172	35.60	0.0748	1.5477	0.4635	1.0842
RC60-02-03	9.053	5.7591	41.40	0.0752	1.5725	0.5240	1.0485
RC60-02-04	10.054	10.5524	90.00	0.1024	2.5500	1.3856	1.1644
RC60-02	9.268	6.8508	51.85	0.0828	1.8295	0.7344	1.0951
RC60-03-01	9.092	12.0647	250.50	0.1395	4.9122	3.6333	1.2789
RC60-03-02	10.244	14.5568	235.60	0.1351	4.8554	3.8734	0.9820
RC60-03-03	6.720	10.2024	222.88	0.1432	4.2793	3.4265	0.8528
RC60-03-04	7.124	8.3661	187.50	0.1341	3.5655	2.1681	1.3974
RC60-03	8.295	11.2975	224.12	0.1380	4.4031	3.2753	1.1278
RC60-04-01	5.649	6.5718	123.00	0.1259	2.1145	1.1389	0.9757
RC60-04-03	9.189	14.5149	123.20	0.1146	2.9207	2.3914	0.5293
RC60-04-04	10.527	13.3949	273.90	0.1288	4.3127	3.0321	1.2806
RC60-04	8.455	11.4939	173.37	0.1231	3.1160	2.1875	0.9285
RC60-05-01	9.312	10.3776	132.40	0.1190	3.2018	1.8733	1.3285
RC60-05-02	8.433	11.3905	178.90	0.1393	4.5980	3.4046	1.1934
RC60-05-03	8.423	11.9629	240.30	0.1385	4.5098	3.5009	1.0089
RC60-05-04	10.557	16.7322	281.40	0.1328	4.7236	4.1934	0.5302
RC60-05	9.181	12.6158	208.25	0.1324	4.2583	3.2431	1.0153

2. 荷载值

根据表 2-2 和表 2-3 列出的断裂参数试验结果，以初始缝高比为横坐标，荷载值为纵坐标，图 2-6 给出了标准钢筋混凝土三点弯曲梁试件荷载值随初始缝高比的变化趋势图。由图可知，起裂荷载随着初始缝高比的增加而逐渐减小，但总体变化不大，分析原因，这可能与配筋率有关，由于本次试验设计配筋率较大，属于超筋情况，钢筋混凝土三点弯曲梁试件起裂时，钢筋还未发挥作用，起裂荷载主要由混凝土决定，故对于相同尺寸的标准钢筋混凝土三点弯曲梁试件，初始缝高比越小，所对应的混凝土有效截面面积越大，其所能抵抗开裂的水平越高，试件开裂的荷载值就越大，标准钢筋混凝土三点弯曲梁试件起裂荷载表现出与标准混凝土三点弯曲梁试件相似的变化规律，即随着初始缝高比的增大而逐渐减小。进一步分析标准钢筋混凝土三点弯曲梁试件最大荷载值随初始缝高比的变化情况可知，最大荷载值受试件初始缝高比的影响不大，基本为一常数，出现上述情况，主要是因为超筋破坏的钢筋混凝土三点弯曲梁试件达到失稳破坏所能承受的最大荷载值主要由配筋情况所决定，由于试验设计的四组标准钢筋混凝土三点弯曲梁试件的配筋情况一致，标准钢筋混凝土三点弯曲梁试件的最大荷载相对接近。

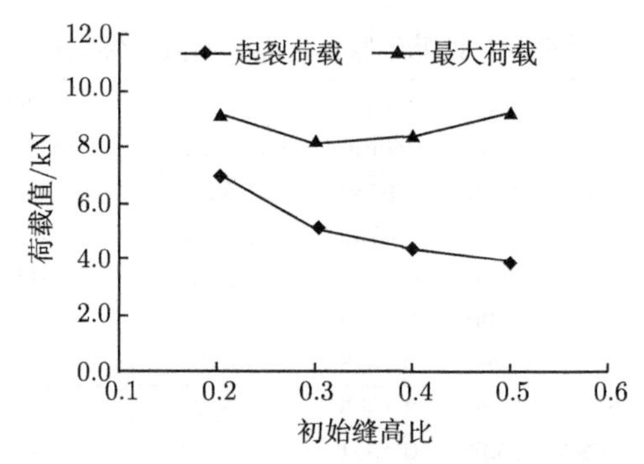

图 2-6 初始缝高比对钢筋混凝土荷载值的影响

3. 起裂荷载与最大荷载的比值

起裂荷载与最大荷载的比值反映了三点弯曲梁试件从起裂到失稳破坏的差距，比值越大，起裂荷载距离失稳荷载就越近，三点弯曲梁试件从起裂到失稳的速度越快，试件相应的脆性越好，韧性越差；相反，起裂荷载与最大荷载的比值越小，试件的脆性越差，韧性越好。

结合本书标准混凝土三点弯曲梁试验结果，并参考相关文献 [14]，标准混凝土三点弯曲梁试件起裂荷载与最大荷载的比值在 75%~90%。由图 2-7 可知，初始缝高比由 0.2 变化到 0.5 时，标准钢筋混凝土三点弯曲梁试件起裂荷载与最大荷载的比值随着初始缝高比的增加而逐渐降低，具体比值由 76.66%变化到 44.51%，即随着初始缝高比的增加，标准钢筋混凝土三点弯曲梁试件的韧性越来越好。分析原因，主要是钢筋的加入，提高了试件失稳破坏时的承载力，使试件的最大荷载值达到同一水平，然而，不同初始缝高比对应的起裂荷载差别较大，初始缝高比越小，有效截面面积越大，钢筋混凝土三点弯曲梁试件承受的起裂荷载值越大，起裂荷载与最大荷载的比值越大，起裂荷载距离最大荷载的距离越近，钢筋混凝土三点弯曲梁试件脆性越明显；相反，钢筋混凝土三点弯曲梁试件初始缝高比越大，起裂荷载

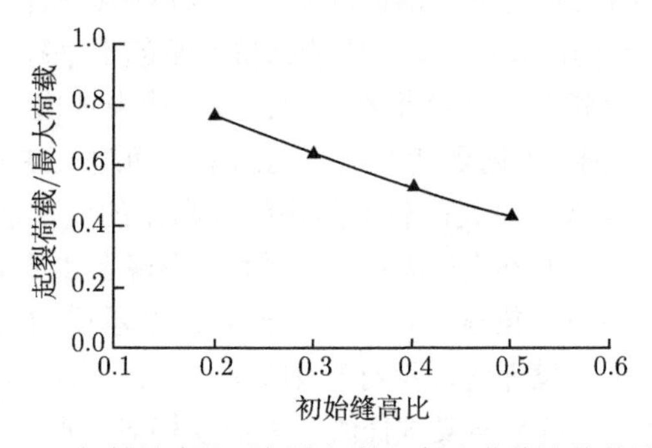

图 2-7 初始缝高比对标准钢筋混凝土荷载比值的影响

越小，而最大荷载不变，则起裂荷载与最大荷载的比值越小，起裂荷载距离最大荷载的距离越近，试件从起裂到失稳的韧性越好。

4. 断裂韧度

对比标准钢筋混凝土三点弯曲梁试件初始缝高比对荷载值的影响分析图，为了进一步考虑试验设计四种初始缝高比下标准钢筋混凝土三点弯曲梁试件起裂断裂韧度与失稳断裂韧度的变化情况，图 2-8(a) 和 (b) 分别给出了标准钢筋混凝土三点弯曲梁试件起裂断裂韧度和失稳断裂韧度随初始缝高比变化的趋势图。

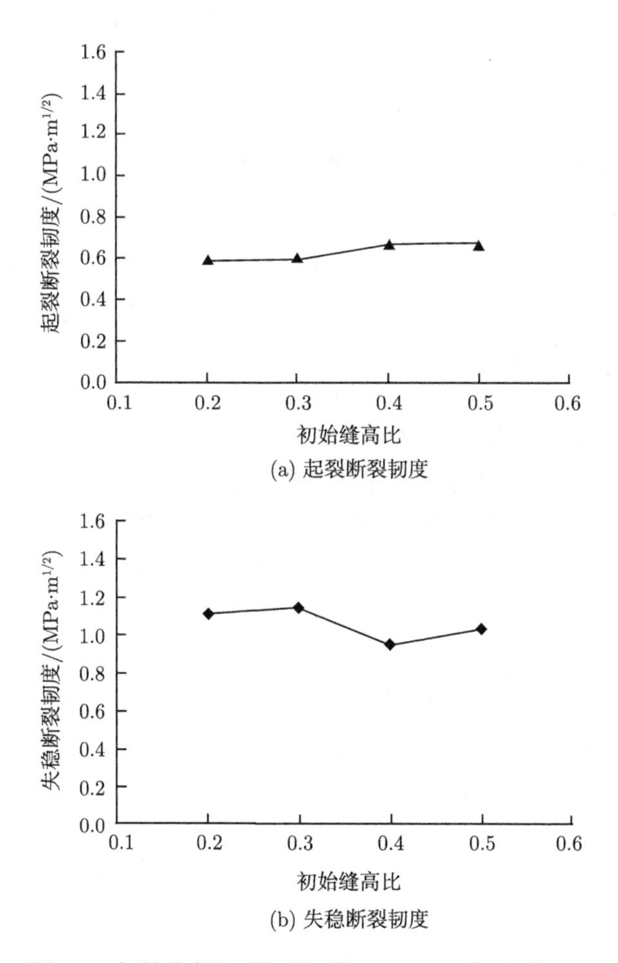

(a) 起裂断裂韧度

(b) 失稳断裂韧度

图 2-8 初始缝高比对标准钢筋混凝土断裂韧度的影响

由图 2-8 可知，当初始缝高比从 0.2 变化到 0.5 时，标准钢筋混凝土三点弯曲梁试件的起裂断裂韧度分别为 $0.5888\text{MPa·m}^{1/2}$、$0.5949\text{MPa·m}^{1/2}$、$0.6696\text{MPa·m}^{1/2}$、

0.6630MPa·m$^{1/2}$，失稳断裂韧度分别为 1.0951MPa·m$^{1/2}$、1.1278MPa·m$^{1/2}$、0.9285 MPa·m$^{1/2}$、1.1053MPa·m$^{1/2}$，即标准钢筋混凝土三点弯曲梁试件起裂断裂韧度值处于 0.6MPa·m$^{1/2}$ 左右，初始失稳断裂韧度值处于 1.1MPa·m$^{1/2}$ 左右，且标准钢筋混凝土三点弯曲梁试件起裂断裂韧度和失稳断裂韧度均不随初始缝高比的变化而变化，均可认为是一个常数。对比标准混凝土三点弯曲梁试件断裂韧度与初始缝高比无关的结论 [15]，标准钢筋混凝土三点弯曲梁试件表现出与标准混凝土三点弯曲梁试件一致的结论。

经过对标准钢筋混凝土三点弯曲梁试件起裂荷载、最大荷载、起裂荷载与最大荷载的比值、起裂断裂韧度、失稳断裂韧度的分析发现，随着初始缝高比的变化，标准钢筋混凝土三点弯曲梁断裂试验结果与标准混凝土三点弯曲梁断裂试验结果总体变化趋势一致。

2.3.3　配筋率对标准钢筋混凝土三点弯曲梁断裂特性的影响

1. 试验计算结果

近几年，人们将断裂力学方法应用于钢筋混凝土构件中，但是在钢筋混凝土三点弯曲梁断裂研究中，所做试验研究较少，且配筋率作为钢筋混凝土结构的主要研究课题是不可缺少的研究对象 [16−19]，从获得的结论中不断地认识到其重要性。Bosco 等通过试验证明了钢筋混凝土最小配筋率也存在尺寸效应 [20]，且 Bosco 等 [21] 将断裂力学应用到钢筋混凝土结构的试验结果证明应关注混凝土梁中配筋率的尺寸效应问题。为此设计三组不同配筋率的标准钢筋混凝土三点弯曲梁试件，研究配筋率对标准钢筋混凝土三点弯曲梁断裂特性的影响。经过本书所建立的钢筋混凝土三点弯曲梁断裂模型和断裂参数的计算过程，将其计算结果分别列入表 2-4 和表 2-5 中。

表 2-4　不同配筋率标准钢筋混凝土三点弯曲梁试件起裂时刻试验结果

试件编号	钢筋直径/mm	F^{ini}/kN	F_s^{ini}/kN	K_{IF}^{ini} /(MPa·m$^{1/2}$)	K_{Is}^{ini} /(MPa·m$^{1/2}$)	K_I^{ini} /(MPa·m$^{1/2}$)
RC 60-06-01	6	3.58	2.2317	0.8695	0.2134	0.6561
RC 60-06-02	6	3.55	2.4295	0.8652	0.2323	0.6329
RC 60-06-03	6	3.95	1.6384	0.9243	0.1567	0.7676
RC 60-06-04	6	4.35	3.2422	0.9828	0.3101	0.6727
平均值	6	3.86	2.3855	0.9105	0.2281	0.6823
RC 60-04-01	8	4.46	2.9259	1.0001	0.2798	0.7203
RC 60-04-03	8	4.94	3.9850	1.0701	0.3811	0.6890
RC 60-04-04	8	4.07	3.5734	0.9413	0.3417	0.5996
平均值	8	4.49	3.4948	1.0038	0.3342	0.6696

续表

试件编号	钢筋直径/mm	F^{ini}/kN	$F_{\mathrm{s}}^{\mathrm{ini}}$/kN	$K_{\mathrm{I\,F}}^{\mathrm{ini}}$ /(MPa·m$^{1/2}$)	$K_{\mathrm{I\,s}}^{\mathrm{ini}}$ /(MPa·m$^{1/2}$)	$K_{\mathrm{I}}^{\mathrm{ini}}$ /(MPa·m$^{1/2}$)
RC 60-10-01	10	5.60	4.8963	1.1682	0.4682	0.7000
RC 60-10-02	10	3.93	4.5127	0.9208	0.4315	0.4892
RC 60-10-03	10	6.32	5.3536	1.2748	0.5120	0.7629
RC 60-10-04	10	4.88	4.0059	1.0614	0.3831	0.6783
平均值	10	5.18	4.6921	1.1063	0.4487	0.6576

表 2-5 不同配筋率标准钢筋混凝土三点弯曲梁试件失稳时刻试验结果

试件编号	F^{un}/kN	$F_{\mathrm{s}}^{\mathrm{un}}$/kN	CMOD/m	a_{c}/mm	$K_{\mathrm{I\,F}}^{\mathrm{un}}$ /(MPa·m$^{1/2}$)	$K_{\mathrm{I\,s}}^{\mathrm{un}}$ /(MPa·m$^{1/2}$)	$K_{\mathrm{I}}^{\mathrm{un}}$ /(MPa·m$^{1/2}$)
RC 60-06-01	5.82	5.9507	73.700	0.1110	5.9507	0.9128	1.0221
RC 60-06-02	6.81	7.7232	90.500	0.1155	7.7232	1.2961	1.0592
RC 60-06-03	9.85	9.8260	154.200	0.1239	9.8260	1.9816	1.7127
RC 60-06-04	6.30	7.6232	61.800	0.1020	7.6232	0.9934	0.7702
平均值	7.20	7.7808	95.050	0.1131	7.7808	1.2960	1.1411
RC 60-04-01	5.65	6.5718	123.000	0.1259	6.5718	1.3876	1.1284
RC 60-04-03	9.19	11.8546	123.200	0.1146	11.8546	1.9531	0.9676
RC 60-04-04	10.53	13.6691	273.900	0.1288	13.6691	3.0942	1.2185
平均值	8.46	10.6985	173.367	0.1231	10.6985	2.1450	1.1048
RC 60-10-01	17.37	23.5965	318.800	0.1386	23.5965	6.9119	1.3662
RC 60-10-02	12.99	17.7469	322.800	0.1435	17.7469	6.0082	1.2934
RC 60-10-03	18.06	25.0552	326.200	0.1375	25.0552	7.1297	1.2225
RC 60-10-04	17.37	23.1675	311.700	0.1277	23.1675	5.1113	1.3554
平均值	16.45	22.3915	319.875	0.1368	22.3915	6.2903	1.3094

2. 荷载值

根据表 2-4 和表 2-5 的断裂参数计算结果，图 2-9 给出了标准钢筋混凝土三点弯曲梁试件起裂荷载与最大荷载随配筋率 (钢筋直径) 的变化趋势图。由图 2-9 可知，对应试验设计的三组钢筋直径，起裂荷载随着配筋率的增加变化不大，而最大荷载随配筋率的增加迅速增大。三点弯曲梁试件从开始承受荷载到试件起裂，其主要受载体为混凝土主体结构，在此过程中，配置钢筋并没有起到关键作用，由于混凝土结构尺寸、初始预制裂缝大小等设计值一致，配筋率对标准钢筋混凝土三点弯曲梁试件起裂荷载值影响不大。试件开裂之后，除混凝土结构承受一定荷载之外，钢筋开始发挥作用，并承担主要荷载，相同材质的钢筋，截面面积越大，其所承受的最大荷载值就越大，因此，随着配筋率的增加，标准钢筋混凝土三点弯曲梁试件的最大荷载值迅速增加。

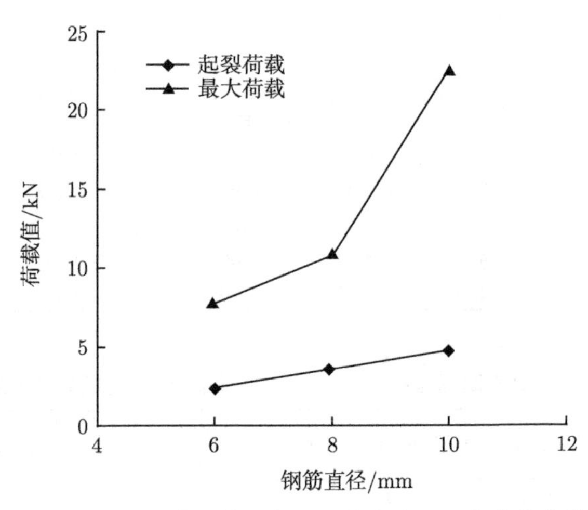

图 2-9　配筋率对标准钢筋混凝土三点弯曲梁试件荷载值的影响

通过上述分析可知，不同配筋率下的标准钢筋混凝土三点弯曲梁试件，其起裂荷载主要由混凝土主体结构决定，而最大荷载主要由混凝土内部配置的钢筋决定。

3. 钢筋断裂韧度

图 2-10 给出了不同配筋率 (钢筋直径) 下，标准钢筋混凝土三点弯曲梁试件起裂和失稳时刻对应钢筋所产生的起裂断裂韧度值 $K_{\mathrm{Is}}^{\mathrm{ini}}$ 和失稳断裂韧度值 $K_{\mathrm{Is}}^{\mathrm{un}}$。由图可知，起裂时刻，钢筋所产生的起裂断裂韧度值受设计配筋率的影响不大，且整体差别较小，对比不同配筋率下钢筋混凝土三点弯曲梁试件荷载值的变化趋势可以给予准确的解释。起裂时刻，标准钢筋混凝土三点弯曲梁试件主要承载体为混凝土主体结构，钢筋的加入对荷载值改变不大，钢筋在三点弯曲梁试件起裂时刻荷载值变化较小。因此，起裂时刻，钢筋所产生的起裂断裂韧度值基本为一不变的常数。失稳时刻，标准钢筋混凝土三点弯曲梁试件的主要承载体为混凝土内部配置的钢筋，且通过配筋率对钢筋混凝土三点弯曲梁试件荷载值的影响可知，失稳时刻，配筋率越大，其所承受的最大荷载值也越大，由式 (2-8) 可知，在其余设计参数不变的情况下，钢筋承受的荷载值越大，由钢筋所产生的断裂韧度值越大。因此，失稳时刻，图 2-10 中表现出钢筋所产生的失稳断裂韧度值随配筋率的增加而迅速增加的趋势。

对比分析配筋率对标准钢筋混凝土三点弯曲梁试件荷载值和钢筋断裂韧度值的影响可知，起裂时刻，钢筋混凝土的主要承载体为混凝土主体结构，因此，荷载值和钢筋产生的起裂断裂韧度值均不随配筋率的变化而变化；失稳时刻，钢筋混凝土结构主要承载体为内部配置的钢筋，因此，荷载值和钢筋产生的失稳断裂韧度值随配筋率的增加而逐渐增大。钢筋的加入对控制裂缝的开裂效果并不明显，但是对提高试件的破坏承载力，以及增强试件的延性具有显著作用。

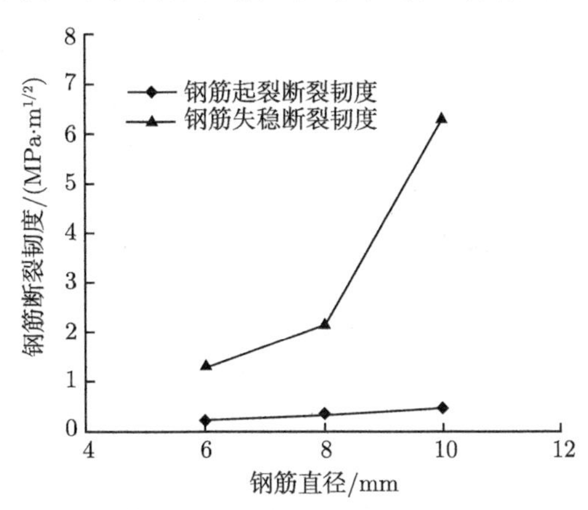

图 2-10 配筋率对标准钢筋混凝土三点弯曲梁试件钢筋断裂韧度值的影响

4. 裂缝亚临界扩展相对值

裂缝亚临界扩展相对值是指带预制裂缝三点弯曲梁试件从起裂到失稳时，裂缝扩展长度值 Δa_{c} 与试件有效截面高度 $h-a_0$ 的比值。图 2-11 给出了试验设计的三组配筋率下，裂缝亚临界扩展相对值的变化曲线。由图 2-11 可知，随着配筋率的增加，裂缝亚临界扩展相对值呈线性增加趋势。由于试验设计的三组标准钢筋混凝土三点弯曲梁试件预制裂缝与试件高度均相等，有效截面高度 $h-a_0$ 也相同，裂缝亚临界扩展相对值的大小主要由试件从起裂到失稳裂缝扩展长度值 Δa_{c} 所决定，Δa_{c} 值越大，试件裂缝扩展长度越长，相对韧性越好。因此，配筋率的变化，尽管不能有效控制标准三点弯曲梁试件的开裂，但是可以提高最大荷载值，从而提高试件的相对韧性。结合图 2-11 可以得出，配筋率越大，钢筋混凝土三点弯曲梁试件相对韧性越佳。

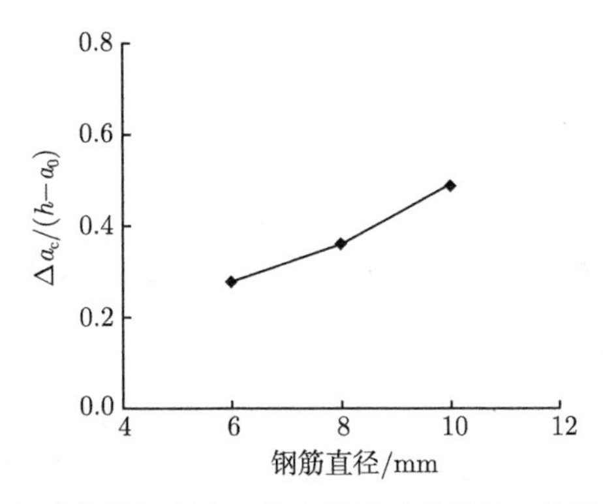

图 2-11 配筋率对标准钢筋混凝土三点弯曲梁试件裂缝亚临界扩展相对值的影响

5. 断裂韧度

图 2-12 给出了不同配筋率作用下，配筋率对标准钢筋混凝土三点弯曲梁试件断裂韧度的影响。当钢筋直径分别为 6mm、8mm、10mm 时，试验设计的三组钢筋混凝土三点弯曲梁试件的起裂断裂韧度值分别为 $0.6823\mathrm{MPa{\cdot}m^{1/2}}$、$0.6696\mathrm{MPa{\cdot}m^{1/2}}$、$0.6576\mathrm{MPa{\cdot}m^{1/2}}$，失稳断裂韧度值分别为 $1.1411\mathrm{MPa{\cdot}m^{1/2}}$、$1.1048\mathrm{MPa{\cdot}m^{1/2}}$、$1.3094\mathrm{MPa{\cdot}m^{1/2}}$，即标准钢筋混凝土三点弯曲梁试件的起裂断裂韧度值不受配筋率的影响，而配筋率对失稳断裂韧度值具有一定影响，但影响并不明显。

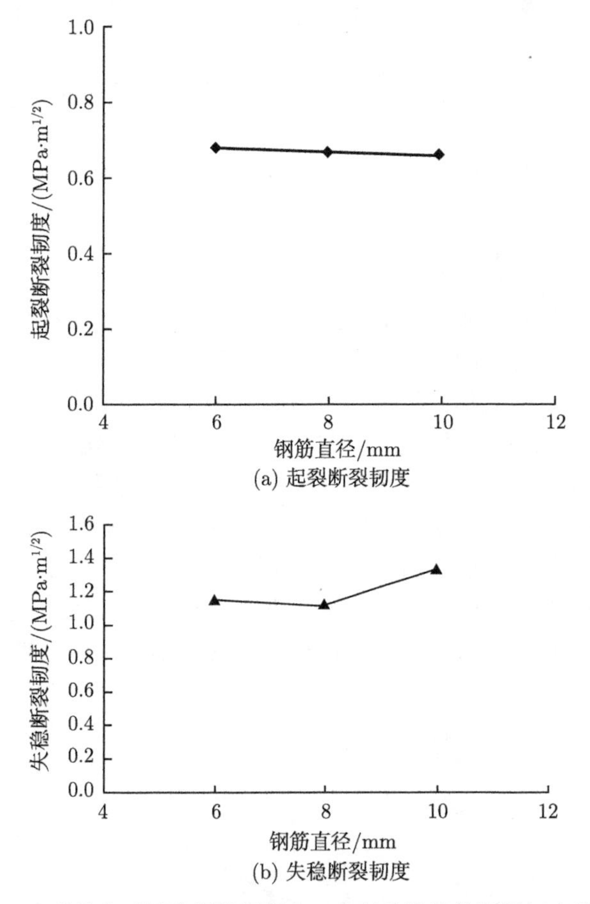

图 2-12　配筋率对标准钢筋混凝土三点弯曲梁试件断裂韧度的影响

分析原因，主要是带预制裂缝的标准钢筋混凝土三点弯曲梁试件的开裂主要由混凝土主体结构所决定，而其失稳破坏则主要由配筋率所决定。设计的三组标准钢筋混凝土三点弯曲梁试件，混凝土主体结构设计一致，因此，起裂断裂韧度为一常数，而配筋率不同，故失稳断裂韧度随配筋率的增加而逐渐增大。

由上述分析可知，尽管钢筋的加入不能有效抵抗试件的起裂，但是可以增强标准钢筋混凝土三点弯曲梁试件的韧性，提高其失稳破坏能力。

2.3.4 钢筋-裂缝位置对标准钢筋混凝土三点弯曲梁断裂特性的影响

1. 试验结果

对于已出现裂缝且需要采用钢筋进行加固的混凝土结构，钢筋穿过预制裂缝，还是钢筋埋置在混凝土试件内部加固效果更好，这是一个值得探讨的问题。尽管已有学者对此进行了研究 [22,23]，然而并没有一个确切结论。为此，本节研究不同钢筋–裂缝位置下标准钢筋混凝土三点弯曲梁试件断裂参数的变化规律，按照试验结果和前述的断裂参数计算方法，具体计算结果列入表 2-6 和表 2-7 中。

表 2-6 不同钢筋-裂缝位置标准钢筋混凝土三点弯曲梁试件起裂时刻试验结果

试件编号	F^{ini}/kN	a_0/mm	F_s^{ini}/kN	$K_{\text{I F}}^{\text{ini}}$ /(MPa·m$^{1/2}$)	$K_{\text{I s}}^{\text{ini}}$ /(MPa·m$^{1/2}$)	$K_{\text{I}}^{\text{ini}}$ /(MPa·m$^{1/2}$)
RC60-50-01	5.647	50	3.037	0.902	0.268	0.634
RC60-50-02	6.641	50	3.292	1.015	0.290	0.724
RC60-50-03	5.923	50	2.884	0.933	0.255	0.679
RC60-50-04	5.927	50	2.826	0.934	0.249	0.684
均值	6.035	50	3.010	0.946	0.266	0.680
RC60-55-01	6.716	55	3.391	1.023	0.371	0.652
RC60-55-02	5.989	55	2.892	0.941	0.317	0.624
RC60-55-04	6.458	55	2.871	0.994	0.314	0.679
均值	6.388	55	3.051	0.986	0.334	0.652
RC60-65-01	3.809	65	0.354	0.694	—	0.694
RC60-65-02	4.634	65	0.466	0.787	—	0.787
RC60-65-03	4.307	65	0.416	0.750	—	0.750
均值	4.250	65	0.412	0.744	—	0.744
RC60-70-01	3.472	70	0.319	0.655	—	0.655
RC60-70-02	4.438	70	0.352	0.765	—	0.765
RC60-70-03	3.398	70	0.230	0.647	—	0.647
RC60-70-04	4.614	70	0.276	0.785	—	0.785
均值	3.981	70	0.294	0.713	—	0.713

表 2-7 不同钢筋-裂缝位置标准钢筋混凝土三点弯曲梁试件失稳时刻试验结果

试件编号	F^{un} /kN	F_s^{un} /kN	CMOD /m	a_c /mm	$K_{\text{I F}}^{\text{un}}$ /(MPa·m$^{1/2}$)	$K_{\text{I s}}^{\text{un}}$ /(MPa·m$^{1/2}$)	K_{I}^{un} /(MPa·m$^{1/2}$)
RC60-50-01	8.325	12.837	0.158	141.5	4.818	3.409	1.408
RC60-50-02	8.652	14.481	0.229	139.1	4.672	3.585	1.088
RC60-50-03	7.993	12.504	0.238	140.2	4.514	3.196	1.318

续表

试件编号	F^{un} /kN	$F_{\mathrm{s}}^{\mathrm{un}}$ /kN	CMOD /m	a_{c} /mm	$K_{\mathrm{IF}}^{\mathrm{un}}$ /(MPa·m$^{1/2}$)	$K_{\mathrm{Is}}^{\mathrm{un}}$ /(MPa·m$^{1/2}$)	$K_{\mathrm{I}}^{\mathrm{un}}$ /(MPa·m$^{1/2}$)
RC60-50-04	8.134	12.459	0.399	144.6	5.138	3.639	1.499
均值	8.276	13.070	0.256	141.4	4.786	3.457	1.328
RC60-55-01	9.978	16.936	0.325	141.0	5.495	4.251	1.244
RC60-55-02	11.567	19.745	0.242	142.8	6.505	5.233	1.272
RC60-55-04	10.457	16.499	0.281	139.0	5.428	3.906	1.522
均值	10.667	17.727	0.283	140.9	5.809	4.463	1.346
RC60-65-01	12.574	20.785	0.675	144.9	7.383	5.383	1.999
RC60-65-02	13.461	23.735	0.760	146.0	8.075	6.377	1.697
RC60-65-03	11.451	20.119	0.531	140.2	6.035	4.515	1.520
均值	12.495	21.546	0.655	143.7	7.164	5.425	1.739
RC60-70-01	14.525	23.735	0.594	136.0	6.655	4.496	2.159
RC60-70-02	12.213	22.851	0.733	145.5	7.325	5.754	1.570
RC60-70-03	13.175	23.735	0.775	145.1	7.703	5.881	1.821
RC60-70-04	12.619	23.735	0.882	146.8	7.810	6.237	1.573
均值	13.133	23.514	0.746	143.4	7.373	5.592	1.781

2. 起裂荷载与最大荷载的比值

根据表 2-6 和表 2-7 中的断裂参数试验结果，图 2-13 给出了不同钢筋–裂缝位置关系下，标准钢筋混凝土三点弯曲梁试件起裂荷载与最大荷载比值的关系散点图。由图可知，随着钢筋中心距离试件底端距离的变大，起裂荷载与最大荷载的比值逐渐减小，且相对于钢筋埋置于混凝土试件内部 ($c = 65$mm 或 $c = 70$mm) 的情况，当钢筋穿过裂缝 ($c = 50$mm 或 $c = 55$mm) 时，起裂荷载与最大荷载的比值明显偏大，从钢筋穿过裂缝过渡到钢筋埋置于混凝土试件内部，起裂荷载与最大荷载的比值也发生了突变。

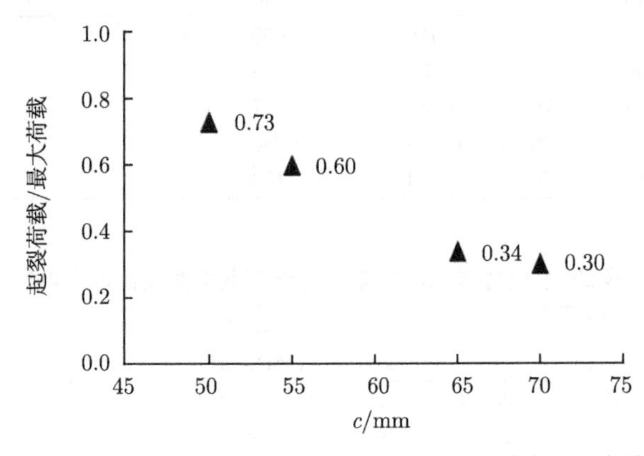

图 2-13 起裂荷载与最大荷载的比值随钢筋–裂缝位置变化图

对表 2-7 断裂试验结果进一步分析可知，钢筋埋置于混凝土三点弯曲梁试件内部对应的最大荷载值明显大于钢筋穿过试件裂缝时的最大荷载值，由于钢筋混凝土三点弯曲梁试件的最大荷载值可以反映其抵抗失稳破坏时的极限承载能力，且起裂荷载与最大荷载的比值可以反映试件的脆断性，通过对不同钢筋–裂缝位置下标准钢筋混凝土三点弯曲梁试件起裂荷载与最大荷载的比值分析可知，相对于钢筋穿过裂缝的情况，当钢筋埋置于混凝土试件内部时，钢筋混凝土三点弯曲梁试件具有更好的抵抗失稳破坏的能力，同时三点弯曲梁试件的韧性也得到了显著提高。

3. 临界裂缝张口位移和临界有效裂缝长度

图 2-14 和图 2-15 分别给出了不同钢筋–裂缝位置关系下，标准钢筋混凝土三点弯曲梁试件临界裂缝张口位移和临界有效裂缝长度曲线。由图可知，随着钢筋距离试件底端距离 c 的变化，标准钢筋混凝土三点弯曲梁试件的临界裂缝张口位移和临界有效裂缝长度均逐渐增加，且相对于钢筋穿过混凝土三点弯曲梁试件预制裂缝的情况，当钢筋埋置于混凝土三点弯曲梁试件内部时，标准钢筋混凝土三点弯曲梁试件的临界裂缝张口位移和临界有效裂缝长度均较大。

不管是临界裂缝张口位移，还是临界有效裂缝长度，其值大小均能反映三点弯曲梁试件的脆断性。临界有效裂缝长度值越大，三点弯曲梁试件达到失稳破坏时，裂缝可以扩展的长度值越长，同时也将相应地增长钢筋混凝土试件裂缝张口扩展距离，相应地增强试件的韧性。

临界裂缝张口位移和临界有效裂缝长度的大小，在标准混凝土三点弯曲梁试件断裂试验中可以通过计算进行换算，而由图 2-14 和图 2-15 的结果可知，两者之间具有相关性，但是很难通过简单的公式进行换算。

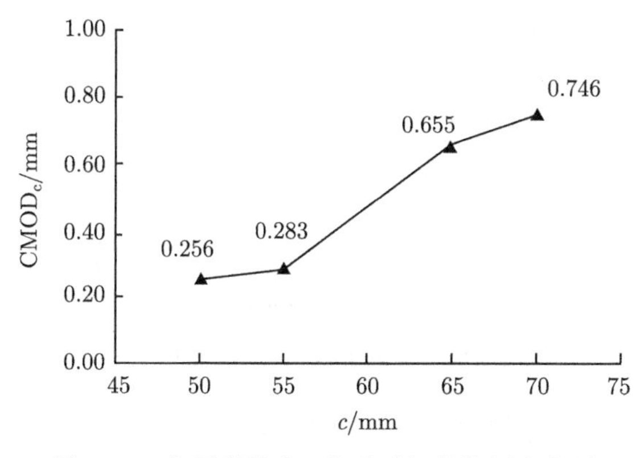

图 2-14　临界裂缝张口位移随钢筋位置变化图

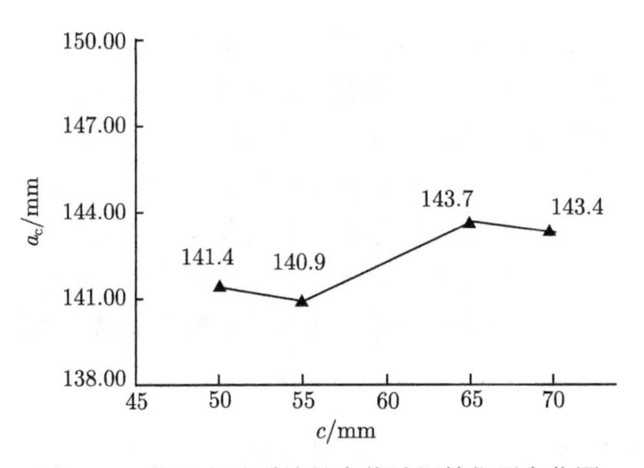

图 2-15　临界有效裂缝长度值随钢筋位置变化图

4. 断裂韧度

当钢筋穿过混凝土试件预制裂缝 ($c = 50$mm 或 $c = 55$mm) 时，标准钢筋混凝土三点弯曲梁试件的起裂断裂韧度分别为 0.680MPa·m$^{1/2}$、0.652MPa·m$^{1/2}$，失稳断裂韧度分别为 1.328MPa·m$^{1/2}$、1.346MPa·m$^{1/2}$；相应地，当钢筋埋置于混凝土试件内部 ($c = 65$mm 或 $c = 70$mm) 时，标准钢筋混凝土三点弯曲梁的起裂断裂韧度分别为 0.744MPa·m$^{1/2}$、0.713MPa·m$^{1/2}$，失稳断裂韧度分别为 1.739MPa·m$^{1/2}$、1.781MPa·m$^{1/2}$。以钢筋距离试件底端的距离 (c) 为横坐标，断裂韧度值为纵坐标，图 2-16 给出了标准钢筋混凝土三点弯曲梁试件断裂韧度随钢筋距离试件底端距离 c 的变化趋势图。

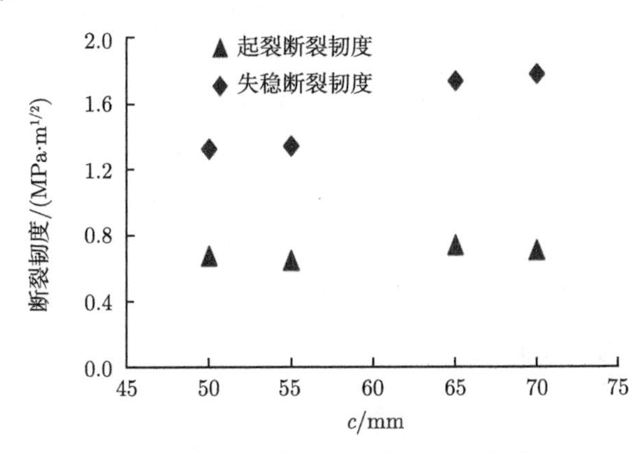

图 2-16　断裂韧度随钢筋位置变化图

由图 2-16 断裂试验结果可知，不管是钢筋穿过混凝土试件预制裂缝，还是钢筋埋置于混凝土试件内部，标准钢筋混凝土三点弯曲梁试件的起裂断裂韧度差别并不明显，即钢筋–裂缝位置对于标准钢筋混凝土三点弯曲梁试件抵抗开裂的效果的影响并不明显。相反，对比钢筋穿过混凝土试件预制裂缝时标准钢筋混凝土三点弯曲梁试件的失稳断裂韧度，当钢筋埋置于混凝土试件内部时，标准钢筋混凝土三点弯曲梁试件的失稳断裂韧度明显增加，即当钢筋埋置于混凝土试件内部时，对于提高混凝土试件抵抗失稳破坏的能力具有显著作用。

综合上述分析结果可知，当钢筋埋置于混凝土三点弯曲梁试件内部时，不仅可以提高标准钢筋混凝土三点弯曲梁试件的最大承载力，增强试件的延性，而且可以提高标准钢筋混凝土三点弯曲梁试件抵抗失稳破坏的能力。

2.4 本章小结

标准钢筋混凝土三点弯曲梁试件起裂时，钢筋尚未发挥作用，其开裂荷载主要由混凝土决定；而失稳破坏时，荷载值主要由钢筋决定。因此，标准钢筋混凝土三点弯曲梁试件起裂荷载随着初始缝高比的增加而逐渐减小，最大荷载不随试件初始缝高比的变化而变化，基本为一常数；当初始缝高比从 0.2 变化到 0.5 时，标准钢筋混凝土三点弯曲梁试件起裂荷载与最大荷载的比值逐渐降低，即随着初始缝高比的增加，标准钢筋混凝土三点弯曲梁试件的韧性越来越好。标准钢筋混凝土三点弯曲梁试件起裂断裂韧度值处于 $0.6\text{MPa}\cdot\text{m}^{1/2}$ 左右，失稳断裂韧度值处于 $1.1\text{MPa}\cdot\text{m}^{1/2}$ 左右，且标准钢筋混凝土三点弯曲梁试件起裂断裂韧度和失稳断裂韧度均不随初始缝高比的变化而变化，可以认为是一个常数。

不同配筋率下的标准钢筋混凝土三点弯曲梁试件，其开裂荷载主要由混凝土主体结构所决定，而最大荷载主要由混凝土内部配置的钢筋情况所决定。因此，随着配筋率的增加，试验设计的三组标准钢筋混凝土三点弯曲梁试件起裂荷载变化不大，而最大荷载随配筋率的增加迅速增大。相应地，起裂时刻，钢筋所产生的起裂断裂韧度值不随配筋率的变化而变化，失稳时刻，标准钢筋混凝土三点弯曲梁试件的主要承载体为混凝土内部配置的钢筋，故钢筋所产生的失稳断裂韧度值随配筋率的增加而迅速增加。随着配筋率的增加，裂缝亚临界扩展相对值呈线性增加趋势，配筋率的变化尽管不能有效控制标准钢筋混凝土三点弯曲梁试件的开裂，但是可以提高其最大荷载值，从而提高试件的相对韧性。标准钢筋混凝土三点弯曲梁试件的起裂断裂韧度值不受配筋率的影响，而配筋率对失稳断裂韧度值有一定影响，但影响并不明显。钢筋的加入，尽管不能抵抗试件的起裂，但是可以增加标准钢筋混凝土三点弯曲梁试件的韧性，提高其抵抗失稳破坏的能力。

随着钢筋中心到试件底端距离的增大，标准钢筋混凝土三点弯曲梁试件起裂荷载与最大荷载的比值逐渐减小，且相对于钢筋埋置于混凝土试件内部的情况，钢筋穿过初始预制裂缝时，起裂荷载与最大荷载的比值明显偏大，从钢筋穿过裂缝过渡到钢筋埋置于混凝土内部，起裂荷载与最大荷载的比值也发生了突变。相对于钢筋穿过初始预制裂缝的情况，当钢筋埋置于混凝土试件内部时，标准钢筋混凝土三点弯曲梁试件不仅具有更好的抵抗失稳破坏的能力，而且试件的韧性也得到了显著提高。标准钢筋混凝土三点弯曲梁试件的临界裂缝张口位移和临界有效裂缝长度均随钢筋到试件底端距离的增加而逐渐增加，且相对于钢筋穿过混凝土试件预制裂缝的情况，当钢筋埋置于混凝土试件内部时，标准钢筋混凝土三点弯曲梁试件的临界裂缝张口位移和临界有效裂缝长度值均较大，但临界裂缝张口位移和临界有效裂缝长度两者之间很难通过简单的公式进行换算。不管是钢筋穿过混凝土试件预制裂缝，还是钢筋埋置于混凝土试件内部，钢筋-裂缝位置对于标准钢筋混凝土三点弯曲梁试件抵抗开裂的效果的影响并不明显，然而当钢筋埋置于混凝土试件内部时，对于提高混凝土试件抵抗失稳破坏的能力则有显著增加，即当钢筋埋置于混凝土试件内部时，其不仅可以提高标准钢筋混凝土三点弯曲梁试件的最大承载力，增强试件的延性，而且可以提高标准钢筋混凝土三点弯曲梁试件抵抗失稳破坏的能力。

参 考 文 献

[1] HILLERBORG A. Analysis of crack formation and crack growth in concrete by means of fracture mechanics and finite elements[J]. Cement and concrete research, 1976, 6(6): 773-782.

[2] DUAN K, HU X Z, WILLTNANN F H. Size effect on fracture resiastance and fracture energy of concrete[J]. Materials and structures, 2003, 36(2): 74-80.

[3] XU S L, REINHARDT H W. Determination of double-K criterion for crack propagation in quasi-brittle fracture, part Ⅱ: analytically evaluating and practical measuring methods for three-point bending notched beams[J]. Internation journal of fracture, 1999, 98(2): 151-177.

[4] 徐世烺, 赵国藩. 混凝土结构裂缝扩展的双 K 断裂准则 [J]. 土木工程学报, 1992, 25(2): 32-38.

[5] WU Z J, DAVI J M. Mechanical analysis of a cracked beam reinforced with an external FRP plate[J]. Composite structures, 2003, 62(2): 139-143.

[6] AZAD A K, MIRZA M S, CHAN P. Fracture energy of weakly reinforced concrete beams[J]. Fatigue and fracture of engineering materials and structures, 1989, 12(1): 9-18.

[7] RUIZ G. Experimental study of fracture of lightly reinforced concrete beams[J]. Materials and structures, 1998, 31(10): 683-691.

[8] WU Z J, BAILEY C G. Fracture resistance of a cracked concrete beam post-strengthened with FRP sheets[J]. International journal of fracture, 2005, 135(1/2/3/4): 35-49.

[9] WU Z J, YE J Q. Strength and fracture resistance of FRP reinforced concrete flexural members[J]. Cement and concrete composites, 2003, 25(2): 253-261.

[10] FERRO G, CARPINTERI A, VENTURA G. Minimum reinforcement in concrete structures and material structural instability [J]. International journal of fracture, 2007, 146(4): 213-231.

[11] HU S W, LU J, ZHONG X Q. Study on characteristics of acoustic emission property in the normal concrete fracture test[J]. Advanced materials research, 2011, 189-193: 1117-1121.

[12] 徐世烺, 王建敏. 水压作用下大坝混凝土裂缝扩展与双 K 断裂参数 [J]. 土木工程学报, 2009, 42(2): 119-125.

[13] 徐世烺, 尹世平. 纤维编织网联合钢筋增强混凝土梁受弯性能解析理论 [J]. 中国科学 (技术科学), 2010, 40(6): 619-629.

[14] 沈新普, 黄志强, 鲍文博, 等. 混凝土断裂的理论与试验研究 [M]. 北京: 中国水利水电出版社, 2008.

[15] 吴智敏, 徐世烺, 卢喜经, 等. 试件初始缝长对混凝土双 K 断裂参数的影响 [J]. 水利学报, 2000, 31(4): 35-39.

[16] 张秀芳, 徐世烺, 侯利军. 配筋率对 RUHTCC 梁弯曲性能的影响研究 [J]. 土木工程学报, 2009, 42(12): 16-24.

[17] WEN S, CHUNG D D L. Enhancing the vibration reduction ability of concrete by using steel reinforcement and steel surface treatments[J]. Cement and concrete research, 2000, 30(2): 327-330.

[18] RAZAK H A, CHOI F C. The effect of corrosion on the natural frequency and modal damping of reinforced concrete beams[J]. Engineering structures, 2001, 23(9): 1126-1133.

[19] 梁超锋, 刘铁军, 邹笃建. 配筋对钢筋混凝土阻尼性能的影响 [J]. 建筑材料学报, 2011, 14(6): 839-843.

[20] BOSCO C, CARPINTERI A, DEBERNARDI P G. Fracture of reinforced concrete: scale effect and snap-back instability[C]//International conference on fracture and damage of concrete and roxk. Netherlands: Netherlands Science Publishers, 1990: 665-677.

[21] BOSCO C, CARPINTERI A, DEBERNARDI P G. Minimum reicforcement in high-strength concrete[J]. Journal of structural engineering,1990, 116(3): 427-437.

[22] 陆俊. 混凝土断裂过程试验与坝体开裂破坏研究 [D]. 南京: 南京水利科学研究院, 2011.

[23] AMPARANO F E, XI Y P, ROH Y S. Experimental study on the effect of aggregate content on fracture behavior of concrete[J]. Engineering fracture mechanics, 2000, 67(1): 65-84.

第 3 章　非标准弯曲梁阻裂特性试验与理论

混凝土作为一种准脆性材料，其裂缝发展是一个过程量，经历起裂、稳定扩展、失稳扩展三个阶段，且初始预制裂缝尖端较长的稳定裂缝 (即断裂过程区) 的发展使混凝土断裂荷载–位移响应呈现出明显的非线性。徐世烺 [1] 在大量试验观测的基础上，提出了描述混凝土断裂的双 K 断裂模型，《水工混凝土断裂试验规程》(DL/T 5332—2005) 将双 K 断裂模型作为理论依据，推荐采用三点弯曲梁和楔入劈拉两种形式测试混凝土的断裂韧度。然而在混凝土试件双 K 断裂参数的试验研究中，起裂断裂韧度和失稳断裂韧度是否可以作为材料参数，是否与试件类型和尺寸无关，一直是研究者关心的问题，为此，各国学者从不同方面研究了混凝土中各组分对标准混凝土三点弯曲梁试件双 K 断裂参数的影响规律 [2−5]，近年来，大量学者在此基础上又进一步展开了深入的研究。研究发现，当试件高度大于等于 200mm 时，混凝土三点弯曲梁试件双 K 断裂参数才是一个稳定值，即没有尺寸效应 [6,7]；对于楔入劈拉试件，只有当试件高度大于 300mm 或 400mm 时，混凝土双 K 断裂参数才基本上保持一个常数，起裂断裂韧度大约为 $0.761\text{MPa}\cdot\text{m}^{1/2}$，失稳断裂韧度大约为 $1.726\text{MPa}\cdot\text{m}^{1/2}$[2]。因此，《水工混凝土断裂试验规程》(DL/T 5332—2005) 以 200mm 为三点弯曲梁标准试件尺寸的高度。Kumar 和 Barai 以三点弯曲梁为例，根据混凝土双 K 断裂参数进行了尺寸效应预测分析，并与 FCM 预测值进行对比，结果表明：试件高度在 100~400mm 时，随着结构尺寸的增大，双 K 断裂模型预测的断裂较 FCM 更为准确 [8]。

以上对混凝土双 K 断裂参数的研究中，所采用的试件尺寸均为跨高比等于 4 的标准混凝土三点弯曲梁试件，对于非标准混凝土三点弯曲梁双 K 断裂特性的研究则较少。尽管已有文献开展了试件高度对混凝土双 K 断裂参数影响的研究，但其主要通过同时改变试件高度与试件跨度，保证跨高比为 4，考虑试件高度对双 K 断裂参数的影响，对于跨高比不为 4 的非标准混凝土三点弯曲梁试件，研究则较少。另外，针对实际工程中应用较多的钢筋混凝土试件，其双 K 断裂特性到目前仍然没有统一的定论，也没有统一的计算公式。因此，无论是在为制定规范化测试标准提供更多的基础性数据方面，还是在完善双 K 断裂理论方面，进行系统的试验研究以确定非标准混凝土三点弯曲梁试件和非标准钢筋混凝土三点弯曲梁试件双 K 断裂参数都是非常必要的。基于上述原因，通过一些基本假定，参考相关文献，本章建立了非标准混凝土三点弯曲梁双 K 断裂参数计算模型和非标准钢筋混凝土三点弯曲梁双 K 断裂参数计算模型，进而得到了混凝土及钢筋混凝土非标准三点弯曲梁双 K 断裂参数计算过程，在不改变试件宽度和跨度的条件下，通过改变试件高度和初始预制裂缝长度，进行了 7 组 28 根非标准三点弯曲梁双 K 断裂试验，分别研究了相同初始缝高比下，非标准混凝土三点弯曲梁双 K 断裂参数变化规律和非标准钢筋混凝土三点弯曲梁双 K 断裂参数变化规律。

3.1 试件设计

为了探讨非标准混凝土和钢筋混凝土三点弯曲梁试件双 K 断裂特性，本章特设计混凝土和钢筋混凝土非标准三点弯曲梁试件 7 组 28 根，其中包括 4 组 16 根设计强度等级为 35MPa 的非标准混凝土三点弯曲梁试件，3 组 12 根设计强度等级为 60MPa 的非标准钢筋混凝土三点弯曲梁试件。初始缝高比设计为 $a_0/h = 0.4$，试件设计长度为 L=1000mm，试件设计厚度为 t=120mm，试验中所有试件跨度 S=800mm，主要变化参数为试件高度 h(100mm、150mm、200mm、250mm) 和其对应的初始预制裂缝长度 a_0(40mm、60mm、80mm、100mm)，为了便于区别并保持与第 2 章的连贯性，以字母 C 代表混凝土，RC 代表钢筋混凝土，按照试件高度和设计强度等级分别编号和记录为 C35-100、C35-150、C35-200、C35-250、RC60-150、RC60-200、RC60-250。

非标准钢筋混凝土三点弯曲梁试件底端布置直径为 8mm 的双排圆钢，钢筋贯穿预埋钢板，从而形成钢筋贯穿预制裂缝的情况，保护层厚度为 25mm，具体设计见图 3-1。采用商品混凝土，所有试件一次浇筑完成。所用材料和配合比与第 2 章相同。

图 3-1 非标准钢筋混凝土三点弯曲梁浇筑情况

3.2　非标准混凝土三点弯曲梁

3.2.1　非标准混凝土三点弯曲梁断裂参数计算模型

对于带预制裂缝的三点弯曲梁试件，当跨高比为 4 时，《水工混凝土断裂试验规程》(DL/T 5332—2005) 给出了双 K 断裂韧度计算过程，具体计算过程可参考本书第 2 章；当跨高比不为 4 时，目前还没有统一的计算公式。为此，参考文献 [6, 9] 中关于断裂韧度的计算公式推导过程，基于《水工混凝土断裂试验规程》(DL/T 5332—2005) 中关于标准混凝土三点弯曲梁试件双 K 断裂韧度计算方法，考虑试件自重对断裂韧度的影响，本书给出了非标准混凝土三点弯曲梁试件断裂韧度的计算公式，如式 (3-1) 所示：

$$K=\frac{3\left(F+\frac{1}{2}mg\times10^{-3}\right)S\times10^{-3}}{2th^2}\sqrt{h}k_\beta(\alpha) \tag{3-1}$$

式中，F 为跨中集中荷载 (kN)；m 为试件支座间的质量 (kg)，用试件总质量按 S/L 折算；g 为重力加速度 (N/kg)；S 为两支座间的跨度 (m)；t 为试件厚度 (m)；h 为试件高度 (m)；α 为缝高比，$\alpha=\frac{a}{h}$，a 为试件跨中裂缝长度；β 为跨高比，$\beta=\frac{S}{h}$，且当 $\beta\geqslant2.5$ 时，与缝高比 α 和跨高比 β 有关的函数关系式 $k_\beta(\alpha)$ 的计算方法为

$$k_\beta(\alpha)=\frac{\alpha^{1/2}}{(1-\alpha)^{3/2}(1+3\alpha)}\left\{p_\infty(\alpha)+\frac{4}{\beta}\left[p_4(\alpha)-p_\infty(\alpha)\right]\right\} \tag{3-2}$$

其中，$p_4(\alpha)$ 和 $p_\infty(\alpha)$ 均为三次多项式，具体表达式分别如式 (3-3)、式 (3-4) 所示。

$$p_4(\alpha)=1.9+0.41\alpha+0.51\alpha^2-0.17\alpha^3 \tag{3-3}$$

$$p_\infty(\alpha)=1.99+0.83\alpha-0.31\alpha^2+0.14\alpha^3 \tag{3-4}$$

试件开裂之前，混凝土仍然处于线弹性阶段，按照线弹性断裂模型，起裂断裂韧度 $K_{\mathrm{I\,c}}^{\mathrm{ini}}$ 可以由起裂荷载 F_{ini} 以及初始预制裂缝长度 a_0 代入式 (3-1) 进行计算，即

$$K_{\mathrm{I\,c}}^{\mathrm{ini}}=\frac{3\left(F_{\mathrm{ini}}+\frac{1}{2}mg\times10^{-3}\right)S\times10^{-3}}{2th^2}\sqrt{h}k_\beta(\alpha_0) \tag{3-5}$$

式中，$\alpha_0=\frac{a_0}{h}$。

试件失稳破坏时，非标准混凝土三点弯曲梁失稳断裂韧度 $K_{\mathrm{I\,c}}^{\mathrm{un}}$ 可根据试验所得最大荷载 $F_{\max}$ 以及相应的裂缝长度 a_{c} (临界有效裂缝长度) 代入式 (3-1) 求得，

即

$$K_{\mathrm{I\,c}}^{\mathrm{un}}=\frac{3\left(F_{\max}+\dfrac{1}{2}mg\times10^{-3}\right)S\times10^{-3}}{2th^{2}}\sqrt{h}k_{\beta}\left(\alpha_{1}\right) \tag{3-6}$$

式中，$\alpha_1=\dfrac{a_{\mathrm{c}}}{h}$，$a_{\mathrm{c}}=a_0+\Delta a_{\mathrm{c}}$。

参考文献 [10]，裂缝扩展长度值 Δa_{c} 可以根据式 (3-7) 进行计算：

$$\Delta a_{\mathrm{c}}=\frac{[\gamma^{3/2}+m_1(\beta)\gamma]h}{\left[\gamma^2+m_2(\beta)\gamma^{3/2}+m_3(\beta)\gamma+m_4(\beta)\right]^{3/4}} \tag{3-7}$$

式中，γ、$m_1(\beta)$、$m_2(\beta)$、$m_3(\beta)$、$m_4(\beta)$ 的计算式分别为

$$\gamma=\frac{\mathrm{CMOD_c}tE}{6F_{\mathrm{un}}} \tag{3-8}$$

$$m_1(\beta)=\beta\left(0.25-0.0505\beta^{1/2}+0.0033\beta\right) \tag{3-9}$$

$$m_2(\beta)=\beta^{1/2}\left(1.155+0.215\beta^{1/2}-0.0278\beta\right) \tag{3-10}$$

$$m_3(\beta)=-1.38+1.75\beta \tag{3-11}$$

$$m_4(\beta)=0.506-1.057\beta+0.888\beta^2 \tag{3-12}$$

$\mathrm{CMOD_c}$ 为临界有效裂缝张口位移，可以根据试验测得的荷载–裂缝张口位移曲线 (F-CMOD) 中最大荷载 $F_{\max}$ 所对应的裂缝张口位移求得；E 为混凝土弹性模量。

对于跨高比为 4 的标准混凝土三点弯曲梁试件，混凝土弹性模量 E 可根据式 (3-13) 求得

$$E=\frac{1}{tc_i}\left[3.70+32.60\tan^2\left(\frac{\pi}{2}\alpha_0\right)\right] \tag{3-13}$$

式中，c_i 为 F-CMOD 曲线中直线段任一点的斜率。

3.2.2 非标准混凝土三点弯曲梁断裂特性

1. 试验结果

采用标准混凝土三点弯曲梁试件起裂荷载的判断方法，结合荷载–裂缝张口位移曲线读取每个非标准混凝土三点弯曲梁试件的起裂荷载 F_{ini}，由式 (3-5) 求得每个试件的起裂断裂韧度 $K_{\mathrm{Ic}}^{\mathrm{ini}}$；按式 (3-13) 求得标准混凝土试件 C35-200 的弹性模量 E，代入式 (3-7) 计算裂缝扩展长度值 Δa_{c}，并通过 $a_{\mathrm{c}}=a_0+\Delta a_{\mathrm{c}}$ 得到混凝土失稳时刻每个试件的临界有效裂缝长度 a_{c} 和 $\alpha_1=\dfrac{a_{\mathrm{c}}}{h}$，将求得的 α_1 代入式 (3-6) 计算出每个试件的失稳断裂韧度 $K_{\mathrm{Ic}}^{\mathrm{un}}$。所有计算结果一并列入表 3-1 中。

表 3-1　非标准混凝土三点弯曲梁试件断裂参数计算结果

分组编号	F_{ini} /kN	F_{un} /kN	Δa_{c} /mm	a_{c} /mm	$\frac{\Delta a_{\text{c}}}{h-a_0}$ /%	$K_{\text{Ic}}^{\text{ini}}$ /(MPa·m$^{1/2}$)	$K_{\text{Ic}}^{\text{un}}$ /(MPa·m$^{1/2}$)	$(F_{\text{ini}}/F_{\text{un}})$ /%
C35-100-01	0.684	1.201	4.18	44.18	73.63	0.2324	0.4261	56.95
C35-100-02	0.698	1.021	5.25	45.25	75.41	0.2371	0.5032	68.36
均值	0.691	1.111	4.72	44.72	74.52	0.2348	0.4647	62.20
C35-150-01	1.680	2.539	7.27	67.27	74.74	0.2568	0.5003	66.16
C35-150-02	1.758	2.222	9.79	69.79	77.55	0.2687	0.8302*	79.12
C35-150-03	1.431	1.592	8.61	68.61	76.24	0.2192	0.4303	89.89
均值	1.623	2.118	8.56	68.56	76.18	0.2482	0.4653	76.63
C35-200-01	3.350	4.619	8.42	88.42	73.69	0.2647	0.3888	72.53
C35-200-02	3.057	3.652	9.72	89.72	74.77	0.2417	0.3798	83.71
C35-200-03	3.169	4.038	11.40	91.40	76.17	0.2505	0.5690	78.48
C35-200-04	2.471	2.896	10.16	90.16	75.13	0.1957	0.3252	85.32
均值	3.012	3.801	9.93	89.93	74.94	0.2382	0.4157	79.24
C35-250-01	4.927	7.886	12.04	112.04	74.70	0.2080	0.4398	62.48
C35-250-02	6.729	9.902	12.08	112.08	74.72	0.2836	0.5547	67.96
C35-250-03	5.986	9.004	10.85	110.85	73.90	0.2524	0.4249	66.48
均值	5.881	8.931	11.66	111.66	74.44	0.2480	0.4731	65.85

2. *起裂荷载与最大荷载*

根据表 3-1 的断裂参数计算结果，对于相同宽度、相同跨度、相同初始缝高比、不同跨高比的非标准混凝土三点弯曲梁试件，图 3-2 给出了其起裂荷载与最大荷载随试件高度的变化趋势图。由图可知，随着试件高度的增加，起裂荷载 F_{ini} 与最大荷载 F_{un} 均逐渐增加，且起裂荷载与最大荷载的比值介于 62.2%～79.24%，与楔入式紧凑拉伸试件 [11] 和标准混凝土三点弯曲梁试件 [12] 测得的结果相一致。

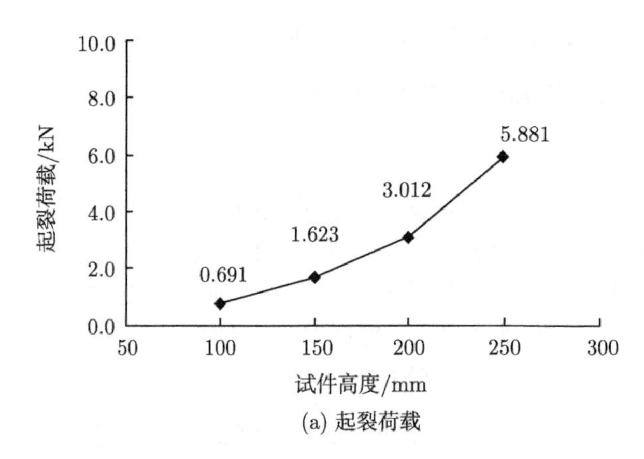

(a) 起裂荷载

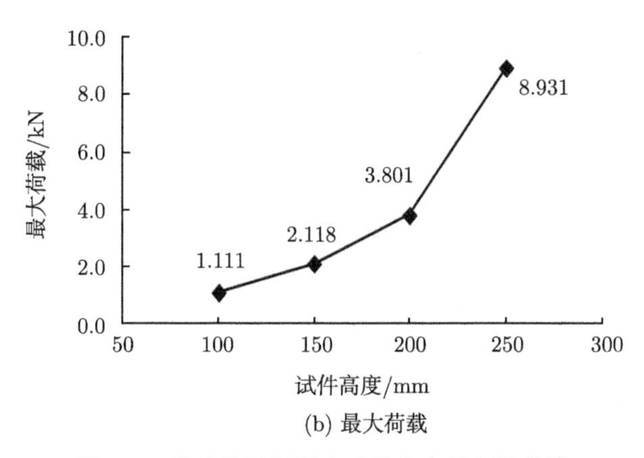

(b) 最大荷载

图 3-2 荷载值随混凝土试件高度的变化曲线

3. 临界有效裂缝长度

图 3-3 为临界有效裂缝长度随试件高度的变化曲线，由图可知，当试件高度 h 从 100mm 增加到 250mm 时，临界有效裂缝长度 a_{c} 随着试件高度的增加而逐渐增大，且基本呈线性增长趋势。临界有效裂缝长度反映了试件从起裂到失稳的裂缝扩展长度，临界有效裂缝长度越长，裂缝所经历的扩展距离越大，混凝土三点弯曲梁试件相应的韧性水平越高。经过分析表明，对于非标准混凝土三点弯曲梁，试件高度值越大，其相对韧性越好。

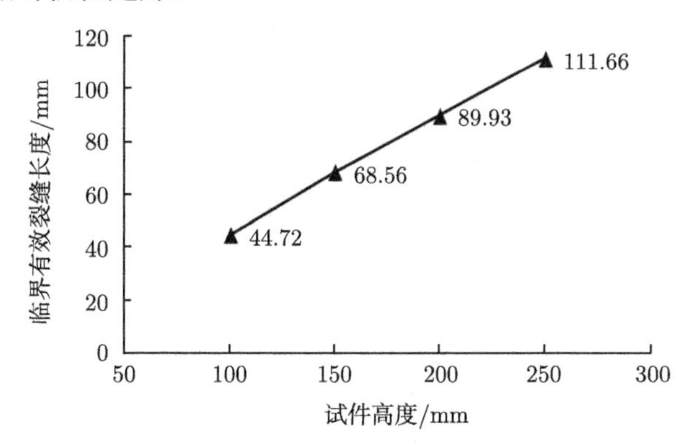

图 3-3 临界有效裂缝长度随试件高度的变化曲线

图 3-4 为裂缝亚临界扩展相对值随试件高度的变化曲线，由图可知，裂缝扩展长度值 Δa_{c} 的相对值，即 Δa_{c} 与有效截面高度 $h-a_0$ 之比趋于常数，具体数值约为 75%，表明尽管试件高度越大，韧性越好，但三点弯曲梁试件的裂缝扩展程度差别不大。

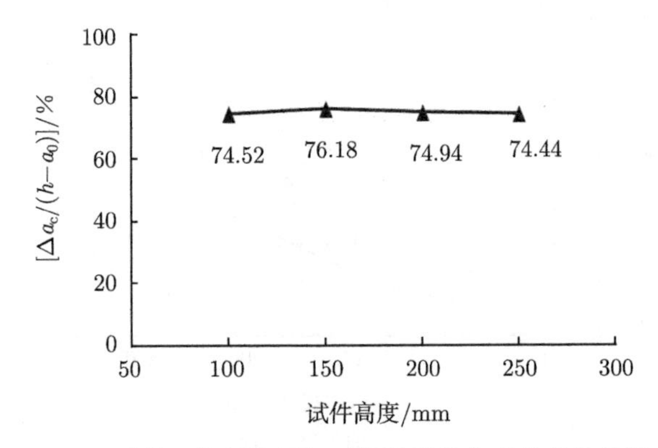

图 3-4　裂缝亚临界扩展相对值随试件高度的变化曲线

4. 断裂韧度

图 3-5 给出了非标准混凝土三点弯曲梁试件起裂断裂韧度 $K_{\mathrm{Ic}}^{\mathrm{ini}}$、失稳断裂韧度 $K_{\mathrm{Ic}}^{\mathrm{un}}$ 随试件高度的变化曲线，由图可知，试件高度为 100mm、150mm、200mm、250mm 时，混凝土三点弯曲梁所对应的起裂断裂韧度的均值分别为 0.2348MPa·m$^{1/2}$、

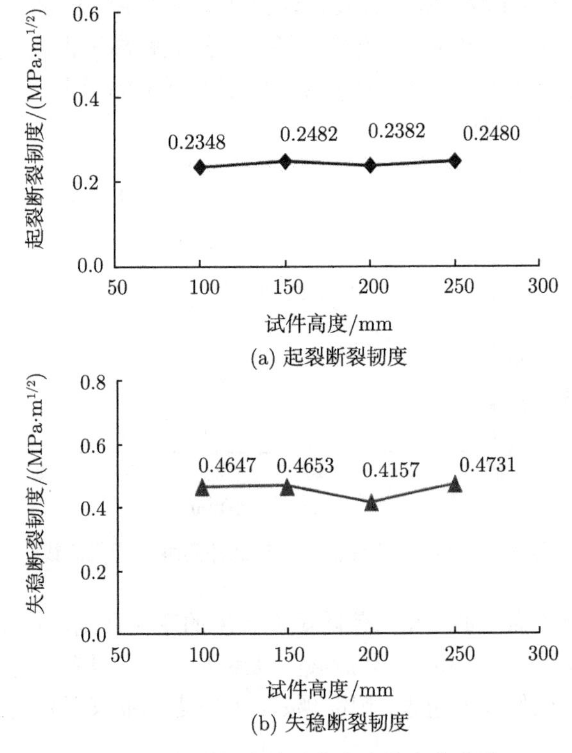

(a) 起裂断裂韧度

(b) 失稳断裂韧度

图 3-5　断裂韧度随试件高度的变化曲线

0.2482MPa·m$^{1/2}$、0.2382MPa·m$^{1/2}$、0.2480MPa·m$^{1/2}$，相应的失稳断裂韧度均值分别为 0.4647MPa·m$^{1/2}$、0.4653MPa·m$^{1/2}$、0.4157MPa·m$^{1/2}$、0.4731MPa·m$^{1/2}$。由前可知，标准混凝土三点弯曲梁试件双 K 断裂参数，当高度小于 200mm 时，断裂韧度随试件高度的增加而逐渐增大；当高度大于 200mm 时，断裂韧度为常数。然而，采用本书所给出的非标准混凝土三点弯曲梁双 K 断裂韧度计算方法可知，当试件宽度、跨度、初始缝高比相同，而试件高度不同，即跨高比不同时，非标准混凝土三点弯曲梁试件的起裂断裂韧度和失稳断裂韧度均不随试件高度的变化而变化，为一个常数。

3.3 非标准钢筋混凝土三点弯曲梁

3.3.1 非标准钢筋混凝土三点弯曲梁断裂参数计算模型

同标准钢筋混凝土三点弯曲梁试件断裂参数计算模型，在进行非标准钢筋混凝土三点弯曲梁断裂参数的整个计算过程中，假定混凝土与钢筋之间黏结牢固，且钢筋的应力–应变关系采用理想的弹塑性模型，即钢筋一旦进入塑性，其应变不断增加，应力保持不变。因此，非标准钢筋混凝土三点弯曲梁裂缝开始扩展和失稳破坏时裂缝尖端的净应力强度因子可以按照标准钢筋混凝土三点弯曲梁计算模型，如式 (3-14) 和式 (3-15) 进行计算。

$$K_{\mathrm{Rc}}^{\mathrm{ini}} = K_{\mathrm{RF}}^{\mathrm{ini}} - K_{\mathrm{Rs}}^{\mathrm{ini}} \tag{3-14}$$

$$K_{\mathrm{Rc}}^{\mathrm{un}} = K_{\mathrm{RF}}^{\mathrm{un}} - K_{\mathrm{Rs}}^{\mathrm{un}} \tag{3-15}$$

式中，$K_{\mathrm{Rc}}^{\mathrm{ini}}$ 和 $K_{\mathrm{Rc}}^{\mathrm{un}}$ 分别为非标准钢筋混凝土三点弯曲梁的起裂断裂韧度和失稳断裂韧度 (MPa·m$^{1/2}$)；$K_{\mathrm{RF}}^{\mathrm{ini}}$ 和 $K_{\mathrm{Rs}}^{\mathrm{ini}}$ 分别为非标准钢筋混凝土三点弯曲梁起裂时刻荷载与钢筋在裂缝尖端产生的断裂韧度 (MPa·m$^{1/2}$)；$K_{\mathrm{RF}}^{\mathrm{un}}$ 和 $K_{\mathrm{Rs}}^{\mathrm{un}}$ 分别为非标准钢筋混凝土三点弯曲梁失稳时刻荷载与钢筋在裂缝尖端产生的断裂韧度 (MPa·m$^{1/2}$)。

由于假定混凝土与钢筋之间黏结牢固，且不考虑钢筋与混凝土之间的黏结滑移作用力对钢筋混凝土三点弯曲梁试件断裂韧度值的影响，故非标准钢筋混凝土三点弯曲梁试件起裂和失稳破坏时，由荷载作用产生的应力强度因子均可通过非标准混凝土三点弯曲梁试件起裂断裂韧度和失稳断裂韧度计算得出 [13]，如式 (3-16)、式 (3-17) 所示。

$$K_{\mathrm{RF}}^{\mathrm{ini}} = \frac{3\left(F_{\mathrm{Rc}}^{\mathrm{ini}} + \dfrac{1}{2}mg \times 10^{-3}\right) S \times 10^{-3}}{2th^2}\sqrt{h}k_{\beta}\left(\alpha_1\right) \tag{3-16}$$

$$K_{\mathrm{RF}}^{\mathrm{un}} = \frac{3\left(F_{\mathrm{Rc}}^{\mathrm{un}} + \dfrac{1}{2}mg \times 10^{-3}\right) S \times 10^{-3}}{2th^2}\sqrt{h}k_{\beta}\left(\alpha_2\right) \tag{3-17}$$

$$\alpha_1 = \frac{a_0}{h} \tag{3-18}$$

$$\alpha_2 = \frac{a_\mathrm{c}}{h} \tag{3-19}$$

$$a_\mathrm{c} = a_0 + \Delta a_\mathrm{c} \tag{3-20}$$

式中，$F_{\mathrm{Rc}}^{\mathrm{ini}}$ 为非标准钢筋混凝土三点弯曲梁起裂荷载 (kN)；$F_{\mathrm{Rc}}^{\mathrm{un}}$ 为非标准钢筋混凝土三点弯曲梁失稳荷载 (kN)；a_0 为初始预制裂缝长度值 (mm)；a_c 为失稳时刻对应的裂缝长度 (mm)，即临界有效裂缝长度 (mm)；m 为两支座间试件质量 (kg)；g 为重力加速度 (N/kg)；S 为试件的跨度 (mm)；t 为试件的厚度 (mm)；h 为试件的高度 (mm)；β 为跨高比，即 $\beta = \dfrac{S}{h}$，且当 $\beta \geqslant 2.5$ 时，$k_\beta(\alpha)$ 的计算公式可参考式 (3-2)。

对应标准钢筋混凝土三点弯曲梁试件起裂和失稳时刻钢筋产生的应力强度因子，非标准钢筋混凝土三点弯曲梁试件起裂和失稳时刻钢筋产生的断裂韧度分别按式 (3-21) 和式 (3-22) 进行计算。

$$K_{\mathrm{Rs}}^{\mathrm{ini}} = \frac{2F_{\mathrm{Rs}}^{\mathrm{ini}}/t}{\sqrt{\pi a_0}} F\left(\frac{c}{a_0}, \frac{a_0}{h}\right) \tag{3-21}$$

$$K_{\mathrm{Rs}}^{\mathrm{un}} = -\frac{2F_{\mathrm{Rs}}^{\mathrm{un}}/t}{\sqrt{\pi a_\mathrm{c}}} F\left(\frac{c}{a_\mathrm{c}}, \frac{a_\mathrm{c}}{h}\right) \tag{3-22}$$

$$\begin{aligned} F(\eta, \zeta) = & \frac{3.52(1-\eta)}{(1-\zeta)^{3/2}} - \frac{4.35 - 5.28\eta}{(1-\zeta)^{1/2}} \\ & + \left[\frac{1.30 - 0.30\eta^{3/2}}{(1-\eta^2)^{1/2}} + 0.83 - 1.76\eta\right] \times [1 - (1-\eta)\zeta] \end{aligned} \tag{3-23}$$

式中，$F_{\mathrm{Rs}}^{\mathrm{ini}}$ 为非标准钢筋混凝土三点弯曲梁起裂时刻所对应的钢筋荷载 (kN)；$F_{\mathrm{Rs}}^{\mathrm{un}}$ 为非标准钢筋混凝土三点弯曲梁失稳时刻所对应的钢筋荷载 (kN)；c 为钢筋中心距试件底边的距离 (mm)。由于钢筋的作用力对裂缝起闭合作用，$K_{\mathrm{Rs}}^{\mathrm{ini}}$、$K_{\mathrm{Rs}}^{\mathrm{un}}$ 均为负值。

在混凝土刚开始起裂时，钢筋仍处于弹性变形范围内，此时钢筋的作用力 $F_{\mathrm{Rs}}^{\mathrm{ini}}$ 可以根据钢筋的应变 $\varepsilon_\mathrm{s}^{\mathrm{ini}}$，以及相应的钢筋应力 $\sigma_\mathrm{s}^{\mathrm{ini}}$ 代入胡克定律求得，即

$$\sigma_\mathrm{s}^{\mathrm{ini}} = E_\mathrm{s} \varepsilon_\mathrm{s}^{\mathrm{ini}} \tag{3-24}$$

$$F_{\mathrm{Rs}}^{\mathrm{ini}} = \sigma_\mathrm{s}^{\mathrm{ini}} A_0 \tag{3-25}$$

式中，E_s 为钢筋的弹性模量；A_0 为钢筋的截面面积。

失稳时刻，如果钢筋屈服，钢筋的应力 $\sigma_{\rm s}^{\rm un}$ 为钢筋的屈服强度 $f_{\rm y}$，如果钢筋没有屈服，则钢筋的作用力 $F_{\rm Rs}^{\rm un}$ 采用式 (3-24)、式 (3-25) 按照失稳扩展时相应的钢筋应变 $\varepsilon_{\rm s}^{\rm un}$ 计算求得。

钢筋屈服时：

$$F_{\rm Rs}^{\rm un}=\sigma_{\rm s}^{\rm un}A_0=f_{\rm y}A_0 \tag{3-26}$$

钢筋尚未屈服时：

$$F_{\rm Rs}^{\rm un}=\sigma_{\rm s}^{\rm un}A_0=E_{\rm s}\varepsilon_{\rm s}^{\rm un}A_0 \tag{3-27}$$

式中，$f_{\rm y}$ 为钢筋屈服强度；$\sigma_{\rm s}^{\rm un}$ 和 $\varepsilon_{\rm s}^{\rm un}$ 分别为钢筋刚屈服时对应的应力和应变值。

因为 $a_{\rm c}=a_0+\Delta a_{\rm c}$，所以只要求得 $\Delta a_{\rm c}$，即可得到临界有效裂缝长度 $a_{\rm c}$，参考文献 [14]，裂缝扩展长度值 $\Delta a_{\rm c}$ 可参考式 (3-7) 进行计算。

3.3.2 非标准钢筋混凝土三点弯曲梁断裂特性

1. 试验结果

按照 2.3.3 节中起裂荷载的确定方法，根据非标准钢筋混凝土三点弯曲梁试件裂缝尖端应变片的荷载–应变关系曲线，结合荷载–裂缝张口位移曲线 (F-CMOD) 读取非标准钢筋混凝土三点弯曲梁试件的起裂荷载 $F_{\rm Rc}^{\rm ini}$，由式 (3-16) 求得每个试件中荷载产生的起裂断裂韧度 $K_{\rm RF}^{\rm ini}$；试件弹性模量 E 按照标准混凝土三点弯曲梁试件的断裂韧度进行计算，根据试验设计的跨高比 β，分别代入式 (3-2) 与式 (3-3)，将计算结果代入式 (3-7) 计算出裂缝扩展长度值 $\Delta a_{\rm c}$，并通过 $a_{\rm c}=a_0+\Delta a_{\rm c}$ 得到钢筋混凝土失稳时刻每个试件的临界有效裂缝长度 $a_{\rm c}$ 和 $\alpha_1=\dfrac{a_{\rm c}}{h}$，将 α_1 和由曲线 F-CMOD 读取的每个试件的最大荷载 $F_{\rm Rc}^{\rm un}$ 代入式 (3-17) 求得每个试件中荷载产生的失稳断裂韧度 $K_{\rm RF}^{\rm un}$。

根据试验测得的钢筋应力–应变关系曲线，判断非标准钢筋混凝土三点弯曲梁试件起裂时刻和失稳时刻所对应的钢筋是否屈服，若钢筋未屈服，将此时的钢筋应变、钢筋截面面积 A_0 和钢筋弹性模量 $E_{\rm s}$ 分别代入式 (3-24) 和式 (3-25)，依次计算出非标准钢筋混凝土三点弯曲梁试件起裂和失稳时刻钢筋的荷载值 $F_{\rm Rs}^{\rm ini}$ 和 $F_{\rm Rs}^{\rm un}$，并将 $F_{\rm Rs}^{\rm ini}$、$F_{\rm Rs}^{\rm un}$ 分别代入式 (3-25) 和式 (3-22)，求出非标准钢筋混凝土三点弯曲梁试件起裂、失稳时刻所对应钢筋产生的起裂断裂韧度 $K_{\rm Rs}^{\rm ini}$ 和失稳断裂韧度 $K_{\rm Rs}^{\rm un}$。

若非标准钢筋混凝土三点弯曲梁试件起裂时刻和失稳时刻所对应的钢筋达到了屈服，则钢筋的应力为钢筋的屈服强度 $f_{\rm y}$，将钢筋的屈服强度 $f_{\rm y}$ 和钢筋截面面积 A_0 代入式 (3-25) 和式 (3-26) 求得钢筋混凝土试件起裂和失稳时刻钢筋对应的起裂荷载 $F_{\rm Rs}^{\rm ini}$ 和失稳荷载 $F_{\rm Rs}^{\rm un}$，并将其分别代入式 (3-21) 和式 (3-22) 求出试件起裂、失稳时刻对应钢筋产生的起裂断裂韧度 $K_{\rm Rs}^{\rm ini}$ 和失稳断裂韧度 $K_{\rm Rs}^{\rm un}$。

根据非标准钢筋混凝土三点弯曲梁试件起裂和失稳时刻对应的断裂韧度 $K_{\mathrm{RF}}^{\mathrm{ini}}$、$K_{\mathrm{RF}}^{\mathrm{un}}$、$K_{\mathrm{Rs}}^{\mathrm{ini}}$、$K_{\mathrm{Rs}}^{\mathrm{un}}$，并将其代入式 (3-14) 和式 (3-15)，分别计算出非标准钢筋混凝土三点弯曲梁试件起裂断裂韧度 $K_{\mathrm{Rc}}^{\mathrm{ini}}$ 与失稳断裂韧度 $K_{\mathrm{Rc}}^{\mathrm{un}}$，由于试验过程不可避免地会出现一些误差，剔除偏离均值较大的试验数据，有效试验结果见表 3-2 和表 3-3。

表 3-2　非标准钢筋混凝土三点弯曲梁试件起裂断裂参数计算结果

试件编号	h /m	$F_{\mathrm{Rc}}^{\mathrm{ini}}$ /kN	$F_{\mathrm{Rs}}^{\mathrm{ini}}$ /kN	$K_{\mathrm{RF}}^{\mathrm{ini}}$ /(MPa·m$^{1/2}$)	$K_{\mathrm{Rs}}^{\mathrm{ini}}$ /(MPa·m$^{1/2}$)	$K_{\mathrm{Rc}}^{\mathrm{ini}}$ /(MPa·m$^{1/2}$)
RC60-150-01	0.15	3.188	3.4821	0.777	0.3669	0.4101
RC60-150-02	0.15	2.813	3.9698	0.690	0.4183	0.2720
RC60-150-03	0.15	2.485	2.7811	0.614	0.2931	0.3214
RC60-150-04	0.15	4.438	7.5051	1.066	0.7908	0.2752
均值	0.15	3.231	4.4345	0.787	0.4673	0.3197
RC60-200-01	0.2	4.463	2.9259	0.693	0.2798	0.4131
RC60-200-02	0.2	4.937	3.9850	0.763	0.3811	0.3818
RC60-200-03	0.2	4.065	3.5734	0.634	0.3417	0.2924
均值	0.2	4.488	3.4948	0.697	0.3342	0.3624
RC60-250-01	0.25	6.104	2.4954	0.664	0.2192	0.4444
RC60-250-02	0.25	5.996	3.3411	0.652	0.2935	0.3589
RC60-250-03	0.25	5.854	3.9316	0.638	0.3454	0.2923
RC60-250-04	0.25	7.051	4.7051	0.762	0.4133	0.3486
均值	0.25	6.251	3.6183	0.679	0.3179	0.3611

表 3-3　非标准钢筋混凝土三点弯曲梁试件失稳断裂参数计算结果

试件编号	a_{c} /m	$F_{\mathrm{Rc}}^{\mathrm{un}}$ /kN	$F_{\mathrm{Rs}}^{\mathrm{un}}$ /kN	$K_{\mathrm{RF}}^{\mathrm{un}}$ /(MPa·m$^{1/2}$)	$K_{\mathrm{Rs}}^{\mathrm{un}}$ /(MPa·m$^{1/2}$)	$K_{\mathrm{Rc}}^{\mathrm{un}}$ /(MPa·m$^{1/2}$)
RC60-150-01	0.0846	7.74	9.7757	3.0293	1.6970	1.3322
RC60-150-02	0.0883	6.245	9.8609	2.6880	1.8929	0.7951
RC60-150-03	0.0901	6.733	10.3318	3.0248	2.0861	0.9386
RC60-150-04	0.0902	7.106	10.7213	3.1943	2.1695	1.0248
均值	0.0883	6.956	10.1724	2.9841	1.9614	1.0227
RC60-200-01	0.1175	7.649	6.7798	2.1055	1.1863	0.9192
RC60-200-02	0.1146	9.189	8.1096	2.3850	1.3361	1.0489
RC60-200-03	0.1194	8.527	8.6757	2.4255	1.5803	0.8452
均值	0.1172	8.455	7.8550	2.3053	1.3676	0.9378
RC60-250-01	0.1460	10.9	8.8767	2.0835	1.4133	0.6703
RC60-250-02	0.1459	12.8	9.1236	2.4351	1.4511	0.9840
RC60-250-03	0.1600	9.8	7.6048	2.3538	1.5592	0.7946
RC60-250-04	0.1706	12.91	10.2176	3.7390	2.6073	1.1316
均值	0.1556	11.603	8.9557	2.6529	1.7577	0.8951

2. 起裂荷载与最大荷载

根据表 3-2 和表 3-3 的非标准钢筋混凝土三点弯曲梁断裂试验结果，以钢筋混凝土试件高度为横坐标，起裂荷载值和最大荷载值为纵坐标，图 3-6(a)、(b) 分别给出了非标准钢筋混凝土三点弯曲梁试件起裂荷载、最大荷载随试件高度的变化曲线。

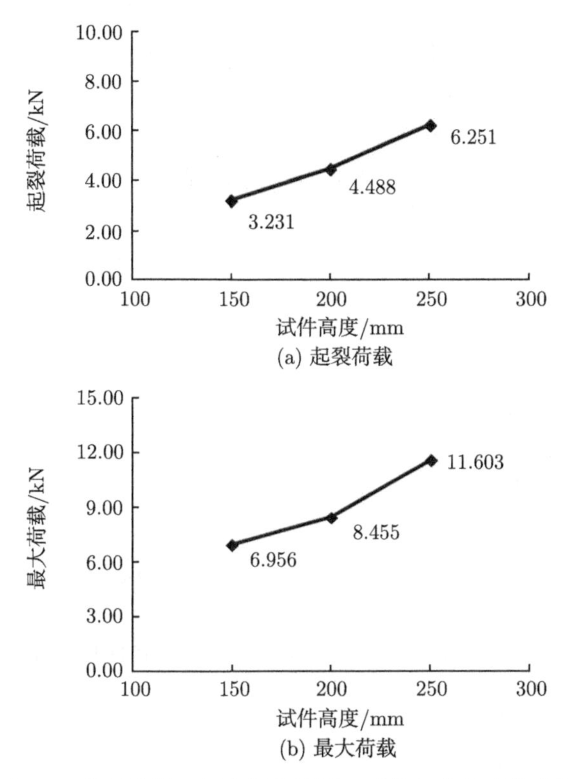

(a) 起裂荷载

(b) 最大荷载

图 3-6 荷载值随非标准钢筋混凝土试件高度的变化曲线

由图可知，试验设计的 3 组非标准钢筋混凝土三点弯曲梁试件，随着试件高度由 150mm 增加到 250mm，起裂荷载由 3.230kN 变化到 6.251kN，最大荷载由 6.956kN 变化到 11.603kN，即随着试件高度的增加，非标准钢筋混凝土三点弯曲梁试件起裂荷载与最大荷载均逐渐增大。试验结果表明，非标准钢筋混凝土三点弯曲梁试件荷载值随试件高度的变化趋势与非标准混凝土三点弯曲梁试件荷载值随试件高度的变化趋势一致 [14]。

3. 临界有效裂缝长度值

临界有效裂缝长度是三点弯曲梁试件裂缝发生失稳扩展时所对应的裂缝长度值，临界有效裂缝长度值越大，三点弯曲梁试件失稳破坏时，裂缝扩展距离越长，所对应混凝土试件的韧性就越好。

由图 3-7 给出的临界有效裂缝长度随钢筋混凝土三点弯曲梁试件高度的变化曲线可知，试件的临界有效裂缝长度值随试件高度的增加而逐渐增加，试件的韧性水平逐渐变强。对比图 3-7，图 3-8 进一步给出了裂缝亚临界扩展相对值 $[\Delta a_{\rm c}/(h-a_0)]$ 随钢筋混凝土三点弯曲梁试件高度的变化曲线，即在相同有效截面高度范围内，不同试件高度非标准钢筋混凝土三点弯曲梁试件的裂缝扩展水平。由图 3-8 可清楚地看到，试验设计的 3 组不同试件高度的非标准钢筋混凝土三点弯曲梁试件，裂缝亚临界扩展相对值差别很小，可以认为是一个常数，这一结论说明，非标准钢筋混凝土三点弯曲梁试件，尽管试件的韧性水平不同，但是裂缝扩展程度相当，不随试件高度的变化而变化，当试件有效截面高度相同时，三点弯曲梁试件的扩展水平不变。

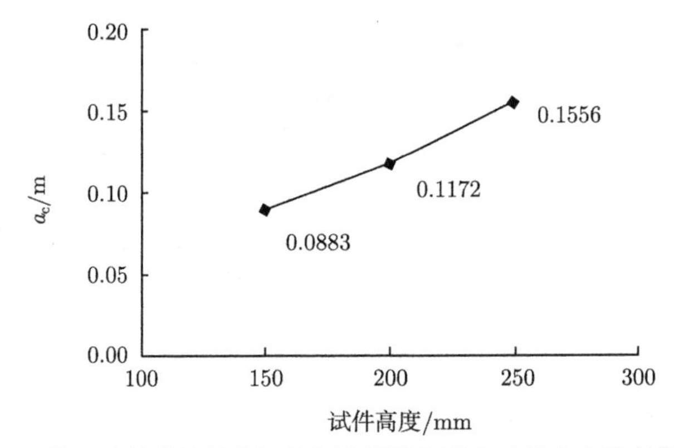

图 3-7　临界有效裂缝长度随非标准钢筋混凝土试件高度的变化曲线

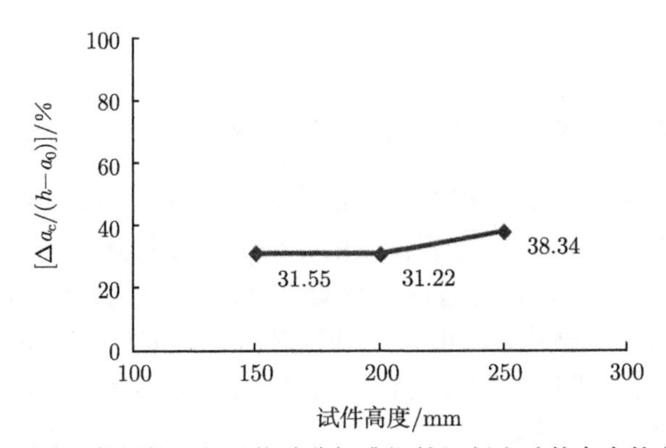

图 3-8　裂缝亚临界扩展相对值随非标准钢筋混凝土试件高度的变化曲线

4. 断裂韧度

断裂韧度作为裂缝起裂或失稳扩展时的临界应力场强度因子，其主要反映了材料抵抗裂缝起裂和失稳扩展即抵抗脆断的能力。在对标准混凝土三点弯曲梁试件的研究中，起裂断裂韧度和失稳断裂韧度基本为一常数，对于非标准的钢筋混凝土三点弯曲梁试件，起裂断裂韧度和失稳断裂韧度依然是研究的重点。为此，图 3-9(a)、(b) 分别给出了非标准钢筋混凝土三点弯曲梁试件起裂断裂参数和失稳断裂参数随试件高度的变化曲线。由图可知，当试件高度分别为 150mm、200mm、250mm 时，非标准钢筋混凝土三点弯曲梁试件的起裂断裂韧度分别为 0.3197MPa·$m^{1/2}$、0.3624MPa·$m^{1/2}$、0.3611MPa·$m^{1/2}$，失稳断裂韧度分别为 1.0227MPa·$m^{1/2}$、0.9378MPa·$m^{1/2}$、0.8951MPa·$m^{1/2}$，即随着试件高度的变化，起裂断裂韧度和失稳断裂韧度的相对偏差均小于 10%，考虑试验的误差，非标准钢筋混凝土三点弯曲梁试件起裂断裂韧度和失稳断裂韧度随试件高度的变化可以忽略不计，因此，可以认为，试验设计的 3 组非标准钢筋混凝土三点弯曲梁试件的起裂断裂韧度和失稳断裂韧度均为一个常数。

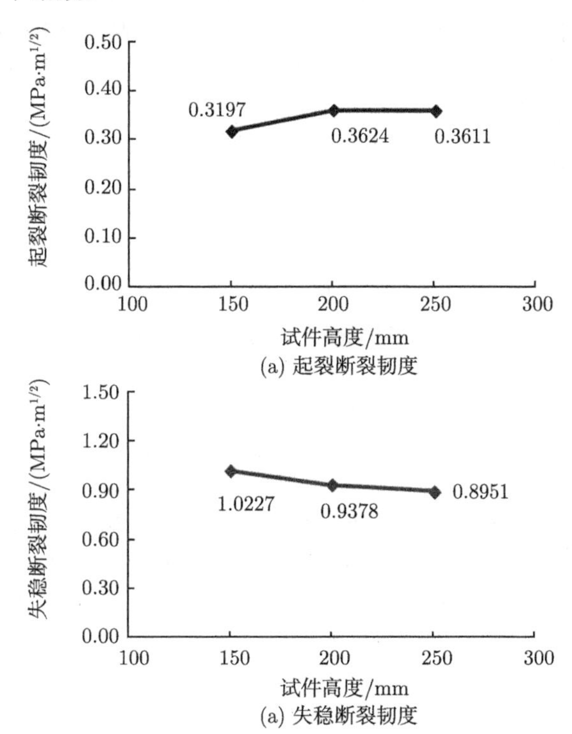

图 3-9 断裂韧度随非标准钢筋混凝土试件高度的变化曲线

3.4 本 章 小 结

采用跨度和初始缝高比恒定的非标准混凝土和钢筋混凝土三点弯曲梁试件，以双 K 断裂理论为基础，根据所建立的非标准混凝土三点弯曲梁断裂参数计算模型和非标准钢筋混凝土三点弯曲梁断裂参数计算模型，通过试验测得了 7 组 28 个试件的荷载与裂缝张口位移全过程曲线，计算得到了不同初始预制裂缝长度和不同试件高度的非标准混凝土和钢筋混凝土三点弯曲梁试件的临界有效裂缝长度 a_c、起裂断裂韧度 $K_{\mathrm{Ic}}^{\mathrm{ini}}$ 和失稳断裂韧度 $K_{\mathrm{Ic}}^{\mathrm{un}}$。

非标准混凝土三点弯曲梁试件起裂荷载、最大荷载、临界有效裂缝长度值均随试件高度的增加而逐渐增大，且临界有效裂缝长度随试件高度呈线性增长趋势，起裂荷载与最大荷载的比值为 62.2%～86.24%；非标准混凝土三点弯曲梁试件裂缝亚临界扩展相对值 $[\Delta a_c/(h-a_0)]$、双 K 断裂参数 (即起裂断裂韧度 $K_{\mathrm{Ic}}^{\mathrm{ini}}$ 和失稳断裂韧度 $K_{\mathrm{Ic}}^{\mathrm{un}}$) 均不随试件高度的变化而变化，为一个常数。

非标准钢筋混凝土三点弯曲梁试件与非标准混凝土三点弯曲梁试件荷载值随试件高度的变化趋势一致，即随着试件高度的增加逐渐增大。裂缝亚临界扩展相对值 $[\Delta a_c/(h-a_0)]$ 随非标准钢筋混凝土三点弯曲梁试件高度的增加差别很小，可以认为是一个常数，当试件有效截面高度相同时，钢筋混凝土三点弯曲梁试件的扩展水平不变。非标准钢筋混凝土三点弯曲梁试件起裂断裂韧度和失稳断裂韧度均为一个常数，不随试件高度的变化而变化。

参 考 文 献

[1] 徐世烺. 混凝土断裂力学 [M]. 北京: 科学出版社, 2011.

[2] 范伟, 余流, 王立军，等. 钢筋混凝土柱的抗震性能分析 [J]. 矿山压力与顶板管理, 2004(1): 112-114, 117.

[3] AMPARANO F E，XI Y P，ROH Y S. Experimental study on the effect of aggregate content on fracture behavior of concrete[J]. Engineering fracture mechanics, 2000, 67(1): 65-84.

[4] 徐世烺, 周厚贵, 高洪波, 等. 各种级配大坝混凝土双 K 断裂参数试验研究 —— 兼对《水工混凝土断裂试验规程》制定的建议 [J]. 土木工程学报, 2006, 39(11): 50-62.

[5] 胡少伟, 范向前, 陆俊. 强度等级对混凝土双 K 断裂参数的影响 [J]. 水电能源科学, 2012, 30(9): 77-81.

[6] 吴智敏, 徐世烺, 丁一宁, 等. 砼非标准三点弯曲梁试件双 K 断裂参数 [J]. 中国工程科学, 2001, 3(4): 76-81.

[7] WU Z J，DAVIES J M. Mechanical analysis of a cracked beam reinforced with an external FRP plate[J]. Composite structures, 2003, 62(2): 139-143.

[8] KUMAR S, BARAI S V. Size-effect prediction from the double-K fracture model for notched concrete beam[J]. International journal of damage mechanics, 2010, 19(4): 473-497.

[9] ZHAO Y H, XU S L. The influence of span/depth ratio on the double-K fracture

parameters of concrete[J]. Journal of China Three Gorges University(natural sciences), 2002, 24(1): 35-41.

[10] GUINEA G V, PASTOR J Y, PLANAS J, et al. Stress intensity fractor, compliance and CMOD for a general three-point-bend beam[J]. International journal of fracture, 1998, 39(2): 103-116.

[11] 徐世烺, 卜丹, 张秀芳. 楔入式紧凑拉伸法确定混凝土的断裂能 [J]. 水利学报, 2007(6): 683-689.

[12] 王璀瑾, 吴智敏. 超高强混凝土双 K 断裂参数及断裂能试验研究 [J]. 水力发电学报, 2017, 36(8): 86-93.

[13] 范向前, 胡少伟, 陆俊. 非标准混凝土三点弯曲梁双 K 断裂韧度试验研究 [J]. 建筑结构学报, 2012, 33(10): 152-157.

[14] HU S W, ZHANG X F, XU S L. Effects of loading rates on concrete double-K fracture parameters[J]. Engineering fracture mechanics, 2015, 149: 58-73.

第4章　FRP-混凝土黏结界面可变形双层梁理论模型

1961 年，Kaplan 首次将断裂力学概念应用于混凝土 [1]，本章针对 FRP 与混凝土黏结界面黏聚本构的研究是以断裂力学理论为基础来进行的。通常情况下，断裂的发生绝大多数源于裂缝的扩展，而裂缝的失稳扩展通常由裂缝端点开始。将含有裂缝的试件分成开裂部分和未开裂部分来模拟，如图 4-1 所示，这两部分在裂缝的尖端形成节点。

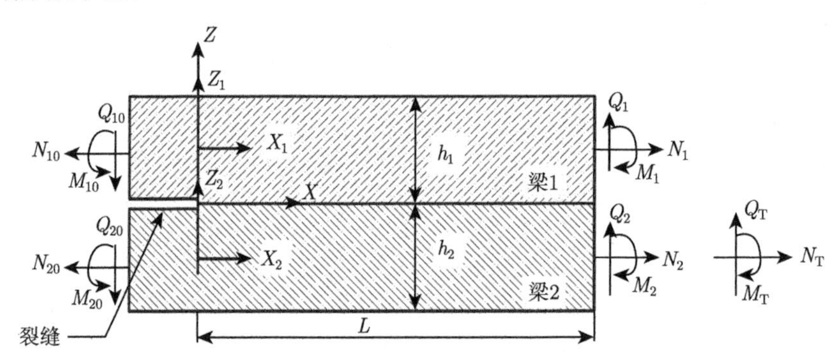

图 4-1　含有裂缝的双材料梁模型单元

由哈佛大学的 Suo 和 Hutchinson[2] 提出的“刚性节点模型”是文献中使用较多的一种，该模型假定变形后各子层横截面在节点处仍保持在同一平面内，该模型忽略了裂缝尖端处各子层的相对轴向位移和相对转角，未考虑裂缝尖端的局部剪切变形。Wang 和 Qiao[3] 提出了“剪切变形双材料梁模型”，各子层在裂缝尖端处有独立的转角，但仍假定界面应力对各子层的位移不产生影响，该模型只能考虑部分裂缝尖端局部变形，未能考虑局部变形和接触摩擦的影响。本章在 Qiao 和 Wang[4] 提出的“剪切变形双材料梁模型”的基础上，进一步考虑了各子层由剪切和摩擦产生的变形，各子层可以完全自由变形，在裂缝尖端处满足自身平衡条件，得到界面可变形双层梁断裂模型，具体过程如下。

1) 建立本构方程

假设各子层材料本构关系均服从 Timoshenko 梁理论，建立各子层本构方程：

$$N_i(x) = A_i \frac{\mathrm{d}u_i(x)}{\mathrm{d}x}, \quad M_i(x) = D_i \frac{\mathrm{d}\phi_i(x)}{\mathrm{d}x}, \quad Q_i(x) = B_i \left[\frac{\mathrm{d}w_i(x)}{\mathrm{d}x} + \phi_i(x)\right] \tag{4-1}$$

式中，$N_i(x)$、$M_i(x)$、$Q_i(x)$ 分别为各子层 $i(i=1,2)$ 单位宽度的轴力、弯矩和剪力；$u_i(x)$、$\phi_i(x)$ 和 $w_i(x)$ 分别为各子层 $i(i=1,2)$ 的纵向位移、转角和横向位移；A_i、D_i、B_i 分别为各子层 $i(i=1,2)$ 的轴向、弯曲和横向剪切刚度系数，其表达式为

$$A_i = E_{11}^{(i)} b h_i, \quad D_i = E_{11}^{(i)} \frac{b h_i^3}{12}, \quad B_i = \frac{5}{6} G_{13}^{(i)} b h_i \tag{4-2}$$

其中，$E_{11}^{(i)}$、$G_{13}^{(i)}(i=1,2)$ 分别为各子层 $i(i=1,2)$ 纵向弹性模量和横向剪切模量。

2) 建立平衡方程

从 FRP 加固混凝土梁上取出一段独立体作为研究对象，如图 4-2 所示。

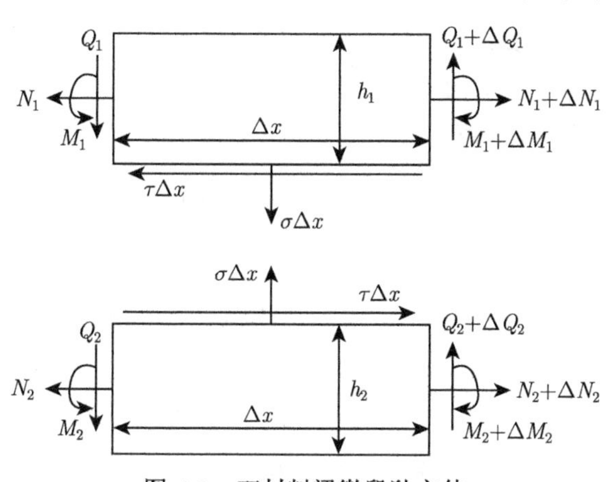

图 4-2　双材料梁微段独立体

建立上下层梁的平衡方程：

$$\begin{cases} \dfrac{\mathrm{d}N_1(x)}{\mathrm{d}x} = b\tau(x) \\ \dfrac{\mathrm{d}N_2(x)}{\mathrm{d}x} = -b\tau(x) \\ \dfrac{\mathrm{d}Q_1(x)}{\mathrm{d}x} = b\sigma(x) \\ \dfrac{\mathrm{d}Q_2(x)}{\mathrm{d}x} = -b\sigma(x) \\ \dfrac{\mathrm{d}M_1(x)}{\mathrm{d}x} = Q_1(x) - \dfrac{h_1}{2} b\tau(x) \\ \dfrac{\mathrm{d}M_2(x)}{\mathrm{d}x} = Q_2(x) - \dfrac{h_2}{2} b\tau(x) \end{cases} \tag{4-3}$$

式中，$N_1(x)$ 和 $N_2(x)$、$Q_1(x)$ 和 $Q_2(x)$、$M_1(x)$ 和 $M_2(x)$ 分别为上层梁和下层梁的轴力、横向剪力和弯矩；b 为梁宽；$\sigma(x)$ 和 $\tau(x)$ 分别为界面法向应力和剪切应力。

整体平衡方程为

$$\begin{cases} N_1(x)+N_2(x)=N_{10}+N_{20}=N_{\mathrm{T}} \\ Q_1(x)+Q_2(x)=Q_{10}+Q_{20}=Q_{\mathrm{T}} \\ M_1(x)+M_2(x)+N_1(x)\dfrac{h_1+h_2}{2}=M_{10}+M_{20}+N_{10}\dfrac{h_1+h_2}{2}+Q_{\mathrm{T}}x=M_{\mathrm{T}} \end{cases} \tag{4-4}$$

式中，N_{i0}、Q_{i0} 和 $M_{i0}(i=1,2)$ 分别为各子层 $i(i=1,2)$ 的轴力、剪力和弯矩；N_{T}、Q_{T} 和 M_{T} 分别为总的外加轴力、剪力和弯矩，为方便分析，设其作用在 FRP(第二层梁) 的中性轴上，如图 4-1 所示。

3) 建立连续性方程

引进两个界面柔度参数，如图 4-3 所示，不仅考虑了界面剪切应力对混凝土和 FRP 的剪切变形影响，而且考虑了界面正应力对界面摩擦力的影响。根据两子层之间界面位移连续性关系，可得

$$w_1(x)-C_{\mathrm{n1}}\sigma(x)=w_2(x)+C_{\mathrm{n2}}\sigma(x) \tag{4-5}$$

$$u_1(x)-\frac{h_1}{2}\phi_1(x)-C_{\mathrm{s1}}\tau(x)=u_2(x)+\frac{h_2}{2}\phi_2(x)+C_{\mathrm{s2}}\tau(x) \tag{4-6}$$

式中，$C_{\mathrm{n}i}$、$C_{\mathrm{s}i}$ 分别为梁 i 在界面正应力和剪切应力作用下的界面柔度系数，

$$C_{\mathrm{n}i}=\frac{h_i}{10E_{33}^{(i)}},\quad C_{\mathrm{s}i}=\frac{h_i}{15G_{13}^{(i)}} \tag{4-7}$$

其中，$E_{33}^{(i)}$、$G_{13}^{(i)}(i=1,2)$ 分别为梁 i 沿厚度方向的弹性模量和横向剪切 (即界面纵向张力或者压力) 模量。

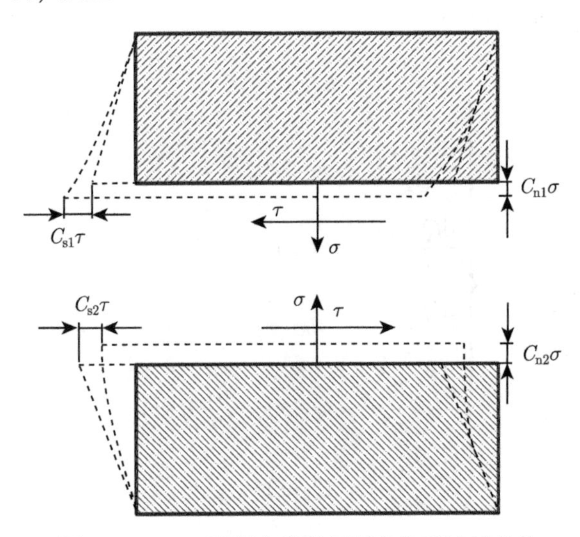

图 4-3　FRP–混凝土黏结界面的位移连续条件

4) 建立控制方程

将式 (4-5) 对 x 求导，并且结合本构关系式及平衡方程式得

$$\frac{\mathrm{d}^2 N_1}{\mathrm{d}x^2} - bK_\mathrm{s}\eta N_1 + bK_\mathrm{s}\xi M_1 = -bK_\mathrm{s}\left(\frac{N_\mathrm{T}}{A_2} + \frac{h_2}{2D_2}M_\mathrm{T}\right) \tag{4-8}$$

其中，

$$K_\mathrm{s} = \frac{1}{C_\mathrm{s1} + C_\mathrm{s2}},\quad \xi = \frac{h_1}{2D_1} - \frac{h_2}{2D_2},\quad \eta = \frac{1}{A_1} + \frac{1}{A_2} + \frac{h_2(h_1+h_2)}{4D_2} \tag{4-9}$$

将式 (4-6) 对 x 求两次导，并且结合本构关系式及整体平衡方程式得

$$\begin{aligned}&\frac{\mathrm{d}^4 M_1}{\mathrm{d}x^4} + \frac{h_1}{2}\frac{\mathrm{d}^4 N_1}{\mathrm{d}x^4} - bK_\mathrm{n}\left(\frac{1}{B_1} + \frac{1}{B_2}\right)\frac{\mathrm{d}^2 M_1}{\mathrm{d}x^2} - \frac{bh_1K_\mathrm{n}}{2}\left(\frac{1}{B_1} + \frac{1}{B_2}\right)\frac{\mathrm{d}^2 N_1}{\mathrm{d}x^2}\\ &\quad + bK_\mathrm{n}\left(\frac{1}{D_1} + \frac{1}{D_2}\right)M_1 + \frac{b(h_1+h_2)K_\mathrm{n}}{D_2}N_1 = \frac{bK_\mathrm{n}M_\mathrm{T}}{D_2}\end{aligned} \tag{4-10}$$

其中，$K_\mathrm{n} = \dfrac{1}{C_\mathrm{n1} + C_\mathrm{n2}}$。

联合式 (4-8) 和式 (4-10) 可以得到 FRP–混凝土双材料模型控制方程：

$$\frac{\mathrm{d}^6 N_1}{\mathrm{d}x^6} + a_4\frac{\mathrm{d}^4 N_1}{\mathrm{d}x^4} + a_2\frac{\mathrm{d}^2 N_1}{\mathrm{d}x^2} + a_0 N_1 + a_M M_\mathrm{T} + a_N N_\mathrm{T} = 0 \tag{4-11}$$

式中，

$$\begin{aligned}a_4 &= -b\left[K_\mathrm{s}\left(\frac{\xi h_1}{2} + \eta\right) + K_\mathrm{n}\left(\frac{1}{B_1} + \frac{1}{B_2}\right)\right]\\ a_2 &= -bK_\mathrm{n}\left[K_\mathrm{s}\left(\frac{1}{B_1} + \frac{1}{B_2}\right)\left(\frac{\xi h_1}{2} + \eta\right) + \left(\frac{1}{D_1} + \frac{1}{D_2}\right)\right]\\ a_0 &= -bK_\mathrm{n}K_\mathrm{s}\left[\left(\frac{1}{D_1} + \frac{1}{D_2}\right)\eta + \frac{(h_1+h_2)\xi}{2D_2}\right]\\ a_M &= b^2K_\mathrm{n}K_\mathrm{s}\left[\left(\frac{1}{D_1} + \frac{1}{D_2}\right)\frac{h_2}{2} + \xi\right]\frac{1}{D_2}\\ a_N &= b^2K_\mathrm{n}K_\mathrm{s}\left(\frac{1}{D_1} + \frac{1}{D_2}\right)\frac{1}{A_2}\end{aligned}$$

5) 控制方程求解，得到 FRP 和混凝土黏结界面处的内力和变形的解析解

控制方程 (4-11) 的根有两种情况，分别为① $\pm R_1$、$\pm R_2$ 和 $\pm R_3$；② $\pm R_1$、$\pm R_2$ 和 $\pm \mathrm{i}R_3$。其中，R_1、R_2 和 R_3 为正实数，$\mathrm{i} = \sqrt{-1}$。具体求解过程不再赘述，得到 FRP 和混凝土黏结界面处的内力、应力和变形的解析解如下。

情况①：控制方程的根为 $\pm R_1$、$\pm R_2$ 和 $\pm R_3$。

混凝土和 FRP 黏结界面处的内力为

$$\left\{\begin{aligned} N_1(x) &= \sum_{i=1}^{3} c_i \mathrm{e}^{-R_i x} + N_{1C} \\ N_2(x) &= -\sum_{i=1}^{3} c_i \mathrm{e}^{-R_i x} + N_{2C} \\ M_1(x) &= \sum_{i=1}^{3} c_i S_i \mathrm{e}^{-R_i x} + M_{1C} \\ M_2(x) &= -\sum_{i=1}^{3} c_i S_i' \mathrm{e}^{-R_i x} + M_{2C} \\ Q_1(x) &= \sum_{i=1}^{3} c_i T_i \mathrm{e}^{-R_i x} + Q_{1C} \\ Q_2(x) &= -\sum_{i=1}^{3} c_i T_i \mathrm{e}^{-R_i x} + Q_{2C} \end{aligned}\right. \tag{4-12}$$

式中，$c_i(i=1,2,\cdots,6)$ 为由边界条件确定的待定系数；N_{1C} 为式 (4-11) 的特解，而 N_{1C} 和 Q_{1C} 可由式 (4-4) 得到。N_{1C}、M_{1C} 和 Q_{1C} 可通过把该 FRP 加固梁按经典复合材料梁理论求得。在远离片材端部的界面处，界面应力为某一确切值 (非无穷大)，因此 c_4、c_5 和 c_6 为零。

裂缝尖端的局部变形为

$$\begin{pmatrix} u_1^F(0) \\ u_2^F(0) \\ \phi_1^F(0) \\ \phi_2^F(0) \\ w_1^F(0) \\ w_2^F(0) \end{pmatrix} = \begin{pmatrix} u_{1C}(0) \\ u_{2C}(0) \\ \phi_{1C}(0) \\ \phi_{2C}(0) \\ w_{1C}(0) \\ w_{2C}(0) \end{pmatrix} - \begin{pmatrix} S_{11} & S_{12} & S_{13} \\ S_{21} & S_{22} & S_{23} \\ S_{31} & S_{32} & S_{33} \\ S_{41} & S_{42} & S_{43} \\ S_{51} & S_{52} & S_{53} \\ S_{61} & S_{62} & S_{63} \end{pmatrix} \begin{pmatrix} N \\ M \\ Q \end{pmatrix} \tag{4-13}$$

式中，矩阵 $\{S_{ij}\}_{6\times3}$ 为裂缝尖端局部形变柔度矩阵，

$$\begin{aligned} S_{1i} &= \frac{1}{A_1}\left(\frac{c_{1i}}{R_1}+\frac{c_{2i}}{R_2}+\frac{c_{3i}}{R_3}\right),\ i=1,2,3 \\ S_{2i} &= \frac{1}{D_1}\left(\frac{c_{1i}S_1}{R_1}+\frac{c_{2i}S_2}{R_2}+\frac{c_{3i}S_3}{R_3}\right),\ i=1,2,3 \\ S_{3i} &= \left(\frac{S_1}{D_1R_1^2}+\frac{T_1}{B_1R_1}\right)c_{1i}+\left(\frac{S_2}{D_1R_2^2}+\frac{T_2}{B_1R_2}\right)c_{2i} \\ &\quad +\left(\frac{S_3}{D_1R_3^2}+\frac{T_3}{B_1R_3}\right)c_{3i},\ i=1,2,3 \end{aligned}$$

$$S_{4i} = -\frac{1}{A_2}\left(\frac{c_{1i}}{R_1} + \frac{c_{2i}}{R_2} + \frac{c_{3i}}{R_3}\right),\ i = 1,2,3$$

$$S_{5i} = -\frac{1}{D_2}\left(\frac{c_{1i}S_1'}{R_1} + \frac{c_{2i}S_2'}{R_2} + \frac{c_{3i}S_3'}{R_3}\right),\ i = 1,2,3$$

$$S_{6i} = -\left(\frac{S_1'}{D_2R_1^2} + \frac{T_1}{B_2R_1}\right)c_{1i} - \left(\frac{S_2'}{D_2R_2^2} + \frac{T_2}{B_2R_2}\right)c_{1i} - \left(\frac{S_3'}{D_2R_3^2} + \frac{T_3}{B_2R_3}\right)c_{1i},\ i = 1,2,3$$

应力分布为

$$\sigma(x) = \frac{\mathrm{d}Q_1(x)}{b_2\mathrm{d}x} = -\frac{1}{b_2}\sum_{i=1}^{3} c_iR_iT_i\mathrm{e}^{-R_ix} + \sigma_C \tag{4-14}$$

$$\tau(x) = \frac{\mathrm{d}N_1(x)}{b_2\mathrm{d}x} = -\frac{1}{b_2}\sum_{i=1}^{3} c_iR_i\mathrm{e}^{-R_ix} + \tau_C \tag{4-15}$$

其中，$\sigma_C = \dfrac{\mathrm{d}Q_{1C}}{b_2\mathrm{d}x}, \tau_C = \dfrac{\mathrm{d}N_{1C}}{b_2\mathrm{d}x}$。

情况②: 控制方程的根为 $\pm R_1$、$\pm R_2$、$\pm \mathrm{i}R_3$。

得到混凝土和 FRP 黏结界面处混凝土层的内力为

$$\begin{cases} N_1 = c_1\mathrm{e}^{-R_1x} + \mathrm{e}^{-R_2x}\left[c_2\cos(R_3x) + c_3\sin(R_3x)\right] + N_{1C} \\ M_1 = c_1S_1\mathrm{e}^{-R_1x} + \mathrm{e}^{-R_2x}\left\{c_2\left[S_2\cos(R_3x) - S_3\sin(R_3x)\right]\right. \\ \qquad \left. +c_3\left[S_3\cos(R_3x) + S_2\sin(R_3x)\right]\right\} + M_{1C} \\ Q_1 = c_1T_1\mathrm{e}^{-R_1x} + \mathrm{e}^{-R_2x}\left\{c_2\left[T_2\cos(R_3x) - T_3\sin(R_3x)\right]\right. \\ \qquad \left. +c_3\left[T_3\cos(R_3x) + T_2\sin(R_3x)\right]\right\} + Q_{1C} \end{cases} \tag{4-16}$$

FRP 层的内力为

$$\begin{cases} N_2 = -c_1\mathrm{e}^{-R_1x} - \mathrm{e}^{-R_2x}\left[c_2\cos(R_3x) + c_3\sin(R_3x)\right] + N_{2C} \\ M_2 = -\left\{c_1\mathrm{e}^{-R_1x} + \mathrm{e}^{-R_2x}\left[c_2\cos(R_3x) + c_3\sin(R_3x)\right]\right\}\left(\dfrac{h_1 + h_2 + 2h_0}{2}\right) \\ \qquad - \left(c_1S_1\mathrm{e}^{-R_1x} + \mathrm{e}^{-R_2x}\left\{c_2\left[S_2\cos(R_3x) - S_3\sin(R_3x)\right]\right.\right. \\ \qquad \left.\left. +c_3\left[S_2\sin(R_3x) + S_3\cos(R_3x)\right]\right\}\right) + M_{2C} \\ Q_2 = -c_1T_1\mathrm{e}^{-R_1x} - \mathrm{e}^{-R_2x}\left\{c_2\left[T_2\cos(R_3x) - T_3\sin(R_3x)\right]\right. \\ \qquad \left. +c_3\left[T_3\cos(R_3x) + T_2\sin(R_3x)\right]\right\} + Q_{2C} \end{cases} \tag{4-17}$$

其中，

$$S_1 = -\frac{R_1^2C_\mathrm{s}}{b_2\xi} + \frac{\eta}{\xi},\quad S_2 = -\frac{\left(R_2^2 - R_3^2\right)C_\mathrm{s}}{b_2\xi} + \frac{\eta}{\xi},\quad S_3 = \frac{2R_2R_3C_\mathrm{s}}{b_2\xi}$$

$$T_1 = -R_1\left(S_1 + \frac{h_1}{2}\right), \quad T_2 = -R_2S_2 - R_3S_3 - \frac{h_1}{2}R_2, \quad T_3 = R_3S_2 - R_2S_3 + \frac{h_1}{2}R_3$$

应力分布为

$$\begin{aligned}\sigma(x) = &-\frac{1}{b_2}c_1R_1T_1\mathrm{e}^{-R_1x} + \frac{1}{b_2}\mathrm{e}^{-R_2x}\left[-(c_2J_2 + c_3J_3)\cos(R_3x)\right.\\ &\left.+(c_2J_3 - c_3J_2)\sin(R_3x)\right] + \sigma_C\end{aligned} \tag{4-18}$$

$$\begin{aligned}\tau(x) = &-\frac{1}{b_2}c_1R_1\mathrm{e}^{-R_1x} - \frac{1}{b_2}\mathrm{e}^{-R_2x}\left[(c_2R_2 - c_3R_3)\cos(R_3x)\right.\\ &\left.+(c_2R_3 + c_3R_2)\sin(R_3x)\right] + \tau_C\end{aligned} \tag{4-19}$$

式中，$J_2 = R_2T_2 + R_3T_3$，$J_3 = R_2T_3 - R_3T_2$。

6) FRP–混凝土黏结界面的断裂能量释放率求解

当含裂缝体试件的柔度已知时，对于受横向荷载作用的试件，其能量释放率可通过下式求得

$$G = \frac{F^2}{2b}\frac{\mathrm{d}C_w}{\mathrm{d}a} \tag{4-20}$$

对于受等效弯矩作用的试件，其能量释放率可通过下式求得

$$G = \frac{M^2}{2b}\frac{\mathrm{d}C_\phi}{\mathrm{d}a} \tag{4-21}$$

此处，$C_w = w/F$ 和 $C_\phi = \phi/M$ 分别定义为含裂缝体试件受横向荷载和等效弯矩作用下的柔度，为方便分析和讨论，用统一的 C 来表示；a 为裂缝长度，b 为试件宽度。因此，含界面裂缝的梁型断裂试件的柔度可以通过考虑裂缝尖端的局部变形来加以修正：

$$C = C_C + C_j \tag{4-22}$$

式中，C 为含裂缝试件的总的柔度；C_C 为基于“刚性节点模型”(经典复合梁模型) 的试件柔度；C_j 为裂缝尖端的局部剪切变形所产生的柔度，在横向荷载作用下，C_j 可表示为

$$C_j = -\frac{n}{2F}\left(\Delta\phi a + \Delta w\right) \tag{4-23}$$

因此，在横向荷载 F 作用下，能量释放率可为

$$G = G_C + G_j = \frac{F^2}{2b}\frac{\mathrm{d}C_C}{\mathrm{d}a} + \frac{F^2}{2b}\frac{\mathrm{d}C_j}{\mathrm{d}a} \tag{4-24}$$

在等效弯矩 M 作用下，能量释放率可为

$$G = G_C + G_j = \frac{M^2}{2b}\frac{\mathrm{d}C_C}{\mathrm{d}a} + \frac{M^2}{2b}\frac{\mathrm{d}C_j}{\mathrm{d}a} \tag{4-25}$$

4.1 FRP–混凝土黏结界面剪切应力分布及应力集中对黏结界面的影响

4.1.1 计算模型及方法

在 ASTM D905 试验的基础上，将尺寸扩大十倍，混凝土部分长 50.8cm，宽 19.05cm，高 44.45cm，在 FRP 另外一侧粘贴铝板，如图 4-4 所示。为了防止试件发生倾覆，试验荷载加载装置为一块体，在缺口处的侧向位移受到一定限制。

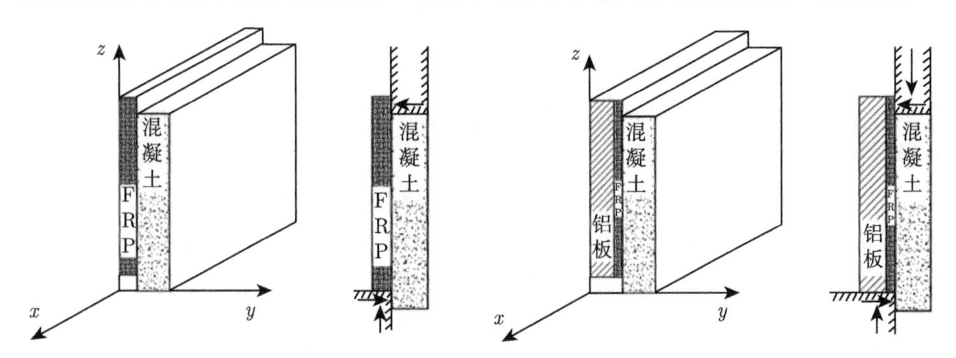

(a) FRP板材试验装置 (b) FRP板材试验荷载 (c) FRP布试验装置 (d) FRP布试验荷载

图 4-4 改进的 ASTM D905 测试 FRP–混凝土剪切强度装置示意图

在假定 FRP–混凝土黏结界面剪切应力均匀分布的前提下，其界面剪切强度表达式为

$$\tau_{\text{f-c}} = \frac{F_{\text{u}}}{A} \tag{4-26}$$

式中，$\tau_{\text{f-c}}$ 为 FRP–混凝土剪切强度；F_{u} 为施加外荷载的极限值；A 为 FRP–混凝土黏结界面面积。

实际试验采用位移控制对试件进行加载，施加位移荷载后，假定试验测得的界面剪切强度为 $\tau_{\text{f-c}}$，界面面积为 A，需要施加的外荷载极限值为

$$F_{\text{u}} = \tau_{\text{f-c}} \cdot A \tag{4-27}$$

对试件施加一定的位移荷载后，通过有限元分析得到实际所施加的外荷载，即施加在受载面上的合力，记为 ΣF，由此得目前施加外力与极限外力的比值：

$$\phi = \frac{\Sigma F}{\tau_{\text{f-c}} \cdot A} \tag{4-28}$$

缺口处受应力集中的影响，其应力将远远大于式 (4-26) 求得的平均剪切应力，采用应力集中因子 SCF 对两者关系进行表征，为

$$\mathrm{SCF} = \frac{\tau_{\max}}{\tau_{\text{f-c}}} \tag{4-29}$$

式中，$\tau_{\max}$ 为实际试验测得的界面剪切强度对应的缺口处最大剪切应力。通过施加一定位移荷载，有限元分析得到的 FRP–混凝土黏结界面的应力并不是极限界面强度对应下的界面应力分布状态，借助比例因子 ϕ 调整就可通过有限元模拟计算得到 SCF 大小，即

$$\mathrm{SCF} = \frac{\tau_{\max}}{\tau_{\text{f-c}}} = \frac{\tau_{i\max}/\phi}{\tau_{\text{f-c}}} = \frac{\tau_{i\max}\cdot A}{\Sigma F} \tag{4-30}$$

式中，$\tau_{i\max}$ 为一定位移荷载作用下有限元计算得到的 FRP–混凝土黏结界面上应力的最大值。

通过式 (4-30) 可以得知，SCF 的大小不受实际界面的剪切强度 $\tau_{\text{f-c}}$ 的影响，对于确定的材料，SCF 为确定的值，因此，SCF 对于表征试件实际界面剪切强度有重要意义，并且对研究缺口处应力集中过大对界面断裂的影响有重要作用。

4.1.2　有限元模型

二维有限元模型分别按照平面应力和平面应变条件进行模拟，在黏结界面设置黏结过渡单元，模拟界面黏结的影响，三维有限元模型对 FRP 与混凝土的黏结界面和靠近施加荷载面处的单元进行加密，在试件厚度方向按照 5cm 和 10cm 进行网格划分，试件除加密部分外长度和宽度方向按 2cm 和 4cm 进行网格划分，具体模型如图 4-5 所示。

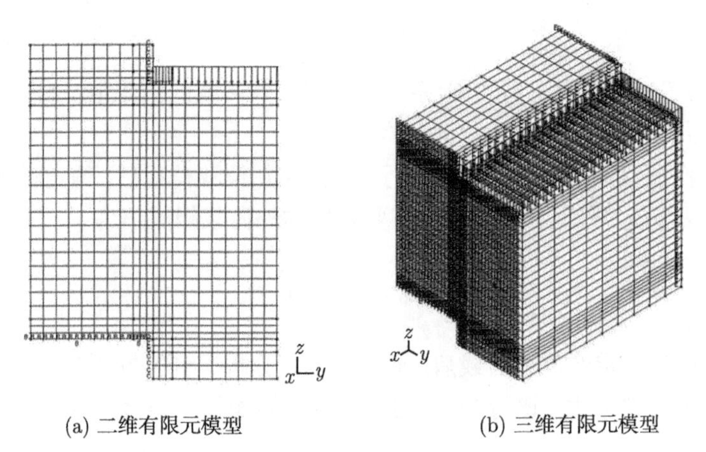

(a) 二维有限元模型　　(b) 三维有限元模型

图 4-5　改进的 ASTM D905 剪切试验有限元模型

4.1.3 FRP–混凝土黏结界面应力分布

通过数值模拟计算得到二维有限元和三维有限元计算模拟下不同 FRP 与混凝土黏结界面的剪切应力分布情况，如图 4-6~图 4-8 所示。

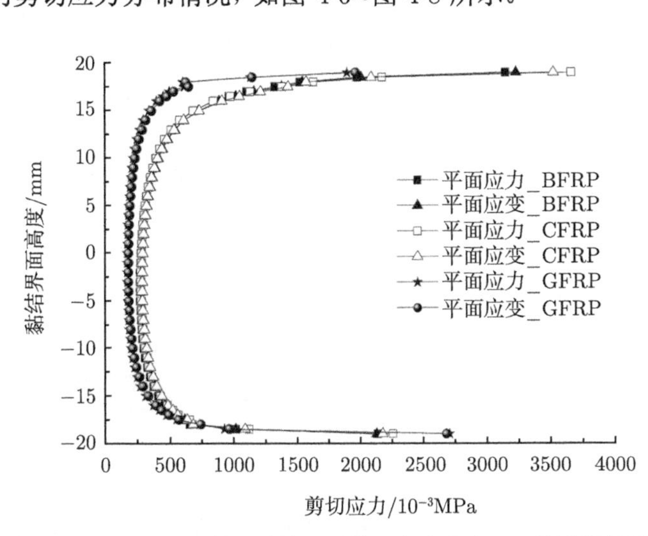

图 4-6 沿 FRP–混凝土黏结界面剪切应力分布 (二维模拟结果)

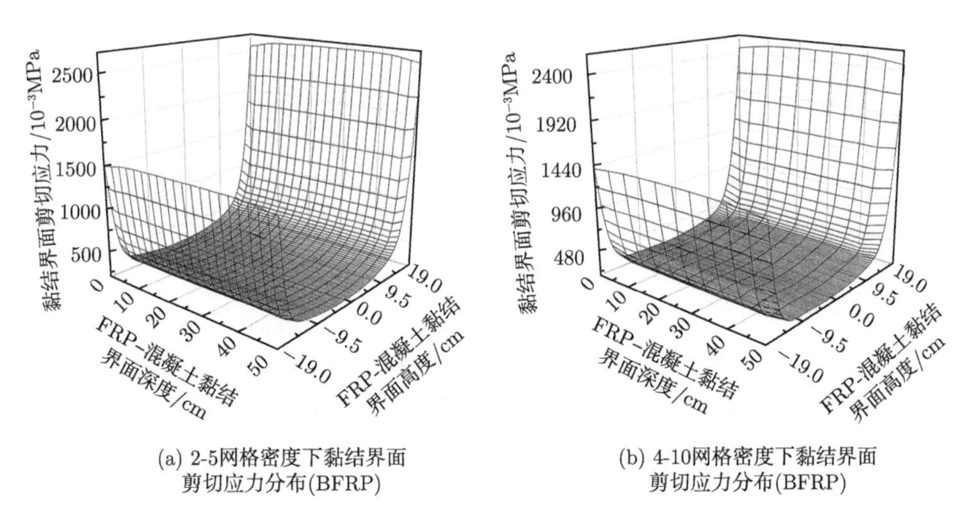

图 4-7 BFRP 对应不同网格密度下 FRP–混凝土黏结界面剪切应力分布 (三维模拟)

按照式 (4-30) 计算 FRP–混凝土黏结界面的应力集中因子，计算结果见表 4-1。

由此可以得出：① 对于三维有限元计算采用横向网格为 2cm，纵向深度方向网格为 10cm 的网格划分是比较经济和简单的方式；② 尽管采用不同的网格对 FRP–

混凝土黏结界面的 SCF 的计算结果略有影响，但是改进的 ASTM D905 剪切试件在厚度方向受网格密度影响不大，甚至可以忽略；③三维不同网格密度下算得的 FRP–混凝土黏结界面 SCF 与二维平面应变有限元计算结果基本一致。

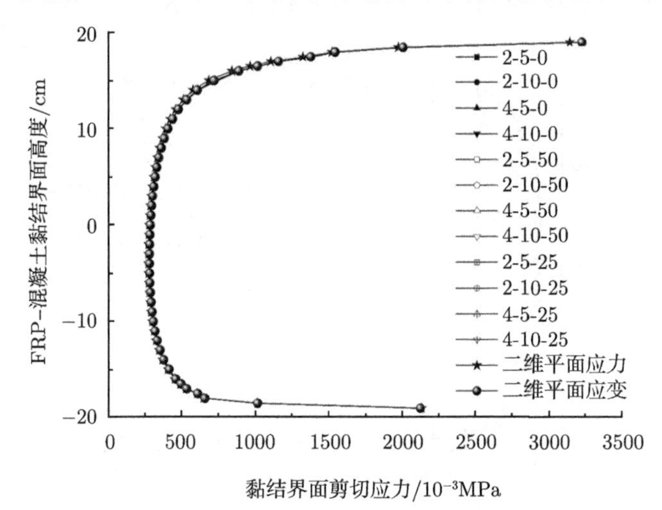

图 4-8 三维不同深度黏结界面和二维黏结界面剪切应力分布 (BFRP)

表 4-1 不同网格密度下计算 FRP–混凝土黏结界面 SCF 结果比较

网格密度	三维 2-5	三维 2-10	三维 4-5	三维 4-10	平面应力	平面应变
SCF	4.2760	4.2760	4.2793	4.2793	4.4073	4.2761
求解方程数	145112	73732	61672	31332	4745	4745
求解时间/s	178.1	30.45	40.94	8.09	0.13	0.15
占用内存/MB	1262.1	425.7	422.8	149.7	4	4

4.1.4 参数分析

为了进一步对 FRP 加固混凝土界面强度进行研究，研究 FRP 和混凝土弹性模量、剪切模量与厚度对 FRP–混凝土黏结界面剪切性能及黏结界面 SCF 的影响，为 FRP 加固混凝土设计提供参考和依据。

1. 弹性模量的影响

对其弹性模量进行调整，通过调整 FRP 弹性模量 $E_{\rm F}$ 与混凝土弹性模量 $E_{\rm C}$ 比值的大小来计算相应 FRP–混凝土黏结界面的剪切应力和 SCF 大小，令

$$\alpha_i = \frac{E_{{\rm F}i}}{E_{{\rm C}i}} \quad (i = 1, 2, 3) \tag{4-31}$$

混凝土满足各向同性假设，$E_{C1} = E_{C2} = E_{C3} = E_C$，FRP 满足正交各向异性且横向同性条件，令 1 为材料主要方向，因此 $E_{F2} = E_{F3}$，取

$$\begin{cases} \alpha_1 = E_{F1}/E_C \\ \alpha_2 = E_{F2}/E_C \\ \alpha_3 = E_{F3}/E_C = \alpha_2 \\ \alpha = \alpha_1 \end{cases} \tag{4-32}$$

令 FRP 弹性模量 E_F 与混凝土弹性模量 E_C 的比值 α 在 1.0~10.0 变化，υ_{12}、υ_{23}、υ_{13}、G_{12}、G_{13} 不变，计算得到 G_{23}，得到二维有限元和三维有限元计算的 FRP–混凝土黏结界面剪切应力分布情况 (图 4-9、图 4-10) 和 SCF 大小 (图 4-11)。

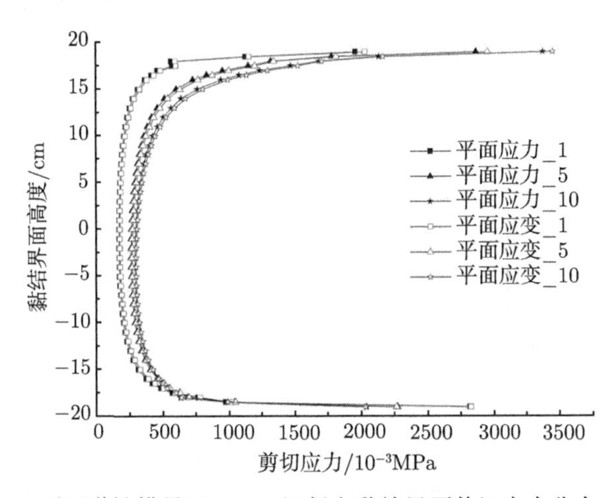

图 4-9 不同弹性模量下 FRP–混凝土黏结界面剪切应力分布 (二维)

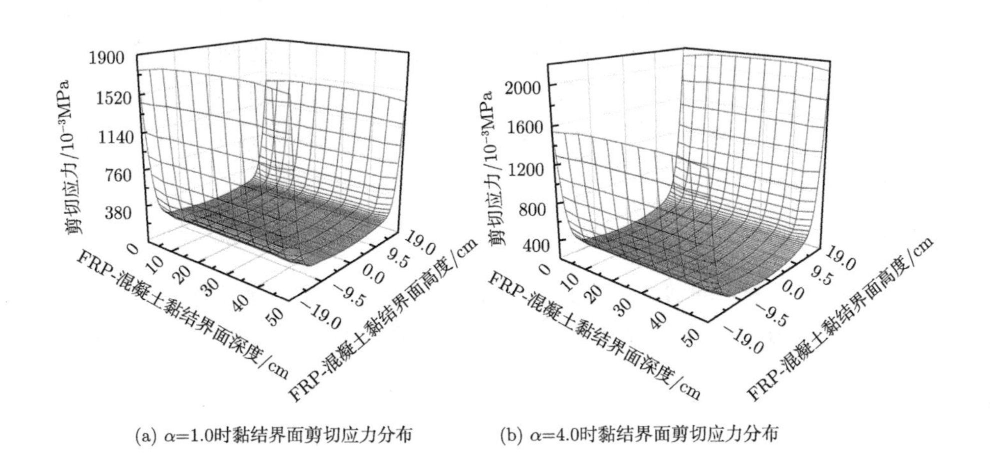

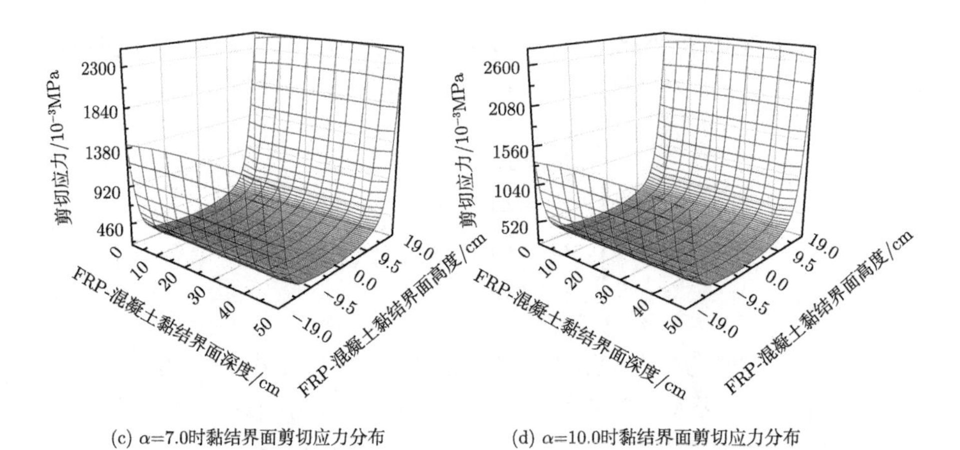

(c) α=7.0时黏结界面剪切应力分布　　(d) α=10.0时黏结界面剪切应力分布

图 4-10　不同弹性模量下 FRP–混凝土黏结界面剪切应力分布 (三维)

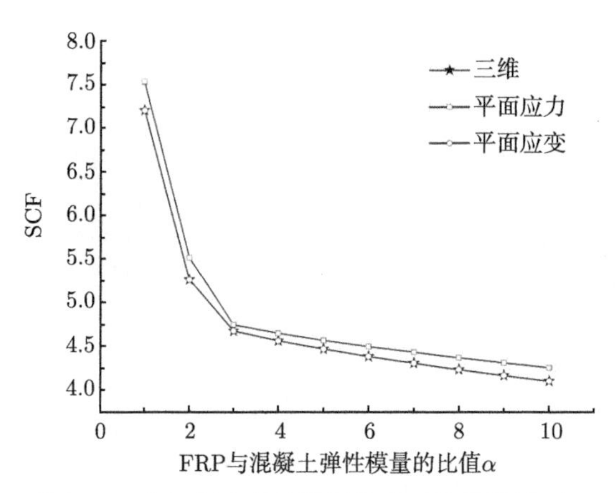

图 4-11　不同 FRP 与混凝土弹性模量比值对其黏结界面 SCF 的影响

可以得出：① FRP 与混凝土弹性模量比值 α 的增大将导致其界面上端和中间剪切应力增大，使下端界面剪切应力变小；② FRP 与混凝土弹性模量比值达到一定数值之后，FRP 弹性模量的增加对 FRP–混凝土黏结界面的 SCF 影响较小；③ 三维 FRP–混凝土黏结界面剪切应力强度和 SCF 的计算可以简化为二维平面应变状态进行分析。

2. 剪切模量的影响

对 FRP 和混凝土的剪切模量进行调整，通过调整 FRP 剪切模量 G_{F} 与混凝土剪切模量 G_{C} 比值的大小来计算相应 FRP–混凝土黏结界面的剪切应力和 SCF 大小，令

$$\chi_i = \frac{G_{\mathrm{F}i}}{G_{\mathrm{C}i}} \quad (i = 1, 2, 3) \tag{4-33}$$

混凝土按照各向同性材料来计算，$G_{C12}=G_{C13}=G_{C32}=G_{C}$，仍然假定 FRP 为正交各向异性且满足横向同性条件，令 1 为材料主要方向，因此 $G_{F12}=G_{F13}$，取

$$\begin{cases} x_1 = G_{F12}/G_C \\ x_2 = G_{F13}/G_C = x_1 \\ x_3 = G_{F23}/G_C \end{cases}$$

令 FRP 弹性模量 $E_{Fi}(i=1,2,3)$ 保持不变，改变 FRP 剪切模量 G_{F12}、G_{F13} 与混凝土剪切模量 G_C 的比值 χ_1、$\chi_2(\chi_1=\chi_2)$ 同时在 1.0~10.0 变化，υ_{12}、υ_{23}、υ_{13} 不变，得出 G_{23} 的大小，得到二维有限元和三维有限元计算的 FRP–混凝土黏结界面剪切应力分布情况 (图 4-12、图 4-13) 和 SCF 大小 (图 4-14)。

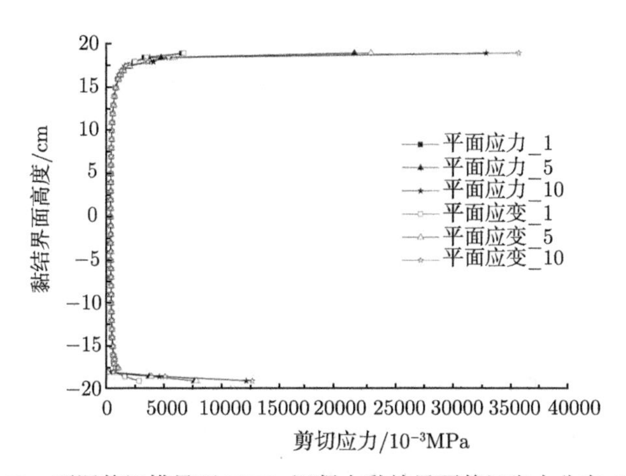

图 4-12 不同剪切模量下 FRP–混凝土黏结界面剪切应力分布 (二维)

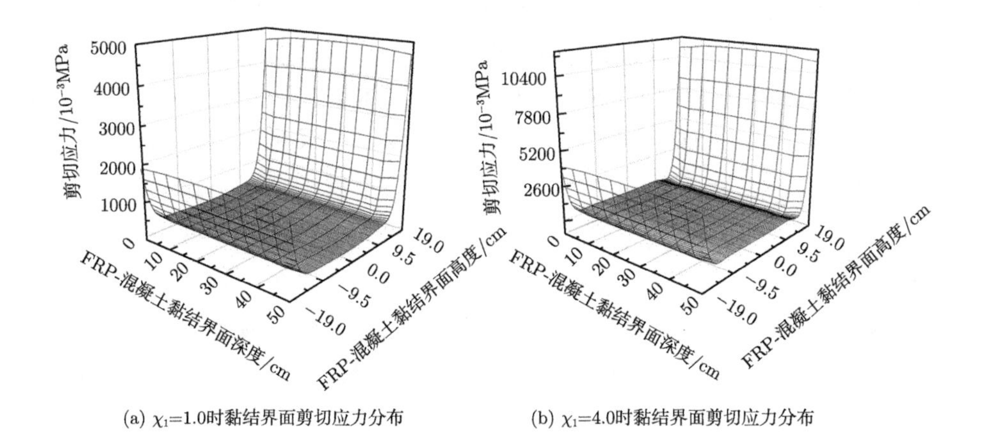

(a) χ_1=1.0时黏结界面剪切应力分布　(b) χ_1=4.0时黏结界面剪切应力分布

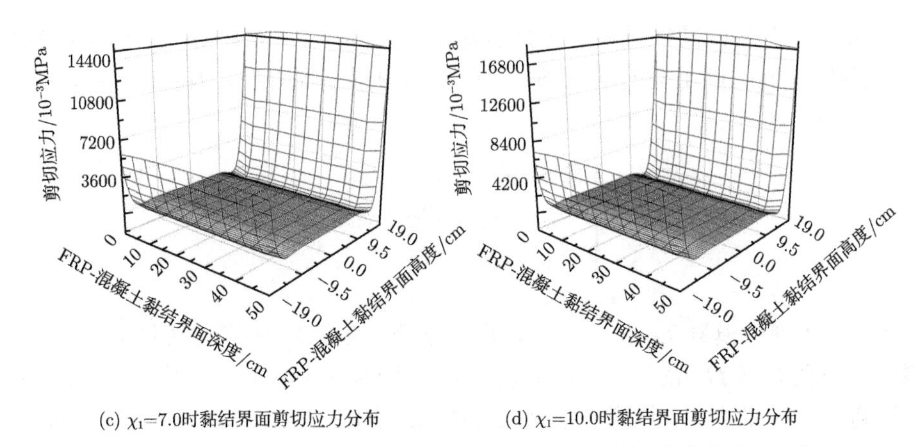

(c) χ_1=7.0时黏结界面剪切应力分布　　(d) χ_1=10.0时黏结界面剪切应力分布

图 4-13　不同剪切模量下 FRP–混凝土黏结界面剪切应力分布 (三维)

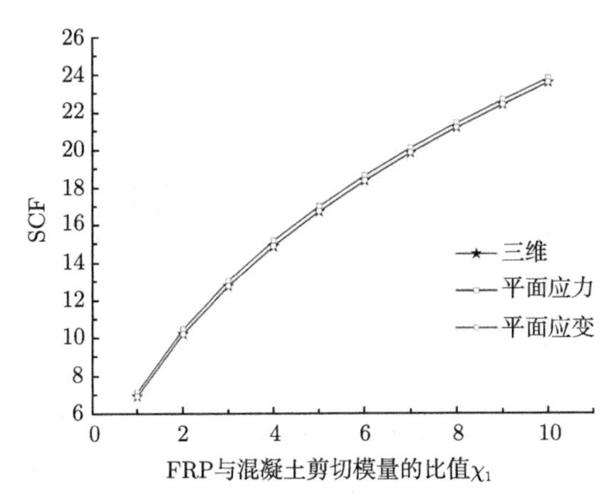

图 4-14　不同 FRP 与混凝土剪切模量比值对其黏结界面 SCF 的影响 (三维)

可以得出: ① FRP 与混凝土剪切模量比值 χ_1 的增大将导致其界面上端和下端剪切应力增大，使中间界面剪切应力变小；② FRP 与混凝土剪切模量比值变化时，FRP 剪切模量的增加对 FRP–混凝土黏结界面的 SCF 影响较大；③ 三维 FRP–混凝土黏结界面剪切应力强度和 SCF 的计算可以简化为二维平面应变状态进行分析。

3. *厚度的影响*

与图 4-7(a)、(b) 类似，改变 FRP 和混凝土的厚度之比，观察 FRP–混凝土黏结界面的剪切应力分布和黏结界面 SCF 值的变化情况，如图 4-15~图 4-17 所示。

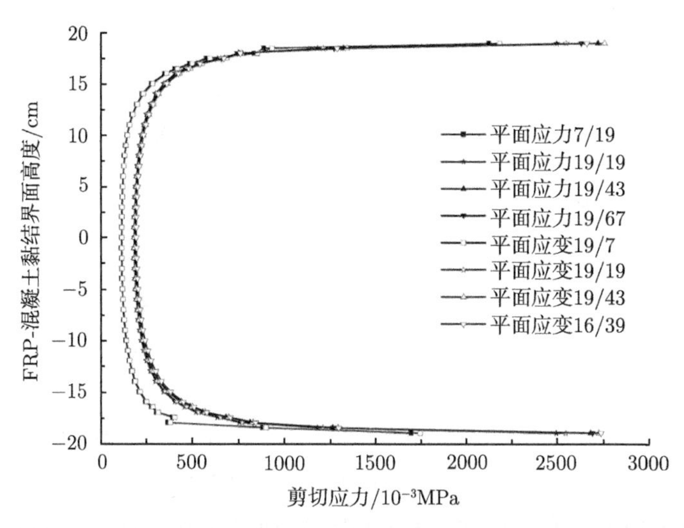

图 4-15 不同 FRP 与混凝土厚度之比对应的黏结界面应力分布 (混凝土厚度变化)

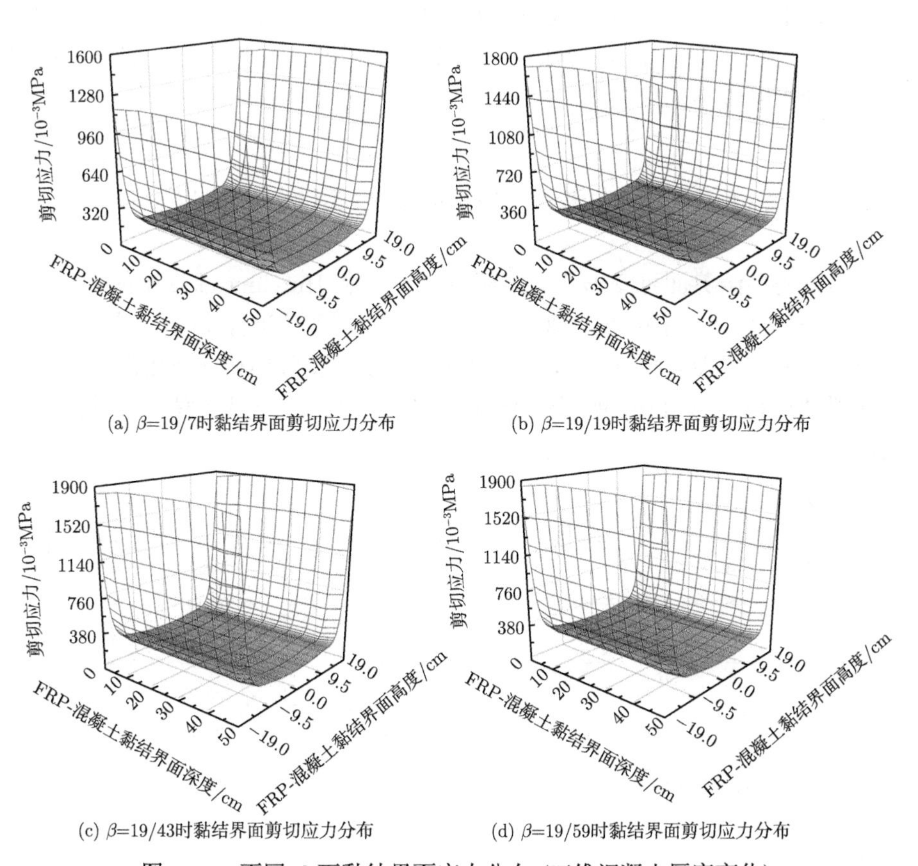

(a) β=19/7时黏结界面剪切应力分布

(b) β=19/19时黏结界面剪切应力分布

(c) β=19/43时黏结界面剪切应力分布

(d) β=19/59时黏结界面剪切应力分布

图 4-16 不同 β 下黏结界面应力分布 (三维混凝土厚度变化)

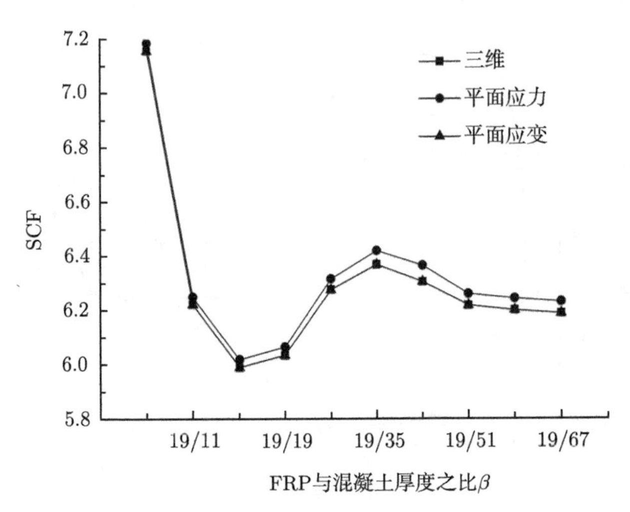

图 4-17　不同 FRP 与混凝土厚度比值对其黏结界面 SCF 的影响 (三维 FRP 厚度变化)

可以得出：① 当 FRP 和混凝土厚度比值相差不大时，其对黏结界面剪切应力强度和 SCF 影响较大；② 当增加到一定程度后，其对 FRP–混凝土黏结界面剪切应力和强度影响较小。

4.2　黏结界面可变形双层梁模型验证

将提出的黏结界面可变形双层梁模型与 Suo 和 Hutchinson 提出的“刚性节点模型”、Wang 和 Qiao 提出的“剪切变形双材料梁模型”进行比较，以图 4-18 所示的统一的双材料界面断裂试件，即图 4-18(a) 所示的受竖向荷载作用的单一混合型界面断裂试件和图 4-18(b) 所示的受等效弯矩作用的单一混合型界面断裂试件为研究对象。

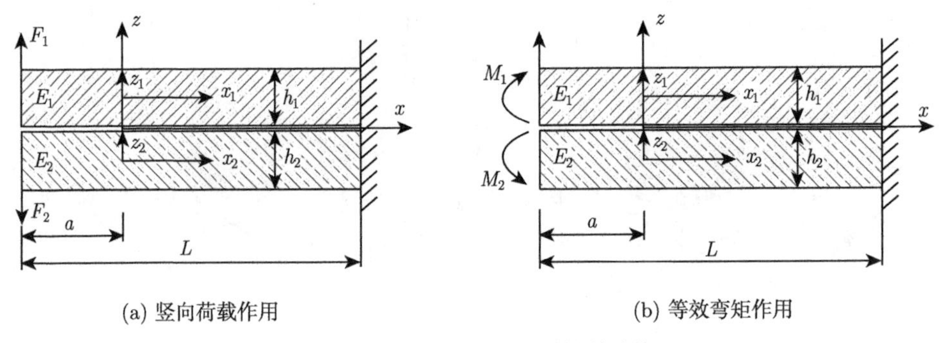

(a) 竖向荷载作用　　(b) 等效弯矩作用

图 4-18　统一双材料界面断裂试件

分别采用“刚性节点模型”、“剪切变形双材料梁模型”和黏结界面可变形双层梁模型及有限元数值分析对图 4-18 所示不同断裂试件随裂缝扩展变化的正交化能量释放率进行比较。假定所有断裂试件各子层均为各向同性材料，各试件的宽度均为单位宽度，且认定有限元数值分析解为精确解。

4.2.1 竖向荷载作用下的界面断裂试件

图 4-19 显示了基于“刚性节点模型”、“剪切变形双材料梁模型”和黏结界面可变形双层梁模型及有限元数值分析对统一双材料界面断裂试件在竖向荷载作用下断裂试件 [图 4-18(a)] 随裂缝扩展而变化的正交化能量释放率的比较结果。

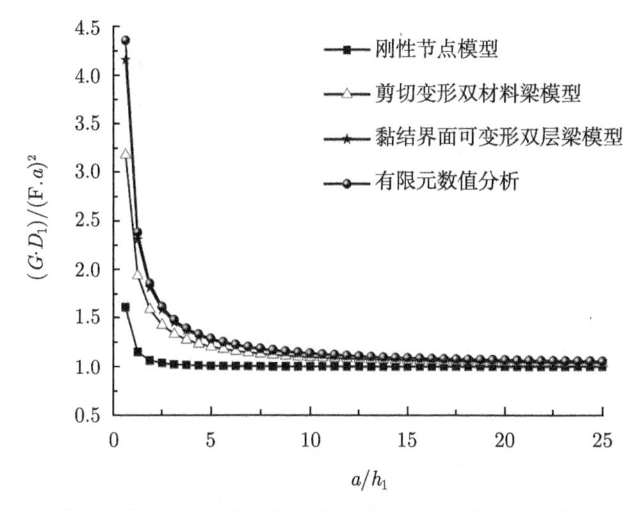

图 4-19 竖向荷载作用下不同界面节点模型所得断裂试件正交化能量释放率比较

图 4-19 表明: ① 当裂缝的长厚比 (裂缝长度与子层厚度的比值 a/h_1) 较大时 (如 $a/h_1 = 25$)，这四种模型所预测的正交化能量释放率将趋于同一常数; ② 当裂缝长厚比较小时,“刚性节点模型”与其他三种模型所预测的正交化能量释放率有很大差别，表明“刚性节点模型”不能准确地描述界面断裂试件在竖向荷载作用下的界面断裂特性; ③ 与有限元数值分析解相比,“刚性节点模型”和“剪切变形双材料梁模型”的解低估了界面断裂试件的正交化能量释放率，这是因为“刚性节点模型”只考虑了单个子层的弹性形变，而“剪切变形双材料梁模型”只考虑了所有裂缝尖端的局部变形中各子层相对旋转部分; ④ 考虑了所有裂缝尖端的局部变形，而提出的黏结界面可变形双层梁模型的解和有限元数值分析的解非常接近，除了裂缝长厚比接近零的部分，两解之间误差不大于 1.5%。

以上几点也说明，裂缝尖端的局部变形对准确地判断界面断裂试件的正交化能量释放率有非常大的影响。

4.2.2 等效弯矩作用下的界面断裂试件

在现有文献中，关于界面断裂试件在等效弯矩荷载作用下的断裂解析解非常有限。利用“刚性节点模型”、“剪切变形双材料梁模型”和黏结界面可变形双层梁模型及有限元数值分析对统一双材料界面断裂试件在弯矩荷载作用下断裂试件[图 4-18(b)] 随裂缝扩展而变化的正交化能量释放率作比较，所得结果如图 4-20 所示。

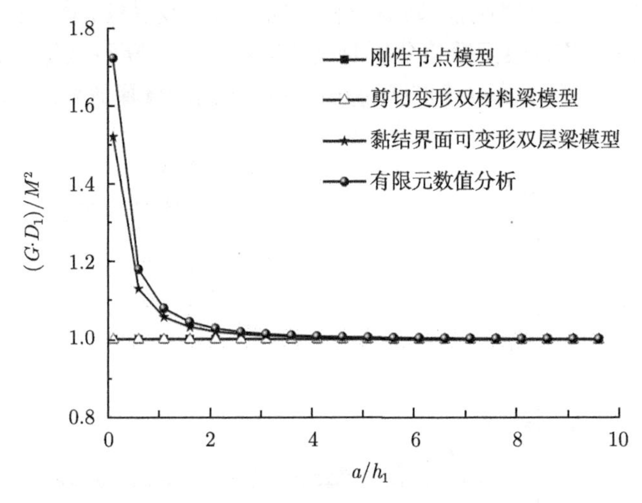

图 4-20 等效弯矩作用下不同界面节点模型所得断裂试件正交化能量释放率比较

在等效弯矩作用下，各子层中不存在剪力，由于统一界面断裂试件各子层材料和几何属性的对称性，在等效弯矩作用下，裂缝尖端的局部变形中相对转角部分为一常量。因而，在等效弯矩作用下，对于具有对称属性子层的界面裂缝试件，采用“刚性节点模型”和“剪切变形双材料梁模型”计算得到的试件的正交化能量释放率完全相同。

图 4-20 表明：“剪切变形双材料梁模型”所预测的界面断裂试件的正交化能量释放率随裂缝扩展均为一特定常数；而提出的黏结界面可变形双层梁模型和有限元数值分析所预测的正交化能量释放率随着裂缝长厚比增加而急剧减小，直到趋于这一特定常数。

4.3 本章小结

本章基于断裂力学基本理论，在“刚性节点模型”和“剪切变形双材料梁模型”的基础上，考虑了各子层由剪切和摩擦产生的变形，各子层可以完全自由变形，在裂缝尖端处满足自身平衡条件，引进界面柔度参数，建立两子层之间界面位移连续性关系，提出了黏结界面可变形双层梁模型。

对 ASTM D905 标准剪切试件加以改进，借助二维和三维有限元方法对 FRP 加固混凝土构件的黏结界面的剪切试验进行数值模拟，计算得到了界面剪切应力分布规律和用于计算 FRP 加固混凝土界面的剪切强度的应力集中因子。进一步对界面剪切应力的影响因素进行了参数分析和比较，包括 FRP 和混凝土厚度、弹性模量、剪切模量等参数。

利用提出的黏结界面可变形双层梁模型与 Suo 和 Hutchinson 提出的“刚性节点模型”、Wang 和 Qiao 提出的“剪切变形双材料梁模型”及有限元数值分析方法，计算了统一的双材料界面断裂试件，在竖向和等效弯矩荷载作用下，试件随裂缝扩展而变化的正交化能量释放率，验证了提出的黏结界面可变形双层梁模型的先进性和准确性。

参考文献

[1] KAPLAN M F. Crack propagation and the fracture of concrete[J]. Journal of the American Concrete Institute, 1961, 58(5): 591–610.

[2] SUO Z, HUTCHINSON J W. Interface crack between two elastic layers[J]. International journal of fracture, 1990, 43(1): 1-18.

[3] WANG J, QIAO P. Interface crack between two shear deformable elastic layers[J]. Journal of the mechanics and physics of solids, 2004, 52(4): 891-905.

[4] QIAO P, WANG J. Mechanics and fracture of crack tip deformable bi-material interface[J]. International journal of solids and structures, 2004, 41(26): 7423-7444.

第 5 章　不同胶层厚度的 FRP–混凝土黏结界面节点模型

经典的胶层模型最早由 Goland 和 Reissner[1] 提出，该模型假设胶层面上的剥离应力和剪切应力为均匀分布，因此形成了两参数的弹性地基胶层模型。当胶层厚度比较薄时，沿着胶层上分布应力为常数的假设是合理的，并且除了临近板端的小区域外与有限元分析的结果也比较吻合。但是目前对混凝土的加固尤其是抗弯加固设计的胶层厚度越来越大，有的与加固的 FRP 布或板材一样厚甚至是几倍厚。在这种情况下，Luo 和 Tong[2] 指出当胶层厚度等于 1mm 时，把胶层按照沿厚度方向位移呈线性分布的特殊的线弹性层来模拟处理，所得到的胶层的界面应力比通过 G-R 模型 [3] 计算得到的结果大 22.3%。

大量学者 [4,5] 对黏结胶层的应力分布做了线性、非线性及常量、变量等假设，得到了不同的计算模型，但是目前文献中尚没有一个理论模型能够得到胶层厚度方向的剥离应力和剪切应力的闭合解。胶层内的应力分布状态是不一样的，从而导致了不同的失效破坏方式。例如，黏结失效破坏最初发生在胶层内，进而导致最终破坏；黏结层的断裂沿着黏结层和胶层发生脱黏导致最终破坏。因此，需要提出一种比较可靠的方法来求解剥离应力和剪切应力，并得到其闭合解，从而可以更好地描述通过胶层黏结 FRP 加固混凝土结构的失效破坏模型。

因此，本章为将胶层简化为二维弹性连续构件，对混凝土–胶层和 FRP–胶层上的剥离应力和剪切应力分别模拟，引入胶层纵向和横向的位移，并将其作为独立参数，采用黏结界面可变形双层梁模型，得到靠近黏结层端部的局部变形，进而得到沿着黏结胶层厚度方向的纵向和横向的应力分布情况。

为了验证本章提出的模型的正确性，将其与现有传统的解法及二维有限元弹性解法进行了比较，并且对模型中的关键参数进行了分析，得出胶层的厚度及界面变形对界面纵向和厚度方向应力分布的重要性。

5.1　考虑胶层厚度的界面可变形节点模型的建立

考虑混凝土梁 (基梁) 通过一层薄黏结胶层与加固片材 FRP 黏结成图 5-1 所示的复合结构，其中梁、胶层和 FRP 的宽度是 b，高度分别为 h_1、$h_{\rm a}$ 和 h_2。整个被加固的混凝土梁的长度为 L_0，FRP 的长度为 L，距离梁端部长度为 a。为方便分析，假定加固结构两端简支，受外荷载 (均布荷载或集中荷载) 作用，其他更复杂的边界条件和荷载作用形式可由这种简单构形推广而得。

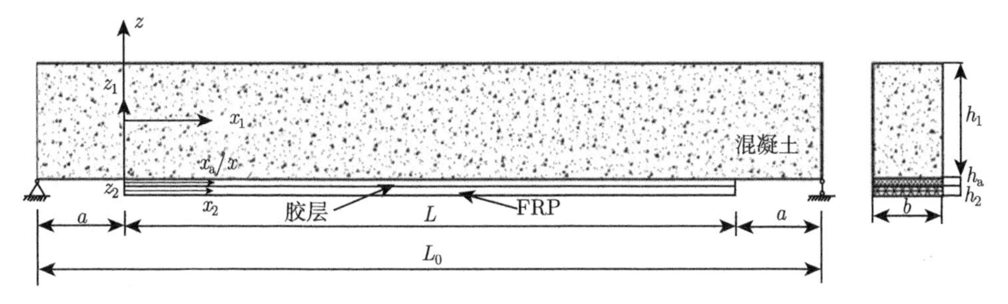

图 5-1 FRP 加固混凝土简支梁

5.1.1 平衡方程及本构方程的建立

从加固梁中取出一微段独立体，如图 5-2 所示。

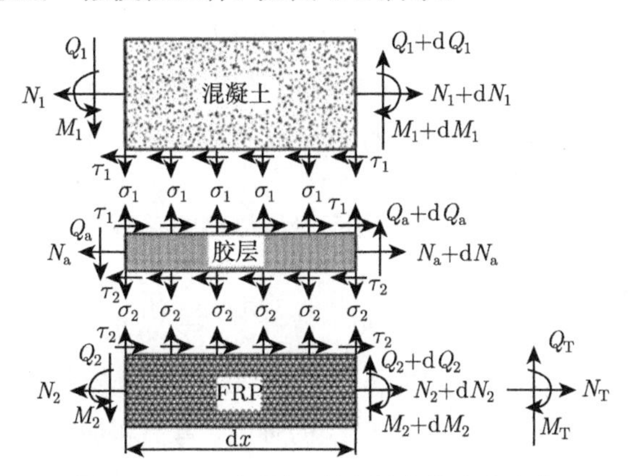

图 5-2 FRP 加固混凝土梁中微段独立体

建立如下平衡方程：

$$\frac{\mathrm{d}N_1(x)}{\mathrm{d}x} = b\tau_1(x), \quad \frac{\mathrm{d}N_2(x)}{\mathrm{d}x} = -b\tau_2(x) \tag{5-1}$$

$$\frac{\mathrm{d}Q_1(x)}{\mathrm{d}x} = b\sigma_1(x), \quad \frac{\mathrm{d}Q_2(x)}{\mathrm{d}x} = -b\sigma_2(x) \tag{5-2}$$

$$\frac{\mathrm{d}M_1(x)}{\mathrm{d}x} = Q_1(x) - b\tau_1(x)\frac{h_1}{2}, \quad \frac{\mathrm{d}M_2(x)}{\mathrm{d}x} = Q_2(x) - b\tau_2(x)\frac{h_2}{2} \tag{5-3}$$

式中，$N_1(x)$ 和 $N_2(x)$、$Q_1(x)$ 和 $Q_2(x)$、$M_1(x)$ 和 $M_2(x)$ 分别为混凝土梁和 FRP 片材的轴力、横向剪力和弯矩；σ_1 和 σ_2 分别为上层界面 (混凝土与胶层的界面) 和下层界面 (FRP 和胶层的界面) 的剥离应力；τ_1 和 τ_2 分别为上层界面 (混凝土与胶层的界面) 和下层界面 (FRP 和胶层的界面) 的剪切应力。

微段独立体的整体平衡方程为

$$N_1 + N_2 + N_a = N_T \tag{5-4}$$

$$Q_1 + Q_2 + Q_a = Q_T \tag{5-5}$$

$$M_1 + M_2 + N_1\frac{h_1 + h_2 + 2h_a}{2} + N_a\frac{h_2 + h_a}{2} + Q_T dx = M_T \tag{5-6}$$

式中，N_i、Q_i 和 $M_i(i = 1,2)$ 分别为混凝土和 FRP 的轴力、剪力和弯矩；N_a 和 Q_a 分别为胶层的轴力和剪力；N_T、Q_T 和 M_T 分别为总的外加轴力、剪力和弯矩，为方便分析，设其作用在 FRP 的中性轴上。

考虑到 FRP 横向剪切变形对混凝土结构的影响，假设各子层材料本构关系均服从 Timoshenko 梁理论，根据一阶剪切梁理论，即得

$$U_i(x,z) = u_i(x) + z_i\phi_i(x) \tag{5-7}$$

$$W_i(x,z) = w_i(x) \tag{5-8}$$

式中，U_i 和 W_i 分别为各子层 $i(i = 1,2)$ 总的纵向和横向变形位移；z_i 为各子层 $i(i = 1,2)$ 厚度方向的局部坐标；$u_i(x)$、$\phi_i(x)$ 和 $w_i(x)$ 分别为各子层 $i(i = 1,2)$ 的纵向位移、转角和横向位移。

基于 Timoshenko 梁理论，各子层应力和位移的关系为

$$N_i(x) = A_i\frac{du_i(x)}{dx},\ M_i(x) = D_i\frac{d\phi_i(x)}{dx},\ Q_i(x) = B_i\left[\frac{dw_i(x)}{dx} + \phi_i(x)\right] \tag{5-9}$$

式中，$N_i(x)$、$M_i(x)$、$Q_i(x)$ 分别为各子层 $i(i = 1,2)$ 单位宽度的轴力、弯矩和剪力；A_i、D_i、B_i 分别为各子层 $i(i = 1,2)$ 的轴向、弯曲和横向剪切刚度系数，其表达式为

$$A_i = E_{11}^{(i)}bh_i,\ D_i = E_{11}^{(i)}\frac{bh_i^3}{12},\ B_i = \frac{5}{6}G_{13}^{(i)}bh_i \tag{5-10}$$

式中，$E_{11}^{(i)}$，$G_{13}^{(i)}(i = 1,2)$ 分别为各子层 $i(i = 1,2)$ 纵向弹性模量和横向剪切模量。

5.1.2 胶层平衡微分方程建立

为了满足胶层可以传递上层混凝土与胶层界面和胶层与 FRP 界面不同应力的条件，把胶层按照弹性的二维连续介质来模拟。为了得到应力的闭合解，假定正应力和剪切应力沿着胶层的厚度方向呈线性分布，胶层的纵向位移表示为

$$U_a(x,z) = u_a(x) - z\frac{dw_a(x)}{dx} \tag{5-11}$$

式中，$w_a(x)$ 和 $u_a(x)$ 分别为胶层中性层的挠度和轴向变形，x 轴位于胶层的中性层，z 轴也是起始于胶层的中性层。

胶层的纵向正应力 σ_{xx} 和轴力 N_a 可以表示为

$$\sigma_{xx}(x,z)=E_{\mathrm{a}}\left(\frac{\mathrm{d}u_{\mathrm{a}}}{\mathrm{d}x}-z\frac{\mathrm{d}^2w_{\mathrm{a}}}{\mathrm{d}x^2}\right) \tag{5-12}$$

$$N_{\mathrm{a}}(x)=A_{\mathrm{a}}\frac{\mathrm{d}u_{\mathrm{a}}}{\mathrm{d}x} \tag{5-13}$$

式中，$A_{\mathrm{a}}=E_{\mathrm{a}}bh_{\mathrm{a}}$ 为胶层轴向刚度；E_{a} 为胶层的弹性模量。

建立胶层的平衡微分方程为

$$\frac{\partial\sigma_{xx}}{\partial x}+\frac{\partial\tau_{xz}}{\partial z}=0 \tag{5-14}$$

$$\frac{\partial\tau_{xz}}{\partial x}+\frac{\partial\sigma_{zz}}{\partial z}=0 \tag{5-15}$$

式中，σ_{xx}、τ_{xz} 和 σ_{zz} 分别为胶层的纵向正应力、剪切应力和横向剥离应力。

将式 (5-12) 代入式 (5-14)，并且沿着胶层厚度方向进行积分得到

$$\tau_{xz}(x,z)=E_{\mathrm{a}}\left(\frac{\mathrm{d}^2u_{\mathrm{a}}}{\mathrm{d}x^2}z-\frac{1}{2}z^2\frac{\mathrm{d}^3w_{\mathrm{a}}}{\mathrm{d}x^3}+c_1\right) \tag{5-16}$$

类似地，将式 (5-16) 代入式 (5-15)，并且沿着 z 方向进行积分，得到胶层横向剥离应力的表达式为

$$\sigma_{zz}(x,z)=E_{\mathrm{a}}\left(\frac{1}{2}z^2\frac{\mathrm{d}^3u_{\mathrm{a}}}{\mathrm{d}x^3}-\frac{1}{6}z^3\frac{\mathrm{d}^4w_{\mathrm{a}}}{\mathrm{d}x^4}+c_1z+c_2\right) \tag{5-17}$$

积分系数 c_1 和 c_2 是 x 的函数，可以由下面的边界条件确定：

$$\sigma_{zz}\left(x,\frac{h_{\mathrm{a}}}{2}\right)=\sigma_1(x),\quad \sigma_{zz}\left(x,-\frac{h_{\mathrm{a}}}{2}\right)=\sigma_2(x) \tag{5-18}$$

5.1.3 沿着胶层的界面相容方程

在上述研究成果的基础上，不仅考虑界面剪切应力对混凝土、FRP 及胶层的变形影响，而且考虑界面正应力的影响，如图 5-3 所示。

根据各子层之间界面位移连续性关系，可得

$$w_1(x)-C_{\mathrm{n1}}\sigma_1(x)=w_{\mathrm{a}}(x)+C_{\mathrm{na}}\sigma_1(x) \tag{5-19}$$

$$w_2(x)+C_{\mathrm{n2}}\sigma_2(x)=w_{\mathrm{a}}(x)-C_{\mathrm{na}}\sigma_2(x) \tag{5-20}$$

$$u_1(x)-\frac{h_1}{2}\phi_1(x)-C_{\mathrm{s1}}\tau_1(x)=u_{\mathrm{a}}(x)+\frac{h_{\mathrm{a}}}{2}\frac{\mathrm{d}w_{\mathrm{a}}(x)}{\mathrm{d}x}+C_{\mathrm{sa}}\tau_1(x) \tag{5-21}$$

$$u_2(x)+\frac{h_2}{2}\phi_2(x)+C_{\mathrm{s2}}\tau_2(x)=u_{\mathrm{a}}(x)-\frac{h_{\mathrm{a}}}{2}\frac{\mathrm{d}w_{\mathrm{a}}(x)}{\mathrm{d}x}-C_{\mathrm{sa}}\tau_2(x) \tag{5-22}$$

式中，$C_{\mathrm{n}i}$ 和 $C_{\mathrm{s}i}\,(i=1,2,\mathrm{a})$ 分别为各子层 i 在界面正应力和剪切应力作用下的界面柔度系数，具体为

$$C_{\mathrm{n}i}=\frac{h_i}{10E_{33}^{(i)}},\quad C_{\mathrm{s}i}=\frac{h_i}{15G_{13}^{(i)}} \tag{5-23}$$

式中，$E_{33}^{(i)}$、$G_{13}^{(i)}(i=1,2,\mathrm{a})$ 分别为各子层 i 沿厚度方向的弹性模量和横向剪切 (即界面纵向张力或者压力) 模量。

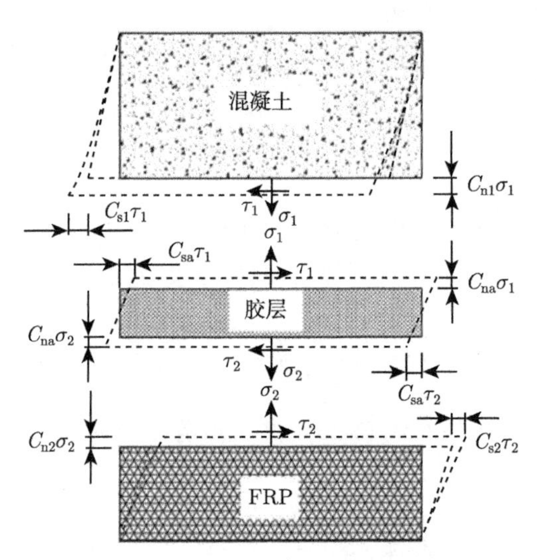

图 5-3　沿着胶层界面的位移相容条件

5.1.4　微分控制方程的建立

将式 (5-19) 对 x 求导两次，并且结合平衡方程式 (5-1)~ 式 (5-6) 和本构方程式 (5-9)、式 (5-10)，可得到胶层的曲率表达式为

$$\frac{\mathrm{d}^2w_{\mathrm{a}}}{\mathrm{d}x^2}=-C_{\mathrm{n1}}\left(\frac{\mathrm{d}^4M_1}{\mathrm{d}x^4}+\frac{h_1}{2}\frac{\mathrm{d}^4N_1}{\mathrm{d}x^4}\right)+\frac{1}{B_1}\left(\frac{\mathrm{d}^2M_1}{\mathrm{d}x^2}+\frac{h_1}{2}\frac{\mathrm{d}^2N_1}{\mathrm{d}x^2}\right)-\frac{M_1}{D_1} \tag{5-24}$$

将式 (5-21) 对 x 求导两次，并结合式 (5-24) 得到胶层轴力表达式为

$$\begin{aligned}N_{\mathrm{a}}=&-\frac{h_{\mathrm{a}}}{2}C_{\mathrm{sa}}C_{\mathrm{n1}}\left(\frac{\mathrm{d}^4M_1}{\mathrm{d}x^4}+\frac{h_1}{2}\frac{\mathrm{d}^4N_1}{\mathrm{d}x^4}\right)+\frac{h_{\mathrm{a}}}{2}\frac{C_{\mathrm{sa}}}{B_1}\frac{\mathrm{d}^2M_1}{\mathrm{d}x^2}\\&+C_{\mathrm{sa}}\left(\frac{h_1h_{\mathrm{a}}}{4B_1}-C_{\mathrm{s1}}\right)\frac{\mathrm{d}^2N_1}{\mathrm{d}x^2}-\frac{h_1+h_{\mathrm{a}}}{2}\frac{C_{\mathrm{sa}}}{D_1}M_1+\frac{C_{\mathrm{sa}}}{C_1}N_1\end{aligned} \tag{5-25}$$

将式 (5-21) 代入式 (5-19) 和式 (5-20)，并且结合式 (5-25) 及整体平衡方程式 (5-4)、式 (5-5) 得到微分控制方程为

$$\frac{\mathrm{d}^4 M_1}{\mathrm{d}x^4}+a_{11}\frac{\mathrm{d}^4 N_1}{\mathrm{d}x^4}+a_{12}\frac{\mathrm{d}^2 M_1}{\mathrm{d}x^2}+a_{13}\frac{\mathrm{d}^2 N_1}{\mathrm{d}x^2}+a_{14}M_1+a_{15}N_1=a_{16}M_{\mathrm{T}}+a_{17}M_{\mathrm{T}} \tag{5-26}$$

式中，

$$a_{11}=\frac{1}{\xi}\left(\frac{\mu h_1}{2}C_{\mathrm{n}1}+\frac{h_1+2h_{\mathrm{a}}}{2}C_{\mathrm{n}2}\right)$$
$$a_{12}=-\frac{1}{\xi}\left(\frac{\mu}{B_1}+\frac{1}{B_2}\right)$$
$$a_{13}=-\frac{1}{\xi}\left(\frac{\mu h_1}{2B_1}+\frac{h_1+2h_{\mathrm{a}}}{2B_2}-\frac{h_2+2h_{\mathrm{a}}}{2D_2}C_{\mathrm{sa}}C_{\mathrm{s}1}\right)$$
$$a_{14}=\frac{1}{\xi}\left[\frac{\mu+h_1(1-\mu)/h_{\mathrm{a}}}{D_1}-\frac{1}{D_2}\right]$$
$$a_{15}=-\frac{1}{2\xi D_2}\left[h_1+h_{\mathrm{a}}+(h_2+h_{\mathrm{a}})(1+C_{\mathrm{sa}}/C_{\mathrm{s}1})\right]$$
$$a_{16}=-\frac{1}{\xi D_2},\ a_{17}=0,\ \xi=\mu C_{\mathrm{n}1}+C_{\mathrm{n}2}$$
$$\mu=1+\frac{h_{\mathrm{a}}(h_2+2h_{\mathrm{a}})}{4D_2}C_{\mathrm{sa}}$$

同样，分别将式 (5-20) 和式 (5-22) 对 x 求导两次，并且结合式 (5-25) 及整体平衡方程式 (5-4)、式 (5-5) 和本构方程式 (5-9)、式 (5-10) 得到微分控制方程为

$$\frac{\mathrm{d}^4 M_1}{\mathrm{d}x^4}+b_{11}\frac{\mathrm{d}^4 N_1}{\mathrm{d}x^4}+b_{12}\frac{\mathrm{d}^2 M_1}{\mathrm{d}x^2}+b_{13}\frac{\mathrm{d}^2 N_1}{\mathrm{d}x^2}+b_{14}M_1+b_{15}N_1=b_{16}M_{\mathrm{T}}+b_{17}N_{\mathrm{T}} \tag{5-27}$$

式中，$b_{11}\sim b_{17}$ 为系数。

在式 (5-26) 和式 (5-27) 中，考虑到胶层的轴力 N_{a} 相对于混凝土和 FRP 的轴力非常小，所以胶层轴力的高阶微量可以忽略，通过消去式 (5-26) 和式 (5-27) 中 $M_1(x)$ 得到总的控制方程为

$$\frac{\mathrm{d}^8 N_1}{\mathrm{d}x^8}+k_{11}\frac{\mathrm{d}^6 N_1}{\mathrm{d}x^6}+k_{13}\frac{\mathrm{d}^4 N_1}{\mathrm{d}x^4}+k_{14}\frac{\mathrm{d}^2 N_1}{\mathrm{d}x^2}+k_{15}N_1=k_{16}M_{\mathrm{T}}+k_{17}N_{\mathrm{T}} \tag{5-28}$$

式中，$k_{11}\sim k_{17}$ 为系数。

5.2 胶层厚度的界面可变形节点模型的计算

5.2.1 沿着胶层界面的内力分布

对微分控制方程式 (5-28) 求解可以得到上层混凝土的内力表达式为

$$N_1(x)=\sum_{i=1}^{8}c_i\mathrm{e}^{R_i x}+N_{1C}(x) \tag{5-29}$$

$$N_{1C}(x) = -\frac{k_{16}}{k_{15}} M_{\mathrm{T}} - \frac{k_{17}}{k_{15}} N_{\mathrm{T}} \tag{5-30}$$

式中，$R_i(i=1,2,\cdots,8)$ 为微分控制方程式 (5-28) 的特征方程的 8 个根；$c_i(i=1, 2, \cdots, 8)$ 为由边界条件确定的 8 个系数；$N_{1C}(x)$ 为式 (5-28) 的特解，边界条件为

$$N_1(0) = N_{10}^{\mathrm{L}},\ M_1(0) = M_{10}^{\mathrm{L}},\ Q_1(0) = Q_{10}^{\mathrm{L}} \tag{5-31}$$

$$N_{\mathrm{a}}(0) = 0,\ N_{\mathrm{a}}(L) = 0 \tag{5-32}$$

$$N_1(L) = N_{10}^{\mathrm{R}},\ M_1(L) = M_{10}^{\mathrm{R}},\ Q_1(L) = Q_{10}^{\mathrm{R}} \tag{5-33}$$

式中，上标“L”“R”分别代表 FRP 加固混凝土梁的左端和右端。

基于式 (5-29)、式 (5-30) 和平衡方程式 (5-3) 可得到弯矩和剪力的表达式为

$$M_1(x) = \sum_{i=1}^{8} c_i S_i \mathrm{e}^{R_i x} + M_{1C} \tag{5-34}$$

$$Q_1(x) = \sum_{i=1}^{8} c_i T_i \mathrm{e}^{R_i x} + Q_{1C} \tag{5-35}$$

$$M_{1C}(x) = -\left(\frac{e_{15}k_{16}}{k_{15}} + e_{16}\right) M_{\mathrm{T}} - \left(\frac{e_{15}k_{17}}{k_{15}} + e_{17}\right) N_{\mathrm{T}} \tag{5-36}$$

$$Q_{1C}(x) = \frac{\mathrm{d}M_{1C}(x)}{\mathrm{d}x} + \frac{h_1}{2}\frac{\mathrm{d}N_{1C}(x)}{\mathrm{d}x} \tag{5-37}$$

式中，$M_{1C}(x)$ 和 $Q_{1C}(x)$ 分别为混凝土层的弯矩和剪力，这里下标“C”主要用来与传统的复合梁理论的解进行比较。

将式 (5-29) 和式 (5-34) 代入式 (5-35) 中可以得到胶层的轴力为

$$N_{\mathrm{a}}(x) = \sum_{i=1}^{8} c_i K_i \mathrm{e}^{R_i x} + N_{\mathrm{a}C}(x) \tag{5-38}$$

$$N_{\mathrm{a}C}(x) = -\frac{h_1 + h_{\mathrm{a}}}{2}\frac{C_{\mathrm{sa}}}{D_1} M_{1C} + \frac{C_{\mathrm{sa}}}{C_1} N_{1C} \tag{5-39}$$

式中，K_i 为系数。

联合式 (5-29)、式 (5-30) 和式 (5-38)、式 (5-39) 及式 (5-4) 得下层 FRP 层的轴力表达式为

$$N_2(x) = -\sum_{i=1}^{8} c_i (1 + K_i) \mathrm{e}^{R_i x} + N_{2C}(x) \tag{5-40}$$

$$N_{2C}(x) = N_{\mathrm{T}} - N_{1C}(x) - N_{\mathrm{a}C}(x) \tag{5-41}$$

类似地，可以得到 FRP 层的弯矩和剪力表达式为

$$M_2(x) = -\sum_{i=1}^{8} c_i X_i \mathrm{e}^{R_i x} + M_{2C}(x) \tag{5-42}$$

$$Q_2(x) = -\sum_{i=1}^{8} c_i Y_i \mathrm{e}^{R_i x} + Q_{2C}(x) \tag{5-43}$$

$$M_{2C}(x) = M_{\mathrm{T}} - M_{1C}(x) - \frac{h_1 + h_2 + 2h_{\mathrm{a}}}{2} N_{1C}(x) - \frac{h_2 + h_{\mathrm{a}}}{2} N_{\mathrm{a}C}(x) \tag{5-44}$$

$$Q_{2C}(x) = \frac{\mathrm{d}M_{2C}(x)}{\mathrm{d}x} + \frac{h_2}{2}\frac{\mathrm{d}N_{2C}(x)}{\mathrm{d}x} \tag{5-45}$$

$$X_i = S_i + \frac{h_1 + h_2 + 2h_{\mathrm{a}}}{2} + \frac{h_2 + h_{\mathrm{a}}}{2} K_i$$

$$Y_i = S_i + \frac{h_2}{2}(1 + K_i)$$

将式 (5-37) 和式 (5-43) 代入式 (5-5) 中，得到胶层的横向剪切力为

$$Q_{\mathrm{a}}(x) = \sum_{i=1}^{8} c_i (Y_i - T_i) \mathrm{e}^{R_i x} + Q_{\mathrm{a}C}(x) \tag{5-46}$$

$$Q_{\mathrm{a}C}(x) = Q_{\mathrm{T}} - Q_{1C}(x) - Q_{2C}(x) \tag{5-47}$$

5.2.2 沿着胶层界面的应力分布

将 $N_1(x)$ 表达式 (5-29)、$N_2(x)$ 表达式 (5-40) 和 $Q_1(x)$ 表达式 (5-35)、$Q_2(x)$ 表达式 (5-43) 代入平衡方程式 (5-1)、式 (5-2) 中，可得到沿着胶层不同黏结层的应力表达式为

$$\tau_1(x) = \sum_{i=1}^{8} c_i \frac{R_i}{b} \mathrm{e}^{R_i x} + \tau_{1C}(x) \tag{5-48}$$

$$\tau_2(x) = \sum_{i=1}^{8} c_i \frac{1 + K_i}{b} \mathrm{e}^{R_i x} + \tau_{2C}(x) \tag{5-49}$$

$$\sigma_1(x) = \sum_{i=1}^{8} c_i \frac{T_i R_i}{b} \mathrm{e}^{R_i x} + \sigma_{1C}(x) \tag{5-50}$$

$$\sigma_2(x) = \sum_{i=1}^{8} c_i \frac{Y_i R_i}{b} \mathrm{e}^{R_i x} + \sigma_{2C}(x) \tag{5-51}$$

$$\tau_{1C}(x) = \frac{1}{b}\frac{\mathrm{d}N_{1C}(x)}{\mathrm{d}x} \tag{5-52}$$

$$\tau_{2C}(x) = -\frac{1}{b}\frac{\mathrm{d}N_{2C}(x)}{\mathrm{d}x} \tag{5-53}$$

$$\sigma_{1C}(x) = \frac{1}{b}\frac{\mathrm{d}Q_{1C}(x)}{\mathrm{d}x} \tag{5-54}$$

$$\sigma_{2C}(x) = -\frac{1}{b}\frac{\mathrm{d}Q_{2C}(x)}{\mathrm{d}x} \tag{5-55}$$

从式 (5-48)～ 式 (5-51) 可以看出沿着不同的胶层与黏结层的界面，与内力相类似，界面应力也是由两部分组成，其中含有指数形式表达式的部分代表加固端部的应力集中，后一部分代表传统的复合梁的理论解。

5.2.3 胶层应力分布

将式 (5-13)、式 (5-24) 及式 (5-19)～ 式 (5-47) 中内力的表达式代入式 (5-16) 和式 (5-17) 得到胶层的应力表达式为

$$\tau_{xz}(x,z) = z^2\sum_{i=1}^{8} c_i\alpha_i \mathrm{e}^{R_i x} + z\sum_{i=1}^{8} c_i\beta_i \mathrm{e}^{R_i x} + f(x) \tag{5-56}$$

$$\sigma_{zz}(x,z) = z^3\sum_{i=1}^{8} c_i\gamma_i \mathrm{e}^{R_i x} + z^2\sum_{i=1}^{8} c_i\lambda_i \mathrm{e}^{R_i x} + zf(x) + g(x) \tag{5-57}$$

式中，$\alpha_i = -\frac{1}{2}E_{\mathrm{a}}\rho_i R_i$；$\beta_i = -\frac{K_i R_i}{bh_{\mathrm{a}}}$；$\gamma_i = -\frac{1}{6}E_{\mathrm{a}}\rho_i R_i^2$；$\lambda_i = \frac{1}{2}\frac{K_i R_i^2}{bh_{\mathrm{a}}}$；$\rho_i = \left(S_i + \frac{h_1}{2}\right)\left(\frac{R_i^2}{B_1} - C_{\mathrm{n}1}R_i^4\right) - \frac{S_i}{D_1}$。

5.3 数值验证与比较

为了验证提出的模型的正确性，将该模型与传统的两参数模型 [3] 和有限元分析得到的不同结果进行比较。借助用 CFRP 加固混凝土的数值模拟例子，汇总模拟试验的几何尺寸和材料参数如表 5-1 所示。

表 5-1 CFRP 加固混凝土梁几何尺寸及材料参数

项目	宽度/mm	高度/mm	弹性模量/GPa		泊松比	剪切模量/GPa
混凝土	200	300	$E_{11}^{(1)} = 30$	$E_{33}^{(1)} = 30$	0.18	12.7
胶层	200	2.0	2	–	0.35	0.37
CFRP 板	200	4.0	$E_{11}^{(2)} = 100$	$E_{33}^{(2)} = 50$	–	5.0

将 CFRP 加固混凝土简支梁作为研究对象，外荷载为均布荷载，几何参数如图 5-1 所示，其中混凝土梁长为 3000mm，CFRP 板材与两端支座的距离为 300mm，均布荷载为 50kN/m。采用大型商业有限元分析软件按照二维平面应力问题进行计算，采用 8 节点四边形平面应力单元。为了更好地捕捉 CFRP 板材端部的细节，并且保证数值计算的效率和计算精度，在靠近 CFRP 板端及相应的界面进行单元细化，最小单元尺寸为 0.1mm，如图 5-4 所示。

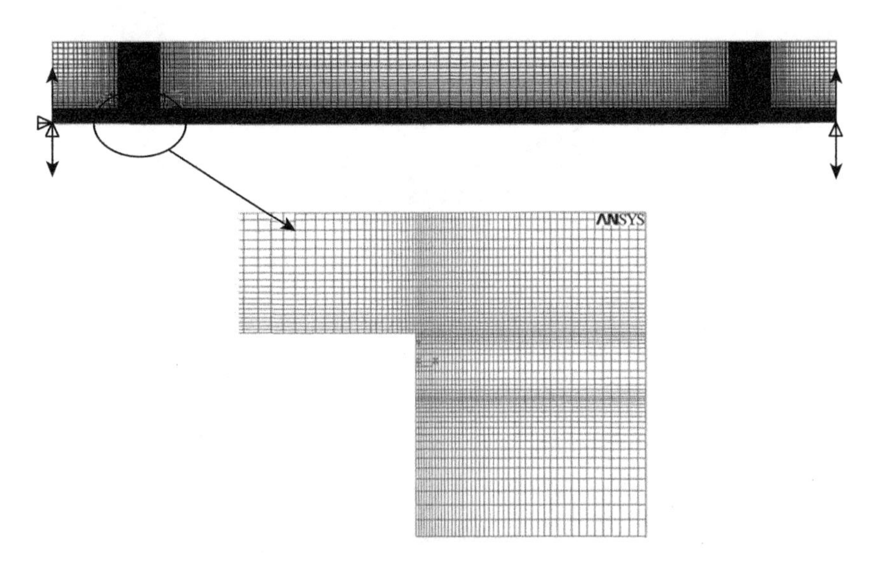

图 5-4 荷载作用下 CFRP 加固混凝土有限元模型及局部细化网格

通过两参数模型 [3]、有限元及本章提出的模型进行计算，得到在均布荷载作用下 CFRP 加固混凝土梁的混凝土–胶层界面、CFRP–胶层界面及胶层中性面上的剪切应力，如图 5-5 所示。

从图 5-5 中可以看出: 传统的两参数模型预测的通过胶层厚度方向的剪切应力分布是一致的，因此沿着 CFRP 端部纵向方向的界面剪切应力单调递减。与 CFRP 端部较长的距离 (30mm) 处，三种模型得到的界面应力值基本相同，如图 5-5(a) 所示；但是在靠近 CFRP 端部处，本章提出的模型和有限元数值计算得到的胶层与

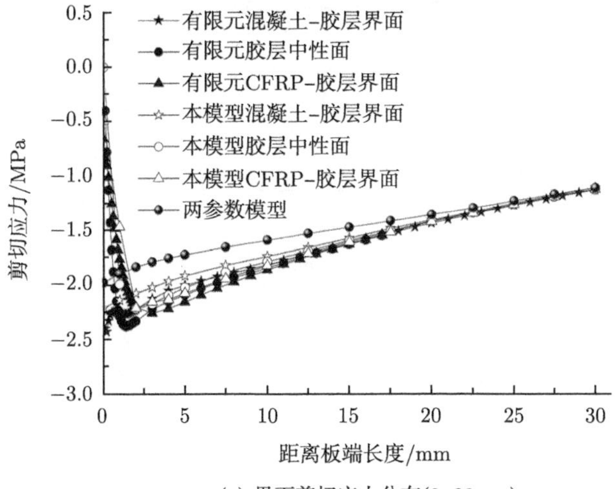

(a) 界面剪切应力分布(0~30mm)

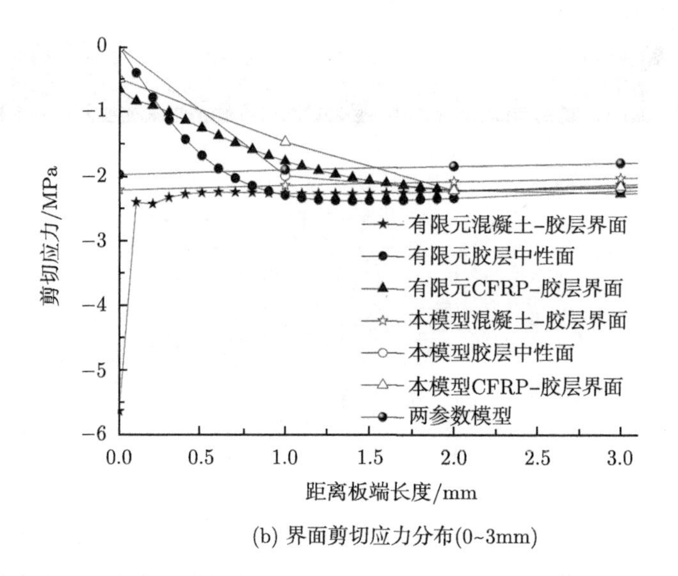

(b) 界面剪切应力分布(0~3mm)

图 5-5　均布荷载下混凝土–胶层界面、CFRP–胶层界面和胶层中性面剪切应力分布

混凝土和 CFRP 界面，以及胶层中性面的剪切应力明显不同，差异非常明显，如图 5-5(b) 所示。

在均布荷载作用下，CFRP 加固混凝土梁在靠近 CFRP 加固端部很小的范围内沿着胶层厚度方向的剪切应力分布如图 5-6 所示，胶层的剪切应力从胶层与黏结层的界面向胶层内部呈递减趋势。剪切应力为 z 的二次方函数，仅在板端胶层的中性面上的剪切应力为零。在板端胶层上没有施加外荷载作用，此处胶层剪切应力自由，即没有剪切应力。

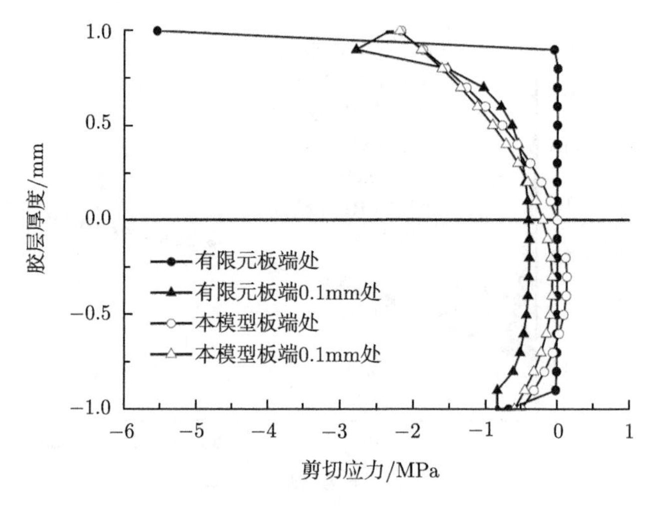

图 5-6　加固梁均布荷载下沿胶层厚度方向剪切应力分布

类似地，通过两参数模型 [3]、有限元及本章提出的模型计算得到在均布荷载作用下 CFRP 加固混凝土梁的混凝土–胶层界面、CFRP–胶层界面及胶层中性面上的正应力，如图 5-7 所示，板端和距离板端 0.4mm 处沿着胶层厚度方向的胶层正应力分布如图 5-8 所示。

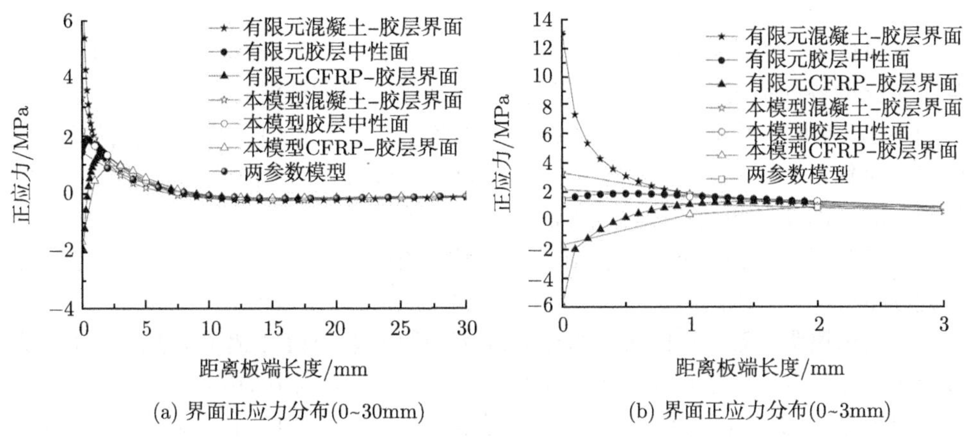

图 5-7 均布荷载下混凝土–胶层界面、CFRP–胶层界面和胶层中性面正应力分布

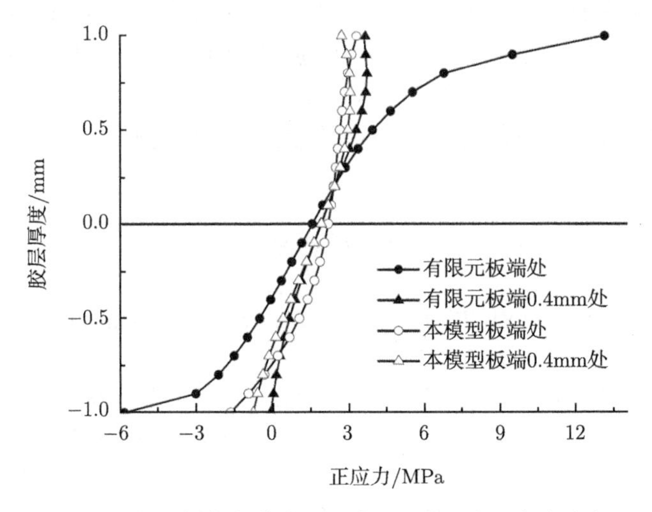

图 5-8 加固梁均布荷载下沿胶层厚度方向正应力分布

从图 5-5~ 图 5-8 的比较可以看出：本章提出的模型是对传统两参数模型的提高，并揭示了沿着胶层厚度方向的应力分布情况。

胶层厚度方向的应力分布得到后，可以得到整个胶层的主应力状态，根据胶层自身和不同胶层与黏结层的界面强度准则，可以估测出结构最初失效破坏模式。例如，胶层失效表现为胶层内裂缝发生扩展直至破坏；界面断裂表现为破坏于其中任何一个黏结界面。因此，黏结层界面应力变量的闭合解为黏结组合结构的破坏研究提供了一种可靠的理论分析方法。

5.4 本章小结

本章提出一个比较可靠且厚度由薄到厚的胶层黏结节点模型来研究 FRP 加固混凝土梁的界面应力分布情况。假设沿着不同胶层和黏结层的界面剪切应力和正应力不同，将胶层简化为二维弹性连续构件来模拟。引入胶层纵向和横向的位移，将其作为独立参数，并且采用界面可变形节点模型进行分析计算，得到了靠近黏结层端部的局部变形和梁的内力及界面应力的显式解。

为了验证本章提出模型的正确性，将得到的沿着胶层纵向和胶层厚度方向的应力分布与现有传统的解法及二维有限元弹性解法进行了比较，结果吻合较好，从另一方面也说明本章提出的模型相对于其他理论模型更具有优越性，更能很好地模拟沿着胶层厚度方向的剪切应力分布和不同胶层与胶接层界面的应力集中情况。

对模型中的关键参数进行了分析，得出胶层的厚度及界面变形对界面纵向和厚度方向的应力分布的重要性。结果显示由界面应力导致的局部变形对预测界面应力的分布尤其是应力集中是非常重要的，局部变形整体上降低了靠近胶层端部的界面应力集中，使界面应力更趋于均匀。胶层内沿着胶层厚度方向得到的应力变量的闭合解也将有助于找到降低应力和应变集中的方法，以及胶层黏结 FRP 加固混凝土结构最初脱黏和发展的原因，从而得到 FRP 加固混凝土结构的失效破坏模型。

参考文献

[1] GOLAND M, REISSNER E. The stresses in cemented joints[J]. Journal of applied mechanics, 1944, 11(1): A17-A27.

[2] LUO Q, TONG L. Linear and higher order displacement theories for adhesively bonded lap joints[J]. International journal of solids and structures, 2004, 41(22/23): 6351-6381.

[3] WANG J, ZHANG C. A three-parameter elastic foundation model for interface stresses in curved beams externally strengthened by a thin FRP plate[J]. International journal of solids and structures, 2010, 47(7/8): 998-1006.

[4] AVRAMIDIS I E, MORFIDIS K. Bending of beams on three-parameter elastic foundation[J]. International journal of solids and structures, 2006, 43(2): 357-375.

[5] WANG J, ZHANG C. Three-parameter, elastic foundation model for analysis of adhesively bonded joints[J]. International journal of adhesion and adhesives, 2009, 29(5): 495-502.

第 6 章　FRP 加固混凝土结构的应力–滑移黏聚本构模型

FRP 与混凝土之间有效地传递应力，是 FRP–混凝土有效提高加固后结构的承载力的关键。大量的试验及工程表明：FRP–混凝土的破坏往往是 FRP–混凝土界面的剥离破坏或是界面附近混凝土的局部破坏 [1,2]，破坏前没有明显征兆，属于脆性破坏。因此，FRP–混凝土界面黏结性能的好坏直接决定结构加固的成败。在大多外荷载条件下，该界面往往处于剪切应力状态。目前，研究 FRP–混凝土界面黏结性能的试验有四种：单剪试验、双剪试验、梁式试验和修正梁试验。单剪试验或双剪试验因其受力状态明确且简单易行较常用，本书采用单剪法对 FRP 板–混凝土黏结界面的力学性能及黏结机理进行了深入研究和探讨。

Van Gemert[3] 在 1980 年率先通过双剪试验研究了钢板加固混凝土结构的黏结性能，给出了钢板–混凝土界面的最大剪切应力和平均剪切应力值、应力分布的传递规律及计算公式。Sharma 等 [4] 基于单剪试验，着重研究 FRP–混凝土黏结界面有效黏结长度对黏结强度的影响。以上剪切试验在测量钢板或者 FRP 板应变时，将大量的应变片沿着板长度方向均匀贴在板面上，读取应变片的读数，利用公式得到局部平均黏结剪切应力和局部滑移量。但是，大量的试验结果表明，由此得到的黏结滑移本构关系并不能呈现令人满意的规律，原因是混凝土材料组分，包括试验时产生的裂缝都是随机分布的，且黏结胶层厚度并不均匀，另外，在用应变片测量时受测量标距的限制，测点处应变片得到的应变值与实际应变值会存在一定的误差 [5,6]。因此，需要寻找一种全新的能够准确测量 FRP 板整体变形的测量手段。

数字图像相关 (digital image correlation, DIC) 于 20 世纪 80 年代由日本学者 Yamaguchi[7] 及美国的 Peters 和 Ranson[8] 分别独立提出。Yamaguchi[7] 的研究思路是采用激光光束照射物体表面形成散斑，并借助计算机，测量物体变形前后光强的相关函数峰值，同时基于相关理论，得出物体的位移，从而实现小区域小变形的实时测量。Peters 和 Ranson[8] 利用计算机和图像扫描设备获得物体变形前后的散斑图，通过对物体变形前后得到的灰度场进行迭代运算，找出相关系数的极值，从而得到封闭区域内的位移场与应变场，再通过边界积分方程求得变形场。

本试验借助先进的 DIC 技术，测量 FRP 板的表面变形，可以较好地克服上述试验的部分局限性，消除应变片的一些弊端。通过详细地观察 FRP–混凝土脱黏过程，分析脱黏不同阶段的应力传递，得出 FRP–混凝土黏结界面脱黏规律，为实际除险加固工程中 FRP–混凝土黏结界面处理提供技术指导。

6.1　混合型荷载下 FRP–混凝土黏结界面断裂的新试验装置

FRP 与混凝土黏结界面顶端的应力集中使 FRP–混凝土黏结界面产生断裂，最终导致混凝土发生弯剪组合断裂或弯曲断裂。为了模拟 FRP–混凝土黏结界面特性，设计纯剪试验和弯剪试验对 FRP 加固混凝土的脱黏进行研究，如图 6-1 所示。

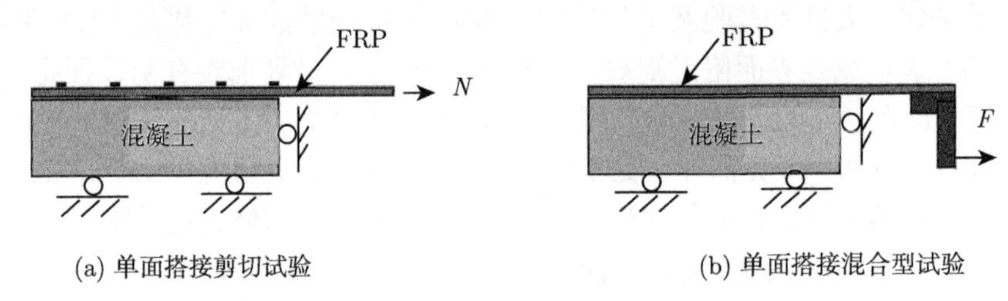

(a) 单面搭接剪切试验　　(b) 单面搭接混合型试验

图 6-1　单面搭接剪切试验和混合型试验

为了实现图 6-1 所示试验，需要设计相应的试验装置，如图 6-2 所示，该夹具通过校正施加荷载的轴线，产生适用于 FRP–混凝土黏结界面的纯剪切荷载[图 6-2(a)]和混合型荷载[图 6-2(b)]。试验装置加工如图 6-3、图 6-4 所示。该装置已经申请了国家发明专利和实用新型专利。

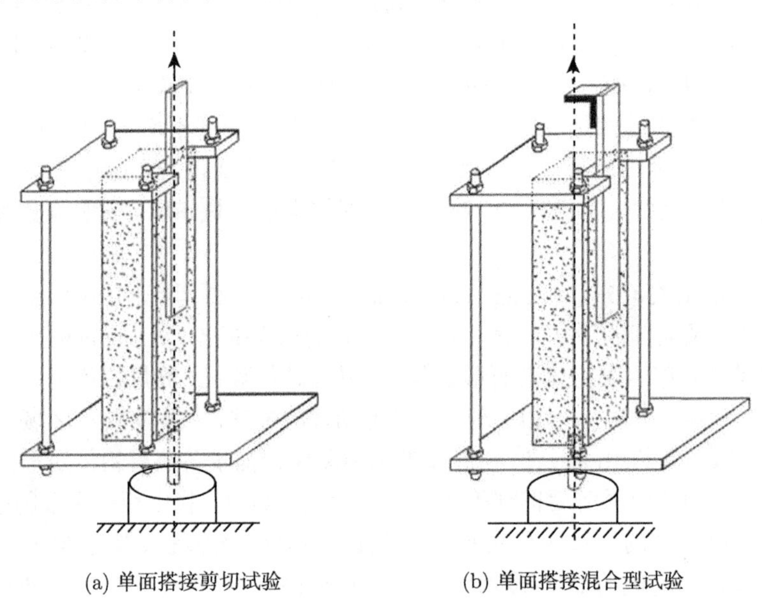

(a) 单面搭接剪切试验　　(b) 单面搭接混合型试验

图 6-2　用于测量 FRP–混凝土脱黏装置

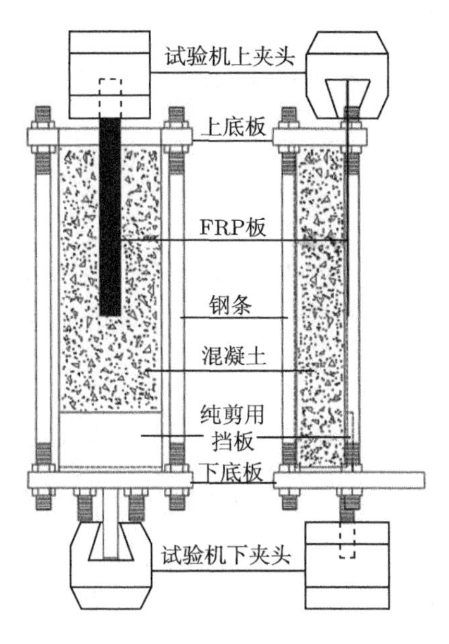

(a) 设计图

(b) 实物

图 6-3 单面搭接剪切试验装置图

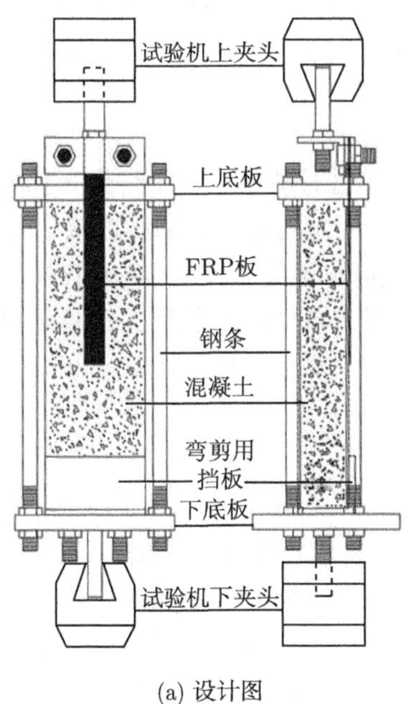

(a) 设计图

(b) 实物

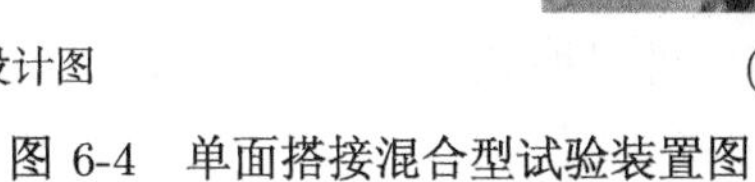

图 6-4 单面搭接混合型试验装置图

6.2　FRP–混凝土单面搭接剪切试验研究

6.2.1　试件制作

1. 混凝土试件

同批浇筑 8 块混凝土立方体试件，强度等级为 C30，尺寸为长 100mm，宽 50mm，高 300mm。用磨砂纸打磨待测混凝土表面，并用干抹布将表面擦干净。

2. FRP 板

FRP 板宽度尺寸定为 20mm，板长根据试验要求的不同黏结长度与夹持的长度之和确定。

3. 混凝土与 FRP 板的黏结

将切割后的混凝土试件与 FRP 板用树脂胶进行黏结，黏结长度分别为 80mm (型号 SS-80)、90mm(型号 SS-90)、100mm(型号 SS-100)、110mm(型号 SS-110)、120mm(型号 SS-120)、150mm(型号 SS-150)、160mm(型号 SS-160)、180mm(型号 SS-180) 八种不同类型，将 FRP 板用树脂胶贴于待测混凝土表面，用滚轮挤出里面气泡。施重物于 FRP 板上，持续三天时间，保证 FRP 板与混凝土完全黏结，待胶水完全将混凝土试件与 FRP 板黏结牢固后，将试件组装到装置上，进行试验。

6.2.2　试验方案

本试验采用光测技术对 FRP 板表面变形进行测量，为了得到光测用的散斑，分别用白、黑两种颜色的喷漆喷涂于待测面。用光测镜头数据线连接计算机，观察计算机屏幕，调节镜头的高度与焦距，直到能清晰地看到 FRP 板上的散斑为止。设置照相频率为 5 幅/s。将固定有 FRP 板–混凝土试件的组装好的试验装置放在 10t 试验机上进行试验。采用位移控制下的单调加载模式，拉伸速率为 0.03mm/min。

6.2.3　试验结果及分析

1. 肉眼观察到的试验现象

对于试件 SS-80、SS-90、SS-100，从开始加载到破坏，并没有观察到任何明显的现象，只是当荷载增加到非常接近极限荷载时，能听到噼啪声，最后“嘭”的一声，FRP 板与混凝土表面剥离。对于试件 SS-110~SS-180，在加载之后的很长一段时间里，并不能看到黏结面外沿明显的变化，随着外加荷载的增加，黏结面靠近 FRP 自由端处能观察到沿着 FRP 板长度方向上的裂缝 (图 6-5)，荷载继续增加，伴随着撕裂的噼啪声，裂缝向下扩展 (试件 SS-180 比较明显)，最后破坏。

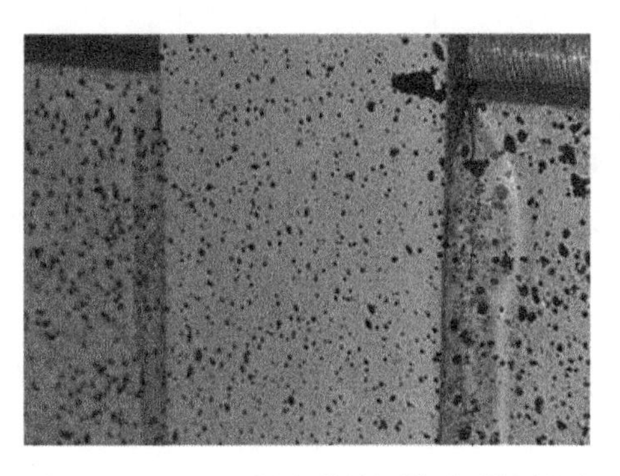

图 6-5 FRP–混凝土黏结面外沿裂缝扩展

2. 光测计算机屏幕上的现象

选择观察试件竖直方向上的应变，可以很明显地观察到不同时刻 FRP 板的应变分布。以试件 SS-150 不同时刻应变分布情况为例，分析 FRP 板应变分布变化，如图 6-6 所示。

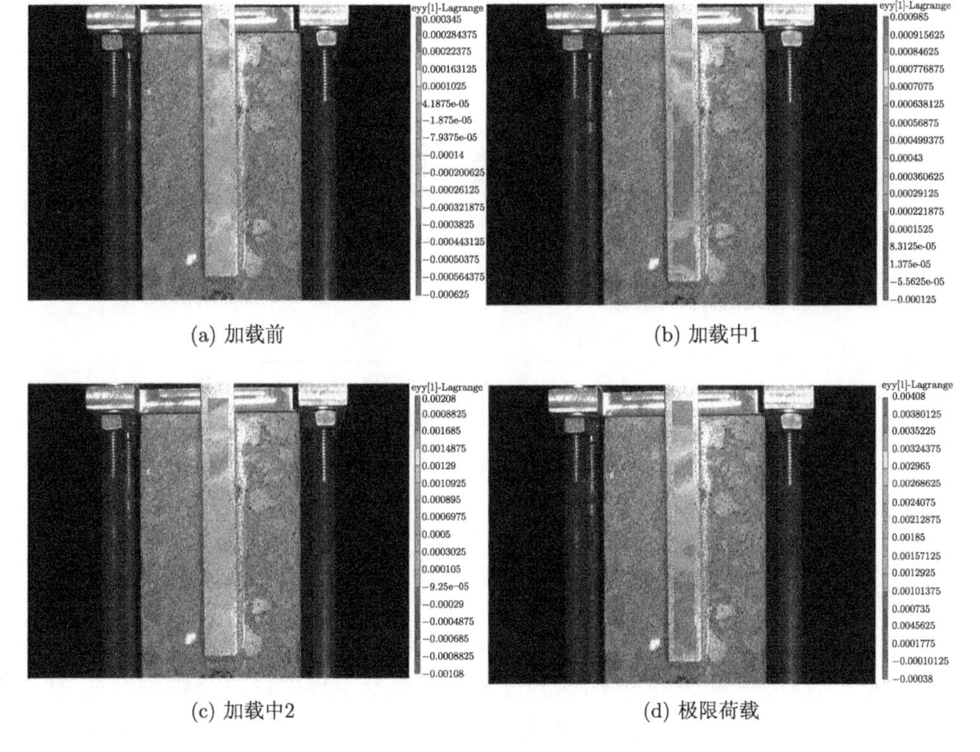

(a) 加载前　(b) 加载中1

(c) 加载中2　(d) 极限荷载

图 6-6 试件 SS-150 上 FRP 板不同时刻的应变分布情况

从图 6-6 中可以看出 FRP 加固混凝土黏结界面脱黏可以分如下三个时期。

加载前期，板上各部分应变均很小。应变峰值出现在加载端附近的一个小区域内，其值为 $\varepsilon_{yy}=0.000345$。随着荷载增加，当应变峰值达到 0.000985 时，其附近区域的应变也超过了 0.000779，此时应变峰值的位置基本上没有变化。

加载中期，荷载继续增大，应变峰值 ($\varepsilon_{yy}=0.00208$) 在持续增加的同时，其位置也在向板的自由端移动。整个板的应变都较加载前期有所增加，应变最小值 0.0005 出现在板的自由端。板中与自由端之间的区域的应变都很小，为 0.0001~0.0003。

加载后期，应变峰值 ($\varepsilon_{yy}=0.00408$) 的位置较加载中期时基本上没有变化，自由端的应变也仅仅达到 0.001。

6.2.4 试验数据分析

1. 试件的荷载–位移曲线

从试验机上的数据可以得到试件的荷载–位移曲线，如图 6-7 所示 (以试件 SS-120 为例)。

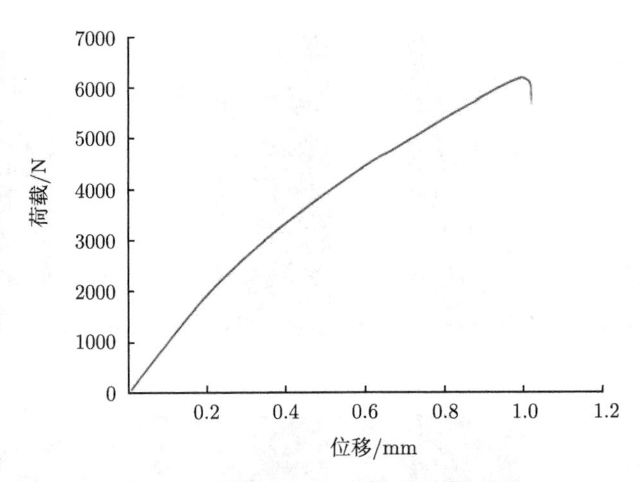

图 6-7 试件 SS-120 的荷载–位移曲线

2. 试验测得的极限承载力

按界面的极限承载力将各试件进行汇总，如图 6-8 所示。

从图 6-8 中可以看出：除去试件 SS-80，随着黏结长度的增加，界面极限承载力先增大 (黏结长度为 110mm 时达到最大值)，然后呈现平稳的趋势。SS-80 试件虽然黏结长度仅仅为 80mm，但是其界面极限承载力却很大，可能的原因是 FRP 板正好贴于粗骨料集中的部分，该部分砂浆比较少。试件 SS-110 的界面极限承载力最大，也是出于这个原因。

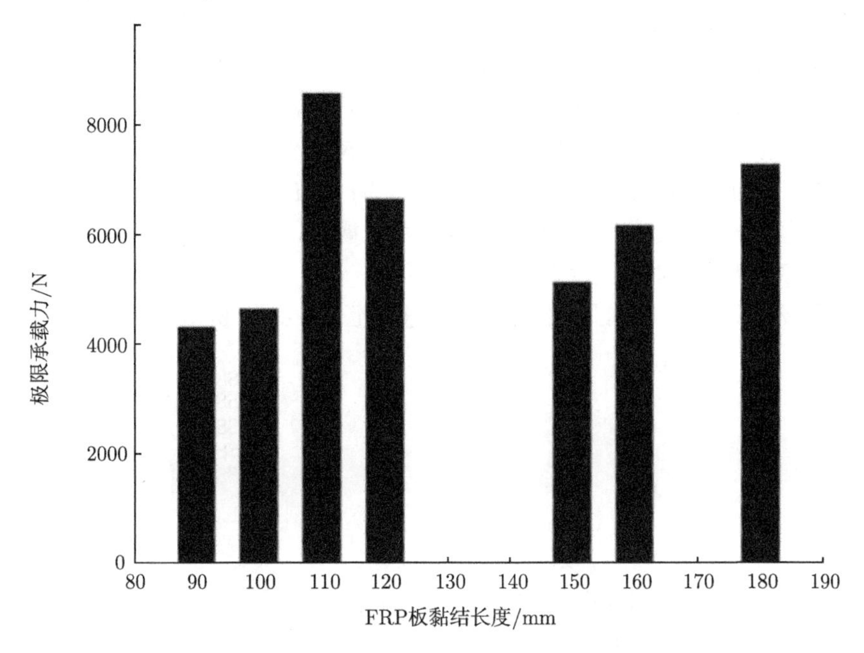

图 6-8 不同黏结长度的 FRP–混凝土试件极限承载力分布图

3. FRP 板表面应变分布

分析 DIC 采集的数据，得到了试件 SS-100 和 SS-150 在不同加载时刻 (即不同荷载阶段)——极限荷载的 20%、40%、80%、100%的 FRP 板应变沿板长的分布，如图 6-9 所示。

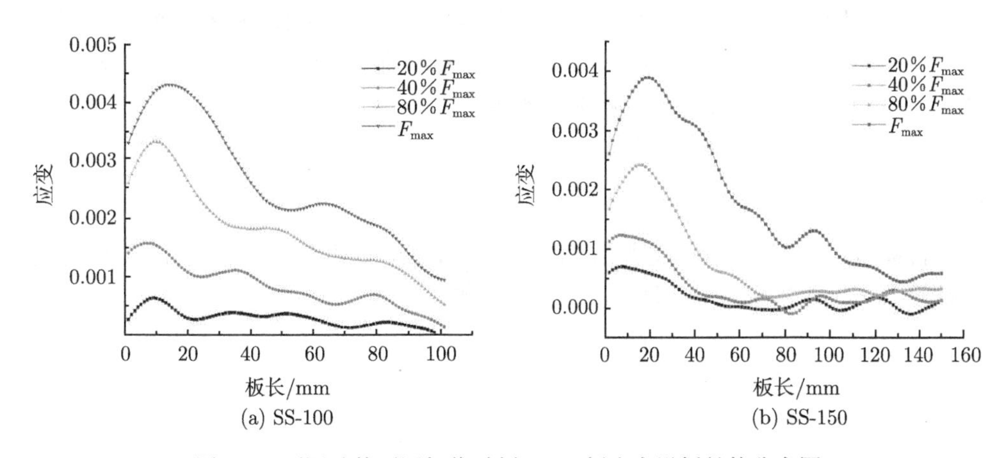

(a) SS-100　(b) SS-150

图 6-9 不同试件不同加载时刻 FRP 板应变沿板长的分布图

从图 6-9 中可以看出：① 在 20%与 40%极限荷载阶段，除了离加载端 40mm 范围内应变有比较明显的增长外，FRP 板其他位置的应变并没有多少增加，可以认为，FRP–混凝土的有效黏结长度在 100mm 附近，或者略小于 100mm；② 外荷载继续增加，板的整体应变增加，自由端也开始向混凝土表面传递剪切应力，但较其他部分，应变值比较小；③ 随着荷载的增加，应变继续增加的同时，应变峰值的位置一点点向前推移，说明原来应变峰值各处的 FRP 渐渐与混凝土表面剥离，直到外荷载达到 FRP 板与混凝土所能承受的最大剪力，而自由端又没有后续的 FRP 板分担这部分外荷载时，试件发生剥离破坏。

将在极限荷载时部分试件的应变分布进行汇总，如图 6-10 所示。

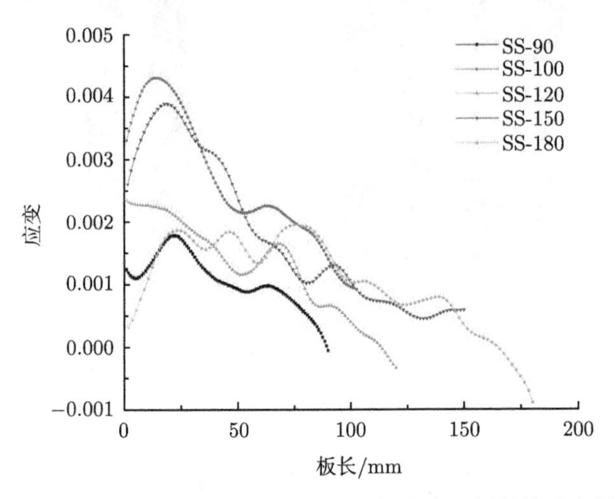

图 6-10　不同试件极限荷载时 FRP 板应变沿板长的分布图

从图 6-10 中可以看出：① 各试件 FRP 板应变的分布规律是一致的；② 受试验机夹头的影响，SS-120 试件与 SS-180 试件的最大值应变都比较小；③ 除去影响试验结果的一些因素，结合对各个板长 FRP–混凝土试件的分析，可以预见极限荷载下各试件应变最大值随 FRP 板黏结长度增加而增加，应变沿板长的分布规律曲线应随 FRP 板黏结长度增加层层向外延伸。

6.2.5　FRP 板–混凝土的应力–滑移模型

目前常用的应力–滑移模型有精确模型、简化模型和双线性模型，本章采用双线性模型与试验结果进行比较。双线性模型的表达式为

$$\tau=\begin{cases}\tau_{\max}\dfrac{s}{s_0}, & s\leqslant s_0\\ \tau_{\max}\dfrac{s_{\mathrm{f}}-s}{s_{\mathrm{f}}-s_0}, & s_0<s\leqslant s_{\mathrm{f}}\\ 0, & s>s_{\mathrm{f}}\end{cases}\tag{6-1}$$

式中，$\tau_{\max}$ 为最大剪切应力，由式 (6-2) 得到；s_0 为最大剪切应力对应的滑移量，由式 (6-3) 得到；$s_{\rm f}$ 为剪切应力为零时对应的滑移量，由式 (6-4) 得到。

$$\tau_{\max} = \alpha_1 \beta_\omega f_{\rm t} \tag{6-2}$$

$$s_0 = \alpha_2 \beta_\omega f_{\rm t} + s_{\rm e} \tag{6-3}$$

$$s_{\rm f} = 2G_{\rm f}/\tau_{\max} = 2 \times 0.308\beta_\omega^2\sqrt{f_{\rm t}} \tag{6-4}$$

式中，α_1 和 α_2 为相应的调整系数；$f_{\rm t}$ 为混凝土抗拉强度设计值；β_ω 为 FRP 板宽度系数，由式 (6-5) 得到；$s_{\rm e}$ 为剪切应力为零时对应的滑移量的最大值，由式 (6-6) 得到。

$$\beta_\omega = \sqrt{\frac{2 - b_{\rm f}/b_{\rm c}}{1 + b_{\rm f}/b_{\rm c}}} \tag{6-5}$$

$$s_{\rm e} = \tau_{\max}/K_0 \tag{6-6}$$

式中，$b_{\rm c}$ 为混凝土试件的宽度；$b_{\rm f}$ 为 FRP 板材的宽度；K_0 与黏结剂的剪切强度 $G_{\rm t}$、黏结厚度 $t_{\rm a}$、混凝土的剪切强度 $G_{\rm c}$ 和有效黏结厚度 $t_{\rm c}$ 有关。

取试件 SS-150 与双线性模型进行比较，如图 6-11 所示。

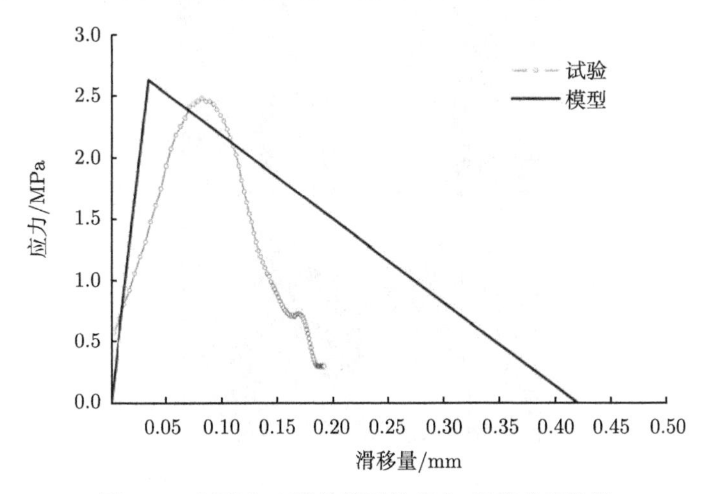

图 6-11 试验与双线性模型的应力–滑移曲线比较

从图 6-11 中可以看到，双线性模型可以较好地拟合试验中应力–滑移曲线的上升，而下降段有一定的偏差。

6.3 FRP–混凝土单面搭接混合型试验研究

FRP–混凝土单面搭接混合型试验的前期试验准备和试验与单面搭接剪切试验类似，在此不再赘述，试验示意图如图 6-12 所示，试验过程如图 6-13 所示。

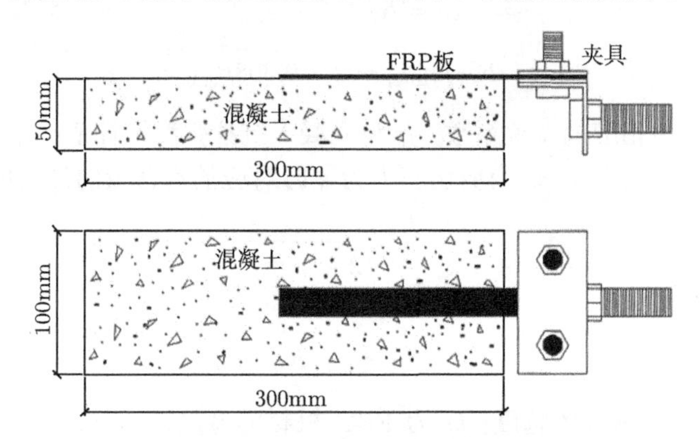

图 6-12 FRP–混凝土单面搭接混合型试验示意图

图 6-13 FRP–混凝土单面搭接混合型试验

6.3.1 试验现象

1. 肉眼观察到的试验现象

对于黏结长度较长的试件 (BS-110、BS-120、BS-150)，在加载初期，没有非常明显的现象。外荷载增加，加载端 FRP 板侧面能观察到一条沿板长的细小裂缝。荷载继续增加，清晰地看到裂缝由加载端向自由端延伸，如图 6-14 所示，加载端的 FRP 板与混凝土表面剥离。随着试验继续进行，FRP 板一段一段地与混凝土表面剥离，同时伴随着撕裂的噼啪声，最后“嘭”的一声，FRP 板与混凝土表面彻底分离。

图 6-14 FRP–混凝土黏结面外沿裂缝扩展

对于黏结长度较短的试件 (BS-80、BS-90、BS-100)，在整个加载过程中，并没有像 BS-110~BS-150 那样明显的现象，仅能观察到 FRP 板侧面的一条裂缝，最后“嘭”的一声，FRP 板与混凝土表面剥离。

将破坏后的试件取下，可以观察到试件的破坏模式，如图 6-15 所示。

(a) BS-80

(b) BS-90

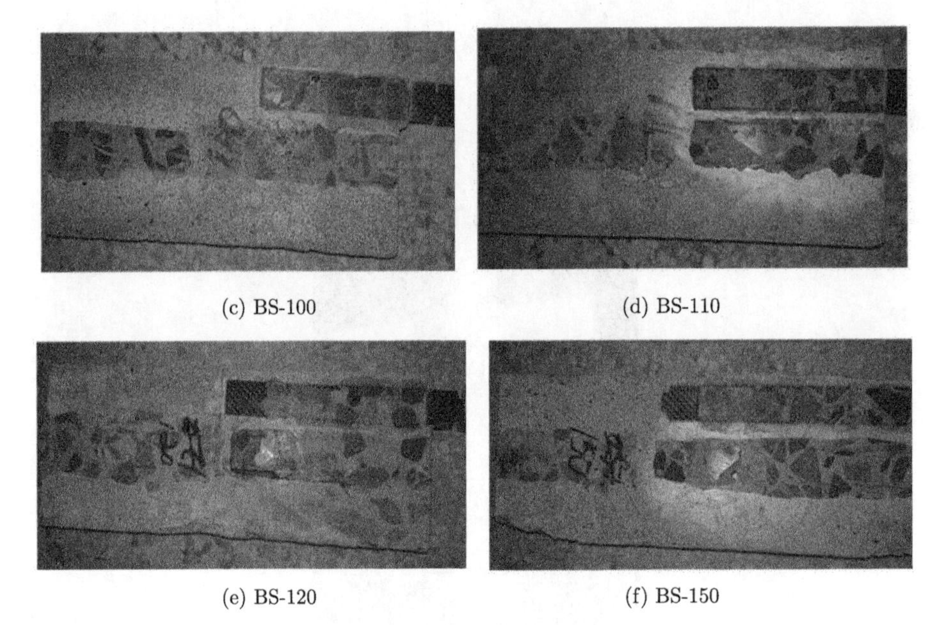

(c) BS-100　　(d) BS-110

(e) BS-120　　(f) BS-150

图 6-15　各试件破坏模式

2. 光测计算机屏幕上的现象

选择观察试件竖直方向上的应变 ε_{yy}，可以观察到不同时刻 FRP 板的应变分布。以截取试件 BS-150 不同时刻应变分布情况为例，叙述 FRP 板应变分布变化，如图 6-16 所示。

图 6-16 表明：在加载中前期，由加载端开始，FRP 板通过胶层将应力逐级递减传递给混凝土表面，这段时间自由端还没有受到影响，应力接近 0；在加载中后期，应变最大值位置沿着板延伸方向一直发生着变化，表明加载端一部分 FRP 板已经与混凝土表面发生剥离，且剥离的程度可由应变最大值所处的位置反映。

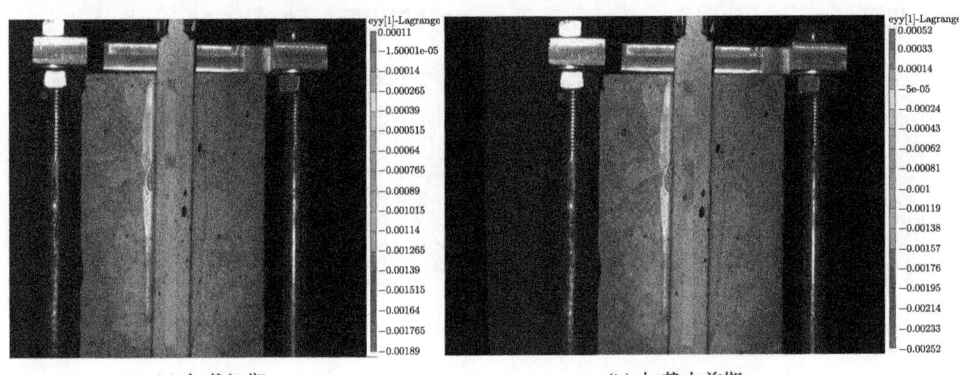

(a) 加载初期　　(b) 加载中前期

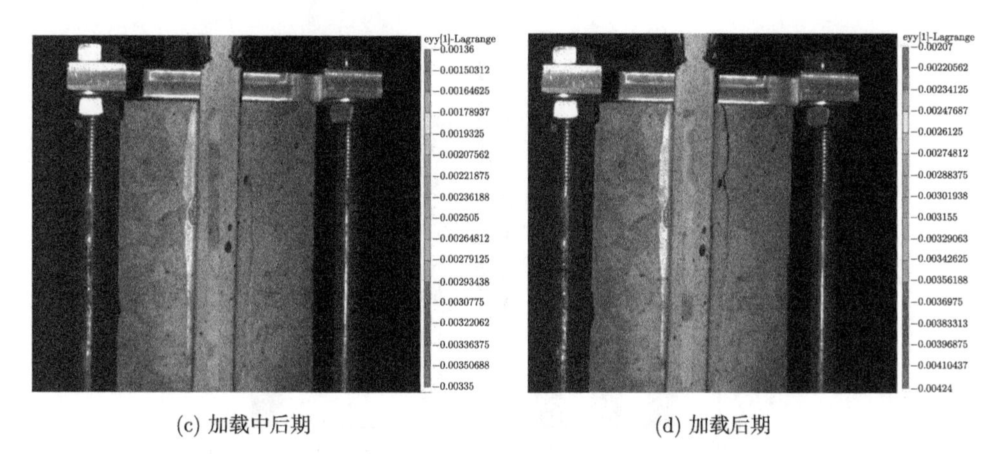

(c) 加载中后期　　(d) 加载后期

图 6-16　试件 BS-150 上 FRP 板不同时刻的应变分布情况

6.3.2　试验数据分析

1. 试件的荷载–位移曲线

从试验机上的数据可以得到试件的荷载–位移曲线，如图 6-17 所示 (以试件 BS-120 为例)。

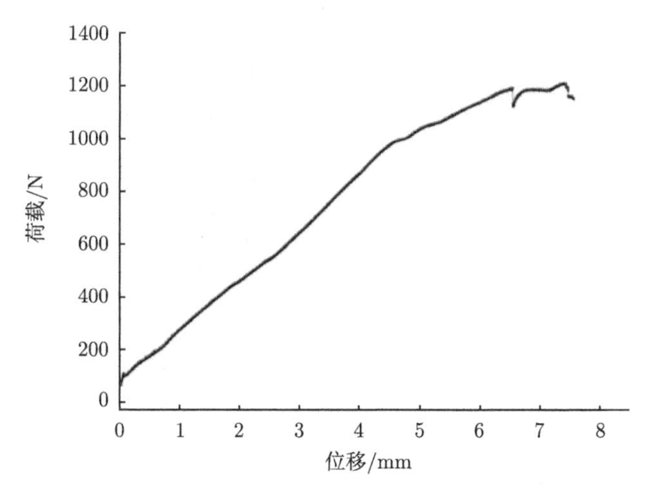

图 6-17　试件 BS-120 的荷载–位移曲线

2. 不同黏结长度的 FRP–混凝土试件极限承载力

不同黏结长度的 FRP–混凝土试件极限承载力分布图如图 6-18 所示。

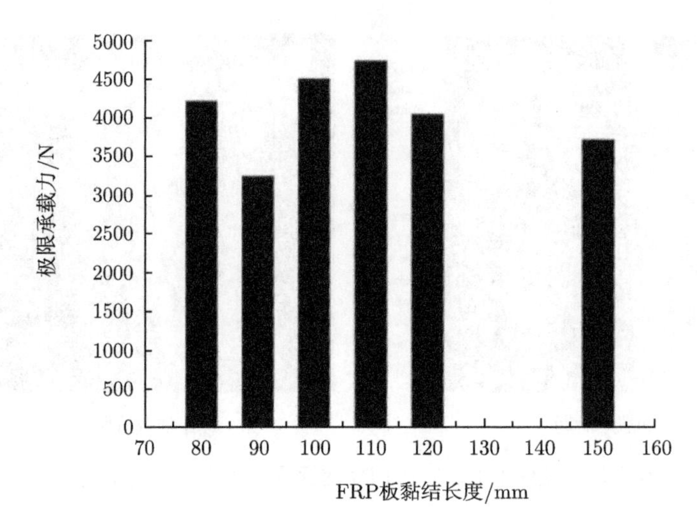

图 6-18 不同黏结长度的 FRP–混凝土试件极限承载力分布图

3. FRP–混凝土黏结面表面应变分布

图 6-19 分别是黏结长度为 100mm、110mm 的沿板长的应变分布情况。

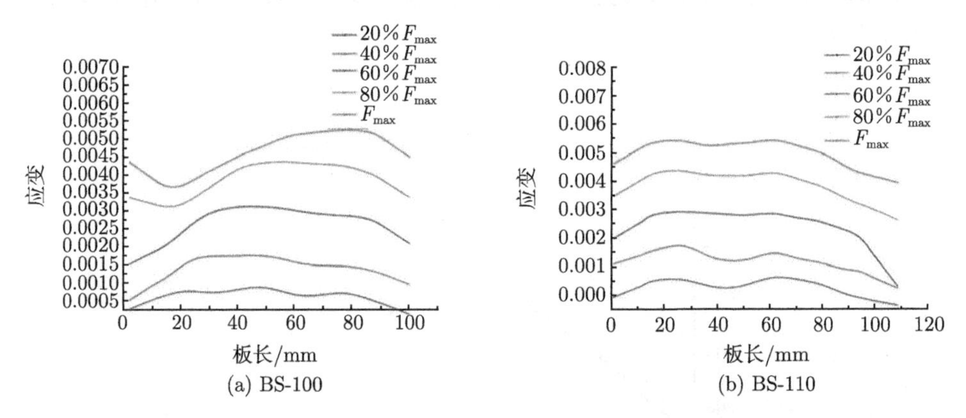

图 6-19 不同试件在不同荷载阶段 FRP 板表面应变沿板长的分布

从图 6-19 中可以看出：

(1) 共同点是随着荷载的增加，板上每一位置的应变都有不同程度的增加。而且在极限荷载的 20%、40%、60%阶段，除了各点应变值存在差别外，曲线形状基本相同，都是在加载端到距离加载端 20mm 位置略有上升，20mm 至距离自由端点 10mm 处基本水平，自由端附近略有下降。

(2) 当荷载达到 80%极限荷载乃至极限荷载时，试件 BS-100 在前 20mm 区域应变下降，过了 20mm 这个位置，应变又上升至峰值应变，在极限荷载时达到

0.0057。而试件 BS-110 的应变仍然保持着与前三个阶段一样的分布规律直至破坏，峰值应变为 0.006。

不同试件极限荷载下 FRP 板表面应变沿板长的分布如图 6-20 所示。

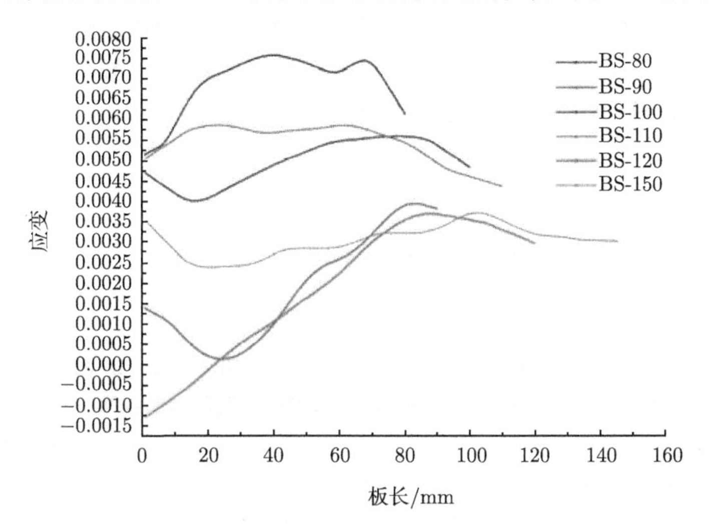

图 6-20 不同试件极限荷载下 FRP 板表面应变沿板长的分布

从图 6-20 中可以看出:

(1) 每一加载阶段，应变沿板长的分布比较均匀，变化的趋势比较接近，线型都比较平缓。

(2) 相邻加载阶段，板上每一部分的应变值增加的幅度比较接近。

(3)FRP–混凝土试件的黏结长度越长，破坏时峰值应变越小。

6.4 本章小结

利用自行设计的试验装置对 FRP 与混凝土试块黏结性能进行了纯剪、弯剪两种试验研究。详细分析、对比了两种试验条件下 FRP 板表面应变、黏结面应力沿板长的分布规律，得到如下结论:

(1) 树脂胶质量与 FRP 和混凝土的粘贴质量对破坏模式有直接影响。控制试验机夹头夹紧 FRP 板对纯剪试验的有效性和提高试验的成功率至关重要。

(2) FRP 板与混凝土黏结界面的剪切应力并不是均匀分布的。剥离是从加载端开始的，并表现为脆性破坏。

(3) 分析 FRP 板表面的应变沿板长的分布，可以粗略估计 FRP 板的有效黏结长度。在工程应用中 FRP 板有效黏结长度的确定，对降低加固成本，减小施工工作量有比较大的意义。

(4) 弯矩的存在，使 FRP 板的整体变形更加均匀；对界面剪切应力影响不大，但大大降低了 FRP 板与混凝土之间的黏结强度，对黏结性能产生不利影响。

(5) 对比了纯剪试验与弯剪试验，指出由于弯矩的存在，FRP 板与混凝土剥离破坏持续的时间更长久；纯剪与弯剪条件下 FRP 表面有不同的应变规律，但黏结面有相似的应力分布规律；纯剪破坏时，应变与应力随 FRP 板黏结长度的增加而增加；而弯剪破坏时，应变与应力随 FRP 板黏结长度的增加而减小。

参 考 文 献

[1] MCKENNA J K, ERKI M A. Strengthening of reinforced concrete flexural members using externally applied steel plates and fibre composite sheets-a survey[J]. Canadian journal of civil engineering, 1994, 21(1): 16-24.

[2] SEBASTIAN W M. Significance of midspan debonding failure in FRP-plated concrete beams[J]. Journal of structural engineering, 2001, 127(7): 792-798.

[3] VAN GEMERT D A. Repairing of concrete structures by externally bonded steel plates[J]. International journal of adhesion and adhesives, 1980, 2: 67-72.

[4] SHARMA S K, ALI M S M, GOLDAR D, et al. Plate-concrete interfacial bond strength of PRP and metallic plated concrete specimens [J]. Composites, part B: engineering, 2006, 37(1): 54-63.

[5] 陆新征.FRP–混凝土界面行为研究 [D]. 北京: 清华大学, 2005.

[6] DAI J, UEDA T, SATO Y. Development of the nonlinear bond stress-slip model of fiber reinforced plastics sheet-concrete interfaces with a simple method[J]. Journal of composites for construction, 2005, 9(1): 52-62.

[7] YAMAGUCHI I. A laser-speckle strain gauge[J]. Journal of physics E: scientific instruments, 1981, 14(5): 1270-1273.

[8] PETERS W H, RANSON W F. Digital imaging techniques in experimental stress analysis[J]. Optical engineering, 1982, 21(3): 427-431.

第7章　初始缝高比对 FRP 加固混凝土阻裂特性影响的试验与理论

混凝土断裂力学自诞生以来，国内外众多学者通过各种断裂模型针对混凝土在不同参数条件下的断裂特性进行了大量的试验和理论研究 [1−6]，使混凝土断裂力学理论逐步趋向成熟和完善。混凝土作为一种准脆性材料，具有韧性差、抗拉强度低及开裂后裂缝宽度难以控制等缺点，使许多混凝土结构在使用过程中不可避免地在混凝土内部存在着微裂缝、微孔隙等天然缺陷。FRP 具有质量轻、强度高、耐疲劳、防腐蚀和良好的黏结性能等诸多优点，可通过环氧树脂强力胶将纤维布粘贴于混凝土表面，形成 FRP 加固混凝土，达到对结构加固的目的。

在普通混凝土研究的基础上，相关学者对 FRP 加固混凝土的断裂特性做了大量的理论和试验研究，邓宗才 [7]、邓宗才和冯琦 [8] 通过三点弯曲梁的试验测定了混杂纤维加固混凝土的等效断裂韧度和等效抗弯强度，研究了混杂纤维的品种和掺量对混凝土断裂特性的影响；何小兵等 [9] 通过试验研究了外贴 GFRP/CFRP 混凝土加固梁的弯曲性能，并建立裂尖闭合力阻裂模型，表明外贴 GFRP/CFRP 能显著降低加固混凝土梁裂缝尖端的应力强度因子；陈瑛等 [10] 采用双线形损伤黏结模型研究带切口 FRP–混凝土三点弯曲梁的界面断裂性能，表明了 FRP–混凝土黏结界面有两种破坏形式，包括 FRP–混凝土黏结界面的损伤脱黏和界面混凝土的损伤脱黏破坏；邓江东等 [11] 应用红外探测技术跟踪记录 FRP 加固混凝土试件界面的疲劳损伤发展过程，分析了 FRP–混凝土黏结界面的疲劳性能，给出了界面疲劳寿命的预测方法；Tuakta 和 Büyüköztürk[12] 通过断裂试验采用断裂韧度表征了水分对混凝土–环氧–FRP 黏结体系的影响，建立了预测 FRP 加固体系使用寿命的经验模型；Colombi[13] 研究了外贴 FRP 加固梁的脱层破坏问题，给出了一种简化的基于断裂力学的加固条边缘脱层方法；Wroblewski 等 [14] 研究了 FRP 与混凝土梁的外黏结耐久性，定量分析了热、湿、冻融循环对试件峰值荷载和延性的影响。

2005 年，我国制定了《水工混凝土断裂试验规程》(DL/T 5332—2005)[15]，给出了混凝土断裂参数的试验方法和计算过程，而 FRP 加固混凝土断裂参数的计算还没有统一的标准，因此，本章基于断裂力学的黏聚区模型 [16−18]，对 FRP 加固带预制裂缝混凝土的断裂试验进行了深入的研究和探讨。

7.1 理 论 分 析

图 7-1 所示为在混凝土受拉面粘贴 FRP 的混凝土三点弯曲梁的试件形式。混凝土三点弯曲梁的宽度为 b，高为 d，跨长为 S，初始缝长为 a_0，FRP 的厚度为 t，FRP 与混凝土的梁的共同高度为 h，即 $h= d+t$，$2l_{\mathrm{u}}$ 表示试件缺口两侧未黏结长度。

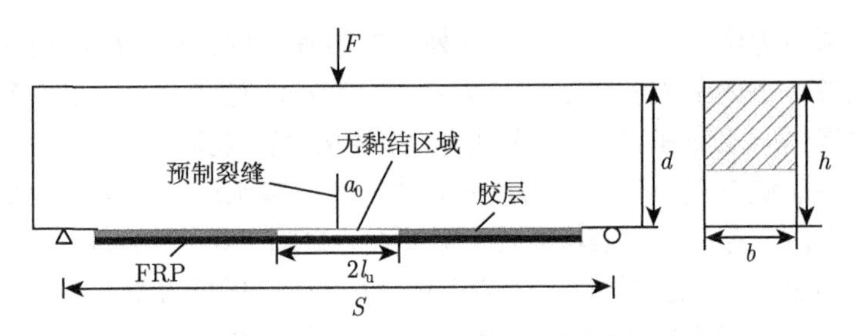

图 7-1 粘贴 FRP 的混凝土三点弯曲梁的试件形式

7.1.1 基本假定

(1) 在整个裂缝扩展的过程中，正应变沿着构件截面呈现线性分布。

(2) 在试件整个开裂过程中，不考虑未开裂区域的弹性变形。

(3) 将 FRP 对混凝土三点弯曲梁的作用等效为一对集中力作用在试件底部，并认为 FRP 的作用力与虚拟裂缝区黏聚力作用相同。

(4) 不考虑胶层的拉伸强度。

7.1.2 FRP 应力变化方程

对于 FRP–混凝土黏结界面的黏结滑移关系，目前主要有双线性模型 [19]、三线性模型 [20] 和 Sargin[21] 模型，由于 FRP–混凝土黏结界面的剪切应力下降为零时，试件会瞬间发生断裂破坏，故本书采用双线性模型，如图 7-2 所示，其界面黏结滑移关系式为

$$\tau=\begin{cases}\tau_{\mathrm{u}}\delta/\delta_1, & 0\leqslant\delta\leqslant\delta_1\\ \tau_{\mathrm{u}}\left(\delta_{\mathrm{f}}-\delta\right)/\left(\delta_{\mathrm{f}}-\delta_1\right), & \delta_1<\delta\leqslant\delta_{\mathrm{f}}\\ 0, & \delta>\delta_{\mathrm{f}}\end{cases} \tag{7-1}$$

式中，τ 为 FRP–混凝土黏结界面剪切应力；τ_{u} 为剪切应力的峰值；δ 为界面滑移；δ_1 为 τ_{u} 所对应的滑移；δ_{f} 为剪切应力下降为零时所对应的临界滑移量。参考文献 [22]，τ_{u}、δ_1 和 δ_{f} 采用下列公式进行计算：

$$\tau_{\mathrm{u}}=1.5\beta_{\mathrm{w}}f_{\mathrm{t}} \tag{7-2}$$

$$\delta_1 = 0.0195\beta_{\mathrm{w}} f_{\mathrm{t}} \tag{7-3}$$

$$\delta_{\mathrm{f}} = 1.1088\sqrt{f_{\mathrm{t}}}/\tau_{\mathrm{u}} \tag{7-4}$$

式中，f_{t} 为混凝土的抗拉强度。

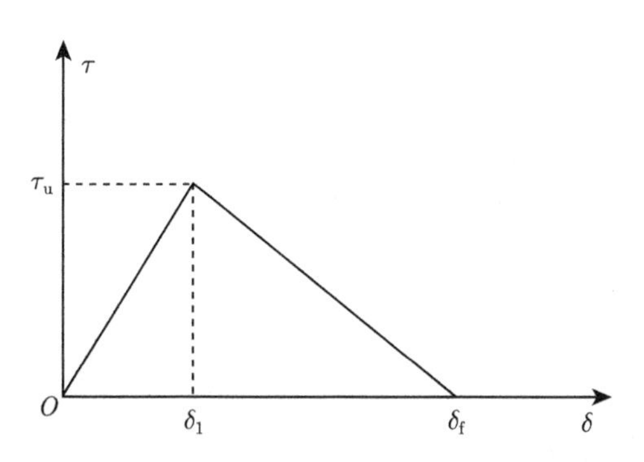

图 7-2 FRP–混凝土黏结界面双线性模型

图 7-3 为 FRP–混凝土黏结界面区域一个单元体的应力分布情况，参考文献 [23]，根据平衡条件可建立如下方程:

$$\tau = t_{\mathrm{f}} \frac{\mathrm{d}\sigma_{\mathrm{f}}}{\mathrm{d}x} \tag{7-5}$$

$$\sigma_{\mathrm{c}} = E_{\mathrm{c}} \frac{\mathrm{d}u_{\mathrm{c}}}{\mathrm{d}x} \tag{7-6}$$

$$\sigma_{\mathrm{f}} = E_{\mathrm{f}} \frac{\mathrm{d}u_{\mathrm{f}}}{\mathrm{d}x} \tag{7-7}$$

式中，t_{f} 为 FRP 厚度；σ_{c} 与 σ_{f} 为混凝土和 FRP 的拉应力；u_{c} 与 u_{f} 为混凝土和 FRP 的纵向位移。所以界面滑移 δ 为

$$\delta = u_{\mathrm{f}} - u_{\mathrm{c}} \tag{7-8}$$

将式 (7-5)~ 式 (7-8) 代入式 (7-1) 中，整理得到

$$\frac{\mathrm{d}^2\sigma_{\mathrm{f}}}{\mathrm{d}x^2} = \begin{cases} \dfrac{\tau_{\mathrm{u}}}{t_{\mathrm{f}}\delta_1}\left(\dfrac{\sigma_{\mathrm{f}}}{E_{\mathrm{f}}} - \dfrac{\sigma_{\mathrm{c}}}{E_{\mathrm{c}}}\right), & 0 \leqslant \delta \leqslant \delta_1 \\ -\dfrac{\tau_{\mathrm{u}}}{t_{\mathrm{f}}\left(\delta_{\mathrm{f}} - \delta_1\right)}\left(\dfrac{\sigma_{\mathrm{f}}}{E_{\mathrm{f}}} - \dfrac{\sigma_{\mathrm{c}}}{E_{\mathrm{c}}}\right), & \delta_1 < \delta \leqslant \delta_{\mathrm{f}} \\ 0, & \delta > \delta_{\mathrm{f}} \end{cases} \tag{7-9}$$

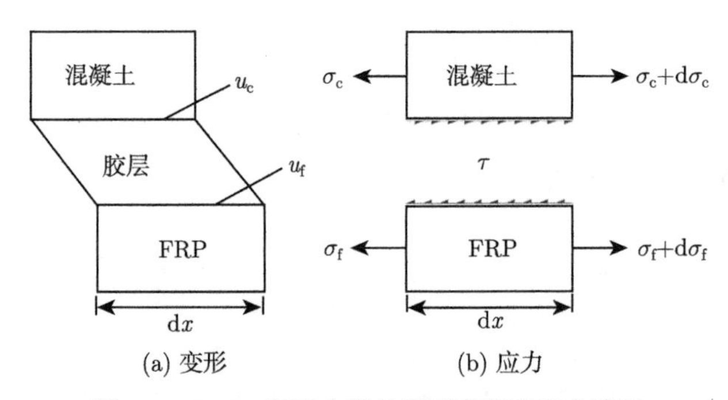

(a) 变形 (b) 应力

图 7-3 FRP–混凝土黏结界面变形和应力情况

参考文献 [24]，σ_c 的公式为

$$\sigma_c = \frac{3(F+W)x - 3Wx^2/S - 4\sigma_f b t_f h}{bh^2} \tag{7-10}$$

式中，W 为试件支座间的自重。

当 $0 \leqslant \delta \leqslant \delta_1$ 时，将式 (7-10) 代入，有

$$\frac{d^2\sigma_f}{dx^2} - \omega^2\sigma_f = f(x) \tag{7-11}$$

式中，

$$\omega^2 = \frac{\tau_u}{t_f\delta_1}\left(\frac{1}{E_f} + \frac{4bt_f}{E_c bh}\right) \tag{7-12}$$

$$f(x) = \frac{3\tau_u}{t_f\delta_1}\cdot\frac{Wx^2/S - (F+W)x}{E_c bh^2} \tag{7-13}$$

方程 (7-11) 的解为

$$\sigma_f = d_1\cosh(\omega x) + d_2\sinh(\omega x) + \frac{1}{\omega}\int_0^x \sinh[\omega(x-\zeta)]f(\zeta)\,d\zeta \tag{7-14}$$

系数 d_1 与 d_2 可由方程的边界条件确定。

同理，当 $\delta_1 < \delta \leqslant \delta_f$ 时，有

$$\sigma_f = d_1\cos(\omega x) + d_2\sin(\omega x) + \frac{1}{\omega}\int_0^x \sin[\omega(\zeta-x)]f(\zeta)\,d\zeta \tag{7-15}$$

因此，FRP 的 σ_f-x 的关系可表达为

$$\sigma_f = \begin{cases} d_1\cosh(\omega x) + d_2\sinh(\omega x) + \dfrac{1}{\omega}\displaystyle\int_0^x \sinh[\omega(x-\zeta)]f(\zeta)\,d\zeta, & 0 \leqslant \delta \leqslant \delta_1 \\ d_1\cos(\omega x) + d_2\sin(\omega x) + \dfrac{1}{\omega}\displaystyle\int_0^x \sin[\omega(\zeta-x)]f(\zeta)\,d\zeta, & \delta_1 < \delta \leqslant \delta_f \\ 0, & \delta > \delta_f \end{cases} \tag{7-16}$$

7.1.3 FRP 作用产生的应力强度因子

由于 FRP 对混凝土的作用等效为一对集中力作用在试件底部，参考文献 [25]，裂缝开始扩展时 FRP 加固混凝土梁初始裂缝尖端处由 FRP 作用产生的应力强度因子 $K_{\mathrm{IP}}^{\mathrm{ini}}$ 可采用式 (7-17) 计算：

$$\begin{cases} K_{\mathrm{IP}}^{\mathrm{ini}} = -\dfrac{2t_{\mathrm{f}}\sigma_{\mathrm{f}}^{\mathrm{ini}}}{\sqrt{\pi a_0}} f'(\alpha_0) \\[2ex] f'(\alpha_0) = \dfrac{3.52}{(1-\alpha_0)^{3/2}} - \dfrac{4.35}{(1-\alpha_0)^{\frac{1}{2}}} + 2.13(1-\alpha_0), \alpha_0 = a_0/h \end{cases} \tag{7-17}$$

式中，$\sigma_{\mathrm{f}}^{\mathrm{ini}}$ 为混凝土裂缝开始起裂时 FRP 的拉应力，采用式 (7-16) 计算；t_{f} 为 FRP 的厚度；a_0 为初始预制裂缝长度。由于 FRP 的作用力对裂缝起闭合作用，故 $K_{\mathrm{IP}}^{\mathrm{ini}}$ 为负值。

对应于混凝土起裂时 FRP 产生的应力强度因子 $K_{\mathrm{IP}}^{\mathrm{ini}}$，$K_{\mathrm{IP}}^{\mathrm{un}}$ 是 FRP 加固混凝土失稳扩展时裂缝尖端由 FRP 作用产生的应力强度因子，可采用式 (7-18) 计算：

$$\begin{cases} K_{\mathrm{IP}}^{\mathrm{un}} = -\dfrac{2t_{\mathrm{f}}\sigma_{\mathrm{f}}^{\mathrm{un}}}{\sqrt{\pi a_{\mathrm{c}}}} f'(\alpha_{\mathrm{c}}) \\[2ex] f'(\alpha_{\mathrm{c}}) = \dfrac{3.52}{(1-\alpha_{\mathrm{c}})^{3/2}} - \dfrac{4.35}{(1-\alpha_{\mathrm{c}})^{\frac{1}{2}}} + 2.13(1-\alpha_{\mathrm{c}}), \alpha_{\mathrm{c}} = a_{\mathrm{c}}/h \end{cases} \tag{7-18}$$

式中，$\sigma_{\mathrm{f}}^{\mathrm{un}}$ 为混凝土裂缝失稳扩展时 FRP 的拉应力，采用式 (7-16) 计算；a_{c} 为临界有效裂缝长度。由于 FRP 的作用力对裂缝起闭合作用，故 $K_{\mathrm{IP}}^{\mathrm{un}}$ 也为负值。

7.1.4 荷载产生的应力强度因子

根据《水工混凝土断裂试验规程》(DL/T 5332—2005)，FRP 加固混凝土起裂和失稳破坏时，由荷载作用产生的应力强度因子 $K_{\mathrm{IF}}^{\mathrm{ini}}$ 和 $K_{\mathrm{IF}}^{\mathrm{un}}$ 可分别由式 (7-19) 和式 (7-20) 进行计算：

$$\begin{cases} K_{\mathrm{IF}}^{\mathrm{ini}} = \dfrac{1.5\left(F^{\mathrm{ini}} + \dfrac{W}{2}\right) \cdot S \cdot a_0^{1/2}}{bh^2} f(\alpha_0) \\[2ex] f(\alpha_0) = \dfrac{1.99 - \alpha_0(1-\alpha_0)(2.15 - 3.93\alpha_0 + 2.7\alpha_0^2)}{(1+2\alpha_0)(1-\alpha_0)^{3/2}}, \alpha_0 = \dfrac{a_0}{h} \end{cases} \tag{7-19}$$

$$\begin{cases} K_{\mathrm{IF}}^{\mathrm{un}} = \dfrac{1.5\left(F^{\mathrm{un}} + \dfrac{W}{2}\right) \cdot S \cdot a_{\mathrm{c}}^{1/2}}{bh^2} f(\alpha_{\mathrm{c}}) \\[2ex] f(\alpha_{\mathrm{c}}) = \dfrac{1.99 - \alpha_{\mathrm{c}}(1-\alpha_{\mathrm{c}})(2.15 - 3.93\alpha_{\mathrm{c}} + 2.7\alpha_{\mathrm{c}}^2)}{(1+2\alpha_{\mathrm{c}})(1-\alpha_{\mathrm{c}})^{3/2}}, \alpha_{\mathrm{c}} = \dfrac{a_{\mathrm{c}}}{h} \end{cases} \tag{7-20}$$

式中，W 为试件支座间的自重；b、h、S 分别为试件的宽度、高度和跨度；F^{ini} 为混凝土开始起裂时的外加荷载；F^{un} 为混凝土开始失稳扩展时的外加荷载。

7.1.5 断裂韧度计算公式

在 FRP 加固混凝土沿预制裂缝扩展的过程中，由于 FRP 对裂缝的闭合作用，将会延迟裂缝的开裂，延缓裂缝的扩展速度，提高试件破坏时的承载能力。随着荷载的增大，混凝土裂缝尖端处的应力强度因子由于应力集中的存在而逐渐增大，当 FRP 加固混凝土的起裂断裂韧度 $K_{\text{Ic}}^{\text{ini}}$ 等于荷载在裂缝尖端产生的应力强度因子 $K_{\text{IF}}^{\text{ini}}$ 与 FRP 在裂缝尖端产生的应力强度因子 $K_{\text{IP}}^{\text{ini}}$ 的叠加时，FRP 加固混凝土开始沿预制裂缝扩展；混凝土开裂后，裂缝便在荷载、FRP 的闭合作用及混凝土虚拟裂缝面上的黏聚力的共同作用下开始扩展，当 FRP 加固混凝土的失稳断裂韧度 $K_{\text{Ic}}^{\text{un}}$ 等于荷载在裂缝尖端产生的应力强度因子 $K_{\text{IF}}^{\text{un}}$ 与 FRP 在裂缝尖端产生的应力强度因子 $K_{\text{IP}}^{\text{un}}$ 的叠加时，裂缝开始失稳扩展，混凝土逐渐退出工作。

因此，FRP 加固混凝土的起裂断裂韧度和失稳断裂韧度可按式 (7-21) 和式 (7-22) 进行计算：

$$K_{\text{Ic}}^{\text{ini}} = K_{\text{IP}}^{\text{ini}} + K_{\text{IF}}^{\text{ini}} \tag{7-21}$$

$$K_{\text{Ic}}^{\text{un}} = K_{\text{IP}}^{\text{un}} + K_{\text{IF}}^{\text{un}} \tag{7-22}$$

7.1.6 临界有效裂缝长度的确定

当 FRP 加固混凝土失稳扩展时，计算荷载产生的应力强度因子 $K_{\text{IF}}^{\text{un}}$ 和 FRP 作用产生的应力强度因子 $K_{\text{IP}}^{\text{ini}}$ 时，均要用到临界有效裂缝长度 a_{c}，因此优先确定临界有效裂缝长度 a_{c} 的值，对试验结果非常重要。

由于 FRP 对混凝土裂缝的约束作用，FRP 加固混凝土的裂缝长度不再遵循普通混凝土裂缝长度的计算公式，而且裂缝长度在整个试验过程中很难精确地测定，故只能通过其他参数间接计算获得。由于裂缝张口位移CMOD的测定比较简便，且可以采用无量纲的形式 $bE\dfrac{\text{CMOD}}{F}$ 表示。对于给定几何尺寸的试件，$bE\dfrac{\text{CMOD}}{F}$ 与 $\dfrac{a_{\text{c}}}{d}$ 存在如下函数关系 [26]：

$$bE\frac{\text{CMOD}}{F} = \alpha + \beta\tan^2\left(\frac{\pi a_{\text{c}}}{2d}\right) \tag{7-23}$$

因此，只要确定 α 和 β 的值，便可以通过对 $bE\dfrac{\text{CMOD}}{F}$ 的测定，由式 (7-23) 求得任意时刻的临界有效裂缝长度 a_{c}：

$$a_{\text{c}} = \frac{2d}{\pi}\arctan\sqrt{\frac{bE\text{CMOD}}{\beta F} - \frac{\alpha}{\beta}} \tag{7-24}$$

7.2 试验概况

7.2.1 试验设计

参考《水工混凝土断裂试验规程》(DL/T 5332—2005)，选择 120mm ×200mm ×1000mm 的标准试件，FRP 加固混凝土设计强度等级为 40MPa，初始缝高比分别为 0.2、0.3、0.4、0.5，每组浇筑 3 个试件，分别记为 FRP-0.2、FRP-0.3、FRP-0.4、FRP-0.5，简记为 F02、F03、F04、F05。

混凝土试件组成材料为 P·O42.5 普通硅酸盐水泥、Ⅰ级粉煤灰、5~31.5mm 级碎石、天然河砂、高炉矿渣粉、UC-Ⅱ型外加剂、生活饮用水。其质量配合比为 m(水泥) : m(粉煤灰) : m(高炉矿渣粉) : m(天然河砂) : m(碎石) : m(UC-Ⅱ型外加剂)=0.70 : 0.12 : 0.16 : 2.04 : 2.81 : 0.01。混凝土立方体抗压强度实测均值为 41.2MPa，标准差为 3.3MPa。

7.2.2 试验过程及测试内容

本试验在 5000kN 液压伺服试验机上进行，采用单一速率加载，具体试件加载情况如图 7-4 所示。FRP 通过环氧树脂强力胶粘贴在混凝土梁试件底面缺口两侧，其黏结长度为 25cm[27]。主要采集数据包括荷载值 F、裂缝张口位移CMOD、混凝土应变及 FRP 应变值。荷载采用连续采集模式，每秒记录一次数据；裂缝张口位移CMOD是通过在预制裂缝口一侧粘贴四棱柱钢片，将裂缝张口位移计 (标距为 12mm，变形测量范围为 −1 ~4mm) 安装在钢片刀口位置直接测量的；混凝土应变与 FRP 应变采用 DH-3817 型动态应变测试系统进行采集，应变片的布置情况如图 7-5 所示。

图 7-4 试验加载装置

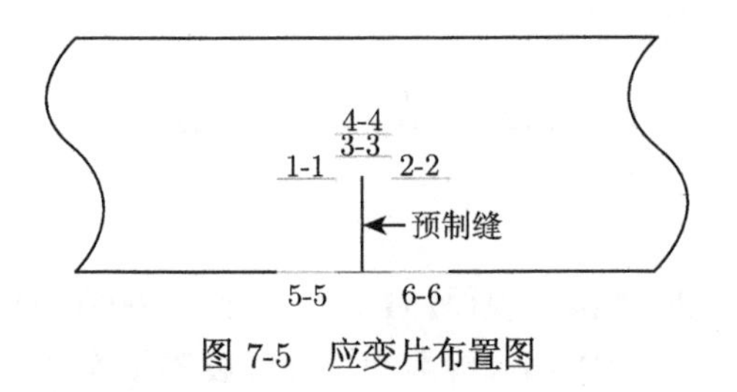

图 7-5 应变片布置图

7.3 试验结果分析

7.3.1 初始缝高比对 *F*-CMOD 曲线的影响

根据试验数据，绘制出 4 种不同初始缝高比 (0.2、0.3、0.4、0.5) 对应的 FRP 加固带预制裂缝混凝土三点弯曲梁试件的荷载–裂缝张口位移 (*F*-CMOD) 曲线，如图 7-6 所示。从图中可以看出，随着初始缝高比的增大，FRP 加固混凝土三点弯曲梁试件的峰值荷载先增大后减小，且初始缝高比为 0.4 时，试件的峰值荷载达到最大，表明单层 FRP 对初始缝高比为 0.4 的混凝土的加固效果最佳。然而，当初始缝高比为 0.5 时，试件的峰值荷载出现大幅度下降，其主要原因是混凝土梁本身的承载面积过小，FRP 不能提供足够的桥接应力。

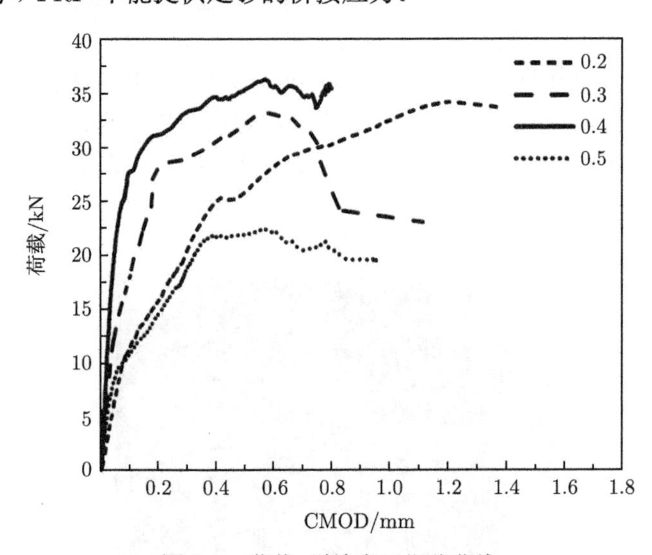

图 7-6 荷载–裂缝张口位移曲线

相对于普通混凝土荷载–裂缝张口位移 (*F*-CMOD) 曲线 [28]，FRP 加固混凝土三点弯曲梁试件荷载–裂缝张口位移 (*F*-CMOD) 曲线无法得到断裂峰后软化段，但混凝土峰值荷载都得到了很大提高，主要原因是 FRP 与混凝土之间通过胶层黏结成为一个整体，提高了试件的承载能力，且裂缝口处的“缺陷区”转变为“高强区”，此时该组合体强度和刚度均会大于普通混凝土梁的整体强度和刚度，但 FRP 与混凝土黏结界面发生完全剥离后，FRP 对预制裂缝的作用消失，整个试件瞬间发生断裂破坏。

7.3.2 初始缝高比对断裂参数的影响

三点弯曲梁试件起裂荷载采用应力–应变关系曲线上升段中直线段变成曲线段所对应的荷载值表示 [29]。从加载开始，预制缝两侧不断聚集能量，图 7-5 中的应变片 1-1 与 2-2 的应变基本呈线性增长的趋势，当达到某一荷载值时，混凝土发生开裂，裂缝尖端集聚的混凝土能量得以释放，表现为应变片 1-1 与 2-2 的应变开始回缩，应力–应变曲线发生转折，这一转折点对应的荷载值即试件的起裂荷载。

将求得的起裂荷载值 F^{ini} 代入式 (7-19) 计算出荷载产生的应力强度因子 $K_{\text{IF}}^{\text{ini}}$，再根据$F$-CMOD曲线读取每个试件的最大荷载$F^{\text{un}}$及对应的裂缝张口位移(CMOD)，并代入式 (7-20) 计算出荷载产生的应力强度因子 $K_{\text{IF}}^{\text{un}}$。

根据式 (7-16)，计算混凝土裂缝开始起裂时 FRP 的拉应力 $\sigma_{\text{f}}^{\text{ini}}$ 和混凝土裂缝失稳扩展时 FRP 的拉应力 $\sigma_{\text{f}}^{\text{un}}$，再分别将其代入式 (7-17) 和式 (7-18)，计算出试件起裂和失稳时对应的应力强度因子 $K_{\text{IP}}^{\text{ini}}$、$K_{\text{IP}}^{\text{un}}$。

将 $K_{\text{IP}}^{\text{ini}}$、$K_{\text{IP}}^{\text{un}}$、$K_{\text{IF}}^{\text{ini}}$、$K_{\text{IF}}^{\text{un}}$ 分别代入式 (7-21) 和式 (7-22)，计算结果即 FRP 加固混凝土的起裂断裂韧度 $K_{\text{Ic}}^{\text{ini}}$ 和失稳断裂韧度 $K_{\text{Ic}}^{\text{un}}$，并将每组断裂参数的平均值列于表 7-1。

表 7-1 断裂参数平均值

试件	起裂断裂韧度			
	F^{ini} /kN	$K_{\text{IF}}^{\text{ini}}$ /(MPa·m$^{1/2}$)	$K_{\text{IP}}^{\text{ini}}$ /(MPa·m$^{1/2}$)	$K_{\text{Ic}}^{\text{ini}}$ /(MPa·m$^{1/2}$)
F02	11.32	2.06	−0.21	1.85
F03	11.05	1.95	−0.15	1.80
F04	10.49	1.89	−0.11	1.78
F05	9.51	1.72	−0.12	1.60
试件	失稳断裂韧度			
	F^{un} /kN	$K_{\text{IF}}^{\text{un}}$ /(MPa·m$^{1/2}$)	$K_{\text{IP}}^{\text{un}}$ /(MPa·m$^{1/2}$)	$K_{\text{Ic}}^{\text{un}}$ /(MPa·m$^{1/2}$)
F02	34.50	4.85	−0.23	4.62
F03	34.12	10.44	−0.80	9.64
F04	36.19	17.10	−0.99	16.11
F05	26.07	12.84	−1.18	11.66

根据表 7-1 中的试验结果，以初始缝高比为横坐标，以起裂断裂韧度和失稳断

裂韧度的平均值分别为纵坐标，如图 7-7 所示，给出了 FRP 加固带预制裂缝混凝土三点弯曲梁断裂韧度平均值随初始缝高比的变化情况。由图可知，FRP 加固混凝土三点弯曲梁试件的起裂断裂韧度随初始缝高比的增大而逐渐减小，但总体变化不大，其主要是由混凝土本身决定的，相同尺寸、初始缝高比越小的混凝土试件的有效截面面积越大，所能抵抗开裂的水平越高，试件的起裂断裂韧度越大，所以 FRP 加固混凝土的起裂断裂韧度表现出与普通混凝土相似的变化规律，表明在试验设计的初始缝高比条件下，FRP 加固混凝土的起裂断裂韧度视为常数；FRP 加固混凝土三点弯曲梁试件的失稳断裂韧度随初始缝高比先增大后减小，且初始缝高比为 0.4 时，其失稳断裂韧度达到最大，表明初始缝高比为 0.4 时，单层 FRP 与混凝土之间能更好地发挥组合体的作用，对混凝土的加固效果最佳。

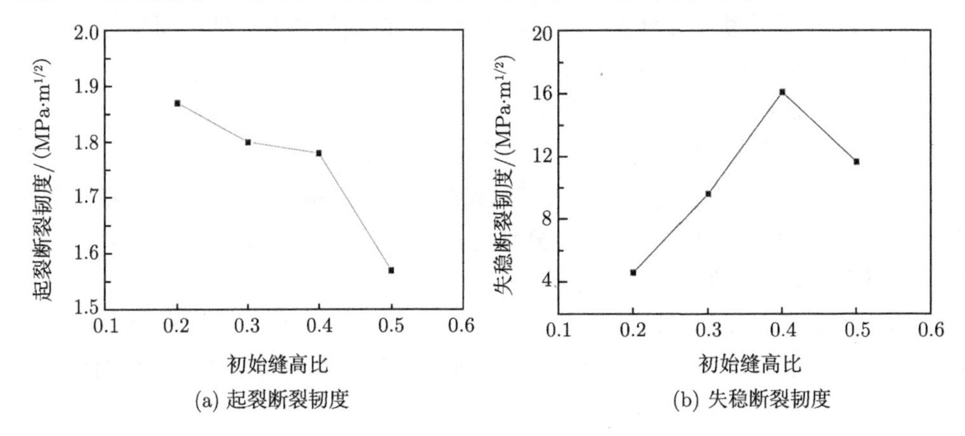

(a) 起裂断裂韧度 (b) 失稳断裂韧度

图 7-7 断裂韧度随初始缝高比变化的曲线

7.3.3 初始缝高比对试件变形能力的影响

FRP 加固带预制裂缝混凝土试件的延性是衡量其变形能力的重要指标，故采用起裂荷载与最大荷载的比值及临界有效裂缝长度来反映试件的延性。如表 7-2 所示，给出了不同初始缝高比的起裂荷载与最大荷载比值的平均值和临界有效裂缝长度的平均值。

表 7-2 试件试验结果

试件	$\frac{F^{\text{ini}}}{F^{\text{un}}}$	a_{c}
F02	0.328	0.0719
F03	0.323	0.138
F04	0.29	0.1526
F05	0.365	0.1257

起裂荷载与最大荷载的比值反映试件从起裂到失稳破坏的差距，比值越大，表明起裂荷载距离失稳荷载越近，试件从起裂到失稳的速度越快，试件的脆性越好，延性越差；相反，比值越小，试件的脆性越差，延性越好。参考文献 [30]，普通混凝土试件的起裂荷载与最大荷载的比值一般在 0.75~0.9。由表 7-2 可知，FRP 加固带预制裂缝混凝土三点弯曲梁试件的起裂荷载与最大荷载的比值均在 0.3 左右，表明 FRP 加固带预制裂缝混凝土的延性比普通混凝土的延性好，且随着初始缝高比的增大，其比值呈先增大后减小的趋势，且在初始缝高比为 0.4 时，比值最小；对于初始缝高比与临界有效裂缝长度的变化情况，随着初始缝高比的增大，试件的临界有效裂缝长度表现出与比值一样的规律，表明初始缝高比为 0.4 时，FRP 加固混凝土的延性最好。

7.4 本章小结

FRP 具有轻质量、高强度、耐疲劳、防腐蚀和良好的黏结性能等诸多优点，是一种优良的阻裂加固材料，本章通过将其粘贴在混凝土三点弯曲切口梁的受拉面，对单层 FRP 加固带预制裂缝混凝土三点弯曲梁的断裂性能进行研究，研究了不同初始缝高比对其断裂特性的影响。

(1) 通过对单层 FRP 加固带预制裂缝混凝土的基本假定，得到了 FRP 应力变化方程，并结合普通混凝土的计算方法，给出了单层 FRP 加固带预制裂缝混凝土三点弯曲梁试件断裂韧度的计算公式。

(2) 采用 4 组 12 根相同尺寸、不同初始缝高比 (0.2、0.3、0.4、0.5) 的单层 FRP 加固带预制裂缝混凝土三点弯曲梁试件，对其断裂参数进行分析，随着初始缝高比的增大，单层 FRP 加固带预制裂缝混凝土的起裂断裂韧度逐渐减小，但总体变化不大，表明在试验设计的初始缝高比条件下，FRP 加固混凝土的起裂断裂韧度可以作为材料参数；失稳断裂韧度随初始缝高比先增大后减小，且初始缝高比为 0.4 时，其失稳断裂韧度达到最大，表明初始缝高比为 0.4 时，单层 FRP 对不同裂缝深度混凝土的加固效果最佳。

(3) 随着初始缝高比的增大，起裂荷载与最大荷载的比值和临界有效裂缝长度也呈先增大后减小的趋势，且初始缝高比为 0.4 时，比值最小，临界有效裂缝长度最长，表明初始缝高比为 0.4 时，单层 FRP 加固带预制裂缝混凝土的延性和韧性最好，FRP 与混凝土之间能更好地发挥组合体的作用。

参考文献

[1] DUAN K, HU X Z, WITTMANN F H. Size effect on fracture resistance and fracture

energy of concrete[J].Materials & structures, 2003, 36(2): 74-80.

[2] 荣华, 董伟, 吴智敏, 等. 大初始缝高比混凝土试件双 K 断裂参数的试验研究 [J]. 工程力学, 2012, 29(1):162-167.

[3] 范向前, 胡少伟, 陆俊. 三点弯曲梁法研究试件宽度对混凝土断裂参数的影响 [J]. 水利学报, 2012, 43(S1): 85-90.

[4] SOUTSOS M N, LE T T, LAMPROPOULOS A P. Flexural performance of fibre reinforced concrete made with steel and synthetic fibres[J].Construction & building materials, 2012, 36(4): 704-710.

[5] MIER J G M V, VLIET M R A V . Experimentation, numerical simulation and the role of engineering judgement in the fracture mechanics of concrete and concrete structures[J]. Construction & building materials, 1999, 13(1/2): 3-14.

[6] 胡少伟, 陆俊, 范向前. 混凝土断裂试验中的声发射特性研究 [J]. 水力发电学报, 2011, 30(6): 16-19.

[7] 邓宗才. 混杂纤维增强超高性能混凝土弯曲韧性与评价方法 [J]. 复合材料学报, 2016, 33(6): 1274-1280.

[8] 邓宗才, 冯琦. 混杂纤维活性粉末混凝土的断裂性能 [J]. 建筑材料学报, 2016, 19(1): 14-21.

[9] 何小兵, 郭晓博, 李亚, 等. GFRP/CFRP 混杂加固混凝土梁阻裂增强机理 [J]. 华中科技大学学报 (自然科学版), 2014, 42(1): 78-83.

[10] 陈瑛, 乔丕忠, 姜弘道, 等. FRP–混凝土三点受弯梁损伤粘结模型有限元分析 [J]. 工程力学, 2008(3): 120-125, 131.

[11] 邓江东, 宗周红, 黄培彦. FRP–混凝土界面疲劳性能分析 [J]. 复合材料学报, 2010, 27(1): 155-161.

[12] TUAKTA C , BÜYÜKÖZTÜRK O. Deterioration of FRP/concrete bond system under variable moisture conditions quantified by fracture mechanics[J]. Composites part B: engineering, 2011, 42(2): 145-154.

[13] COLOMBI P. Reinforcement delamination of metallic beams strengthened by FRP strips: fracture mechanics based approach[J]. Engineering fracture mechanics, 2006, 73(14): 1980-1995.

[14] WROBLEWSKI L, HRISTOZOV D, SADEGHIAN P. Durability of bond between concrete beams and FRP composites made of flax and glass fibers[J].Construction & building materials, 2016, 126(15): 800-811.

[15] 中国电力企业联合会. 水工混凝土断裂试验规程: DL/T 5332—2005[S]. 北京: 中国电力出版社, 2006.

[16] WANG J L. Cohesive zone model of intermediate crack-induced debonding of FRP-plated concrete beam[J]. International journal of solids and structures, 2006, 43(21): 6630-6648.

[17] WANG J L, ZHANG C. Nonlinear fracture mechanics of flexural-shear crack induced debonding of FRP strengthened concrete beams[J]. International journal of solids and structures, 2008, 45(10): 2916-2936.

[18] CHEN F L, QIAO P Z. Debonding analysis of FRP-concrete interface between two balanced adjacent flexural cracks in plated beams[J]. International journal of solids and structures, 2009, 46(24): 2618-2628.

[19] XIAO Y, WU H. Compressive behavior of concrete confined by carbon fiber composite jackets[J].Journal of materials in civil engineering, ASCE, 2000, 12(2): 139-146.

[20] 吴刚, 吕志涛.FRP 约束混凝土圆柱无软化段时的应力 - 应变关系研究 [J]. 建筑结构学报, 2003(5):1-9.

[21] SARGIN M. Stress-strain relationship for concrete and the analysis of structural concrete section[D]. Canada: University of Waterloo, 1971.

[22] LU X Z, TENG J G, YE L P, et al. Bond-slip models for FRP sheets/plates bonded to concrete[J].Engineering structures, 2005, 27(6): 920-937.

[23] WU Z, YUAN H, NIU H D. Stress transfer and fracture propagation in different kinds of adhesive joints[J]. Journal of engineering mechanics, 2002, 128(5): 562-573.

[24] 范兴朗. FRP 约束混凝土本构关系及 FRP 加固混凝土梁断裂过程分析 [D]. 大连: 大连理工大学, 2014.

[25] 徐世烺. 混凝土断裂力学 [M]. 北京: 科学出版社, 2011.

[26] 陈篪, 蔡其巩, 王仁智, 等. 工程断裂力学 [M]. 北京: 国防工业出版社, 1977.

[27] 范向前, 刘决丁, 胡少伟, 等. FRP 黏结长度对混凝土三点弯曲梁断裂参数的影响 [J]. 建筑材料学报, 2019, 22(1): 38-44.

[28] 胡少伟, 范向前, 陆俊. 缝高比对不同强度等级混凝土断裂特性的影响 [J]. 防灾减灾工程学报,2013,33(2):162-168.

[29] 徐世烺. 混凝土断裂试验与断裂韧度测定标准方法 [M]. 北京: 机械工业出版社, 2010.

[30] 沈新普. 混凝土断裂的理论与试验研究 [M]. 北京: 中国水利水电出版社, 2008.

第 8 章 FRP 加固混凝土最佳阻裂长度试验与理论

FRP 由于其高强、轻质、防腐蚀、耐疲劳、与混凝土黏结性能好及便于施工等诸多优点而被广泛应用 [1,2]。外贴 FRP 加固混凝土结构技术主要是利用环氧树脂等胶结剂将纤维布或片材黏结于混凝土结构表面，以达到提高混凝土结构承载力、减小结构变形及延缓裂缝扩展等目的 [3,4]。

国内外学者对 FRP 加固混凝土结构技术进行了广泛研究，通常采用侧向约束、裂缝口控制等手段对混凝土抗压强度及断裂性能进行提高 [5−7]。大量研究表明，外贴 FRP 加固混凝土结构能显著提高结构的强度和刚度 [8−10]。目前，对于 FRP 加固混凝土的研究主要集中在其断裂特性、破坏机理和延性等方面。董江峰等 [11] 进行了外贴碳纤维布加固混凝土梁断裂特性的试验研究，分析外贴碳纤维布对不同配筋率、剪跨比和预裂混凝土梁的破坏形态、刚度变化、极限承载力、变形能力及裂缝开展情况的影响，认为外贴碳纤维布可以明显提高钢筋混凝土梁的极限承载力和变形能力；Niu 和 Wu[12]、Niu 等 [13] 采用有限元方法，研究了多条垂直裂缝、单一垂直裂缝与斜裂缝共同作用下 FRP 加固混凝土梁的极限承载力和 FRP 加固混凝土界面的剥离，指出黏结断裂能是影响结构强度和延性的主要参数；Mostafa 等 [14] 将 FRP 加固梁与钢筋混凝土梁进行试验比较，指出 FRP 加固混凝土连续梁的弯矩重分布是可行的；Akbarzadeh 和 Maghsoudi[15] 研究了 FRP 加固高强混凝土连续梁受弯性能和弯矩重分布试验程序，随着 FRP 片材层数的增加，碳纤维布的极限强度增加，FRP 片材的延性、弯矩重分布和极限应变均减小。

虽然大部分学者提出的理论模型和数值模拟方法有利于 FRP 加固带裂缝混凝土结构的分析 [16,17]，但研究的范围还不够完善。在弯曲断裂过程中，因为 FRP 抗拉强度大，FRP 加固混凝土破坏的主要模式通常体现为胶层黏结破坏而非 FRP 拉断破坏 [18]，所以对 FRP 加固能力的评估来说，FRP 的黏结长度显得尤为重要。鉴于此，本章基于断裂力学理论 [19−21]，通过试验研究外贴不同长度 FRP 加固混凝土梁的断裂特性，将双 K 断裂韧度作为混凝土材料的主要断裂参数，确定带裂缝混凝土三点弯曲梁断裂试验中的最佳 FRP 黏结长度，同时，采用声发射无损检测技术，分析了 FRP 黏结长度对声发射信号的影响程度。

8.1 试验概况

8.1.1 试验设计

带缺口标准混凝土三点弯曲梁试件高度 (h) 为 200mm，宽度 (b) 为 120mm，长度 (L) 为 1000mm，其预制裂缝深度为 80mm(初始缝高比 α_0 为 0.4)[22]，缝宽为 2mm，共计 5 组 15 根。根据《水工混凝土断裂试验规程》(DL/T 5332—2005)，在浇筑时通过预埋钢片进行缺口预制，FRP 黏结长度分别为 0、15cm、20cm、25cm、30cm。混凝土试件组成材料为 P·O 42.5 普通硅酸盐水泥、I 级粉煤灰、5~31.5mm 级碎石、天然河砂、高炉矿渣粉、UC-II 型外加剂、生活饮用水。其配合比 m(水泥) : m(粉煤灰) : m(高炉矿渣粉) : m(天然河砂) : m(碎石) : m(UC-II 型外加剂)= 0.70 : 0.12 : 0.16 : 2.04 : 2.81 : 0.01。混凝土立方体抗压强度实测均值为 41.5MPa，标准差为 3.3MPa。

8.1.2 试验测试内容

试验采用液压伺服试验机进行单一速率加载，并采用声发射无损检测技术对试验全过程进行动态跟踪定位。FRP 通过环氧树脂强力胶粘贴在混凝土梁试件底面缺口两侧，其黏结长度分别为 0、15cm、20cm、25cm、30cm。研究 FRP 最佳黏结长度。加载过程中通过预先粘贴的应变片和荷载传感器测试混凝土三点弯曲梁试件的应变值及荷载值 (F)，采用夹式引伸计 (标距为 12mm，变形测量范围为 -1~4mm) 测试其裂缝张口位移 (CMOD)，据此绘制混凝土三点弯曲梁试件的荷载–裂缝张口位移 (F-CMOD) 曲线。FRP 加固混凝土三点弯曲混凝土梁试件示意图如图 8-1 所示，其中 $2l_u(l_u=3\text{cm})$ 表示试件缺口两侧未黏结长度，主要是为了防止

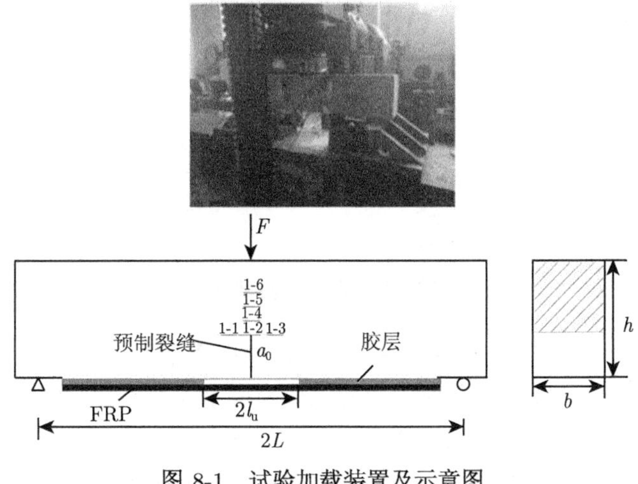

图 8-1 试验加载装置及示意图

梁体在加载过程中出现斜裂缝，在梁底部缺口两侧分别留有长度为 l_{u} 的无黏结区域。

8.2 试验结果

FRP 黏结长度不同的加固混凝土三点弯曲梁试件F-CMOD曲线如图 8-2 所示。由图 8-2 可以看出：试件峰值荷载随着 FRP 黏结长度的增大先增后减；当 FRP 黏结长度由 20cm 增加至 25cm 时，试件峰值荷载明显增大；当 FRP 黏结长度超过 25cm 时，试件峰值荷载不再增加。这是因为当 FRP 黏结长度小于等于 20cm 时，在准静态速率下可以得到混凝土三点弯曲梁试件断裂的峰后软化段；当 FRP 黏结长度大于 20cm 时，试件荷载达到峰值，混凝土表现出脆性开裂破坏，难以测得峰后软化段，主要原因是 FRP 与混凝土之间通过胶层黏结成为一个整体，随着 FRP 黏结长度的增大，该组合体的强度和刚度均远大于普通混凝土梁的强度和刚度，此时裂缝口处的“缺陷区”转变成为混凝土梁的“高强区”，该现象类似于钢筋混凝土梁的超筋状况。

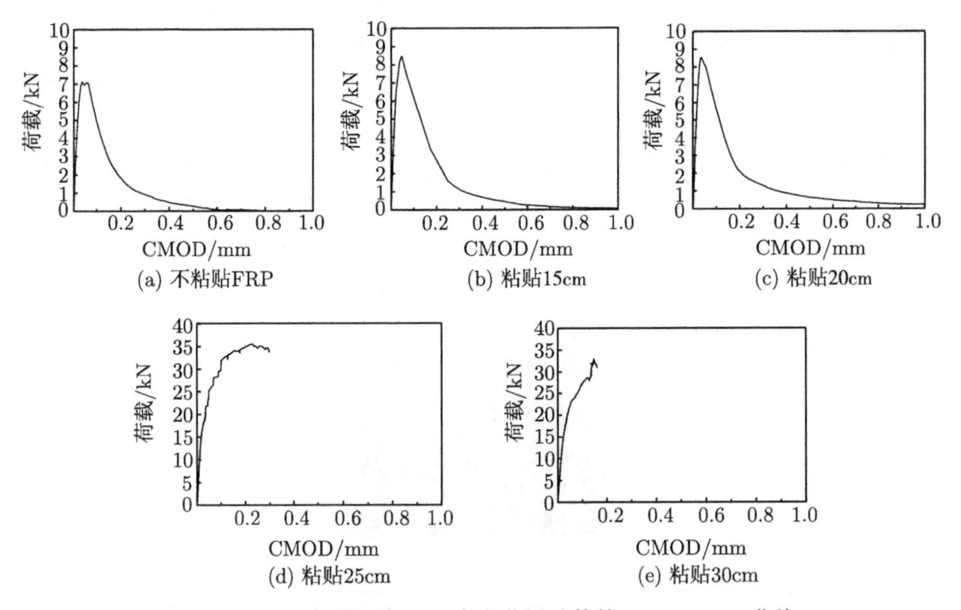

图 8-2　FRP 加固混凝土三点弯曲梁试件的 F–CMOD 曲线

参考文献 [23]，混凝土三点弯曲梁试件起裂荷载采用荷载–应变关系曲线上升段中直线段转换成曲线段时所对应的荷载值来表示，其大小可以通过在裂缝尖端布置的 2 个应变片 (编号分别为 1-1 和 1-3) 进行采集。应变片 1-1 对应的荷载–应变关系曲线如图 8-3 所示。由图 8-3 可以看出，荷载的不断增加，导致缝端混凝土开裂，试件初始裂缝尖端两侧的拉应力卸载，拉应变减小，甚至出现压应变，其荷载–应变关系曲线开始发生转折，这一转折点所对应的荷载值即试件的起裂荷载。

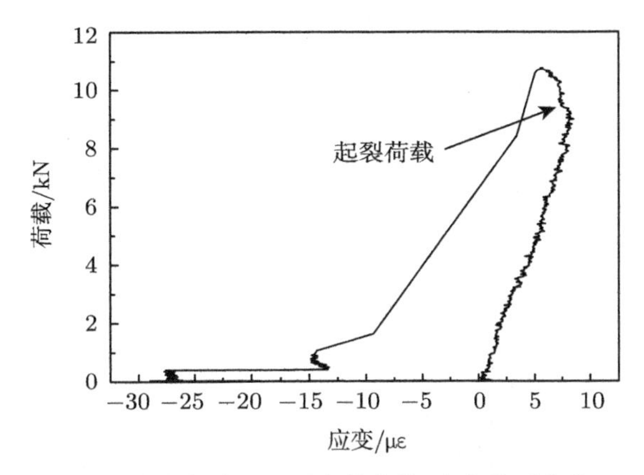

图 8-3 应变片 1-1 对应的荷载–应变关系曲线

根据荷载–应变曲线和 F-CMOD 曲线，分别求出各试件起裂荷载值 F_{ini} 和最大荷载值 $F_{\max}$ 及对应的起裂裂缝张口位移 $\mathrm{CMOD_{ini}}$ 和临界裂缝张口位移 $\mathrm{CMOD_c}$，结果列于表 8-1。其中，试件编号 FRP-00、FRP-15、FRP-20、FRP-25、FRP-30 分别表示 FRP 黏结长度为 0、15cm、20cm、25cm、30cm 的带裂缝混凝土三点弯曲梁试件。

表 8-1 试件试验结果

试件	F_{ini}/kN	$F_{\max}$/kN	$F_{\mathrm{ini}}/F_{\max}$	$\mathrm{CMOD_{ini}}$/μm	$\mathrm{CMOD_c}$/μm
FRP-00	5.2430	8.7473	0.5994	15.0833	46.2407
FRP-15	5.3340	8.3687	0.6374	16.1700	42.0690
FRP-20	7.0228	8.4013	0.8359	15.3400	150.1933
FRP-25	11.2747	33.2275	0.3393	14.0533	147.6593
FRP-30	10.2100	32.5591	0.3136	16.1150	131.0300

8.3 试验结果分析

8.3.1 FRP 黏结长度对混凝土三点弯曲梁试件峰值荷载的影响

考虑到混凝土试验的离散性，试验结果采用完全相同的 3 个试件的平均值。FRP 黏结长度不同的混凝土三点弯曲梁试件断裂峰值荷载变化曲线如图 8-4 所示。由图 8-4 可见，当 FRP 黏结长度小于等于 20cm 时，试件断裂峰值荷载值略大于无 FRP 混凝土三点弯曲梁试件的断裂峰值荷载，即当 FRP 黏结长度由 0 增加到

20cm 时，带缺口混凝土三点弯曲梁试件的断裂峰值荷载变化较小，FRP 加固效果不明显；当 FRP 黏结长度由 20cm 增加到 25cm 时，试件断裂峰值荷载提高了 3 倍左右，FRP 加固效果明显增强；当 FRP 黏结长度由 25cm 增加到 30cm 时，试件的断裂峰值荷载略有下降，这说明当 FRP 黏结长度过大时，不利于混凝土加固效果。由此可见，对于初始缝高比为 0.4 的混凝土三点弯曲梁试件，当 FRP 黏结长度为 25cm 时，其断裂峰值荷载达到最大值，FRP 黏结性价比最佳。

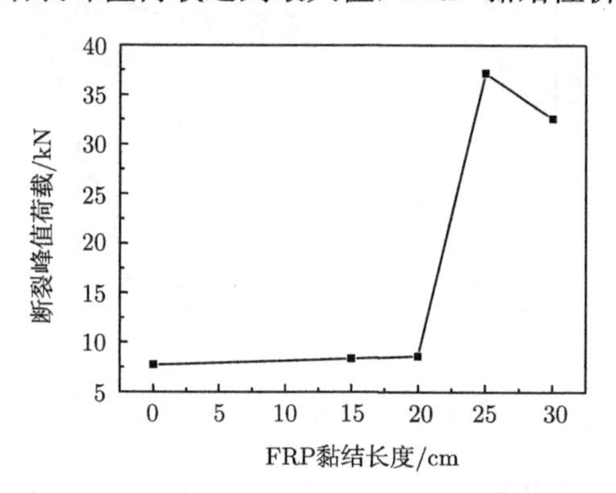

图 8-4　混凝土三点弯曲梁试件断裂峰值荷载变化曲线

8.3.2　FRP 黏结长度对混凝土三点弯曲梁试件失稳断裂韧度的影响

根据《水工混凝土断裂试验规律》(DL/T 5332—2005)，普通混凝土三点弯曲梁试件失稳断裂韧度 $K_{\mathrm{Ic}}^{\mathrm{un}}$ 采用下式进行计算：

$$K_{\mathrm{Ic}}^{\mathrm{un}}=\frac{1.5\left(F_{\max}+\dfrac{W}{2}\right)\cdot S\cdot a_{\mathrm{c}}^{1/2}}{bh^2}f(\alpha_{\mathrm{c}}) \tag{8-1}$$

其中，

$$f(\alpha_{\mathrm{c}})=\frac{1.99-\alpha_{\mathrm{c}}(1-\alpha_{\mathrm{c}})(2.15-3.93\alpha_{\mathrm{c}}+2.7\alpha_{\mathrm{c}}^2)}{(1+2\alpha_{\mathrm{c}})(1-\alpha_{\mathrm{c}})^{3/2}},\alpha_{\mathrm{c}}=\frac{a_{\mathrm{c}}}{h}$$

式中，W 为试件支座间的自重，由试件总质量按 $S/2L$ 折算得到，其中 S 为试件两支座间的跨度；a_{c} 为试件临界失稳时的裂缝长度，即临界有效裂缝长度；α_{c} 为试件临界失稳时的缝高比。

a_{c} 可采用式 (8-2) 进行计算：

$$a_{\mathrm{c}}=\frac{2}{\pi}(h+h_0)\arctan\left(\frac{tE_{\mathrm{c}}V_{\mathrm{c}}}{32.6F_{\max}}-0.1135\right)^{1/2}-h_0 \tag{8-2}$$

式中，h_0 为夹式引伸计刀片薄钢板厚度；V_{c} 为裂缝张口位移临界值；E_{c} 为混凝土计算弹性模量。

E_c 可采用式 (8-3) 进行计算：

$$E_c = \frac{1}{tc_i}\left[3.70 + 32.60\tan^2\left(\frac{\pi}{2}\frac{a_0 + h_0}{h + h_0}\right)\right] \tag{8-3}$$

式中，a_0 为试件初始预制裂缝长度；c_i 为试件初始CMOD/F值，由F-CMOD曲线上升段的直线段上任一点的CMOD值和 F 值计算得出。

由于 FRP 加固混凝土三点弯曲梁的失稳断裂韧度计算中需要考虑 FRP 对裂缝发展的阻裂作用，参考文献 [19] 将 FRP 对混凝土的作用等效为一对集中力作用在试件的底部。假定混凝土裂缝失稳扩展时 FRP 的拉应力 σ_f^{un} 与虚拟裂缝区黏聚力 $\sigma(x)$[24] 的闭合力作用相同，FRP 阻裂作用可采用应力强度因子公式 [式 (8-4)] 表示：

$$K_{\mathrm{I}u}^{un} = -\frac{2t\sigma_f^{un}}{\sqrt{\pi a_c}}\left[\frac{3.52}{(1-\alpha_c)^{3/2}} - \frac{4.35}{(1-\alpha_c)^{\frac{1}{2}}} + 2.13(1-\alpha_c)\right] \tag{8-4}$$

式中，t 为 FRP 的厚度。

由平截面假定可得

$$\frac{f_r}{E_c}\Big/\frac{\sigma_f^{un}}{E_f} = \frac{h_c}{h_c + a_c} \tag{8-5}$$

式中，f_r 为混凝土的抗折强度；E_f 为 FRP 的弹性模量；h_c 为混凝土的偏心距。

由式 (8-5) 可得

$$\sigma_f^{un} = \frac{E_f}{E_c}\cdot\frac{h_c}{h_c + a_c}\cdot f_r \tag{8-6}$$

故 FRP 加固混凝土三点弯曲梁的失稳断裂韧度可由普通混凝土三点弯曲梁失稳断裂韧度与 FRP 对混凝土阻裂作用的叠加进行表示，即 $K_{\mathrm{I}c}^{un'} = K_{\mathrm{I}c}^{un} + K_{\mathrm{I}u}^{un}$。

图 8-5 给出了 FRP 黏结长度不同的混凝土三点弯曲梁试件失稳断裂韧度的变化曲线。由图 8-5 可以看出，当 FRP 黏结长度为 25cm 时，失稳断裂韧度值达到最大。结合图 8-4、图 8-5 可知，当 FRP 黏结长度由 15cm 增加到 20cm 时，尽管试件的断裂峰值荷载增幅较小，但其失稳断裂韧度得到了极大提升。该现象可以通过试件临界有效裂缝长度随 FPR 黏结长度的变化曲线 (图 8-6) 进行解释。由图 8-6 可见，除了 FRP 黏结长度为 15cm 的试件外，其他 FRP 加固混凝土三点弯曲梁试件的临界有效裂缝长度值均随着 FRP 黏结长度的增加而增大。这说明 FRP 黏结长度的增加有利于提高混凝土三点弯曲梁试件失稳前的韧性，即增加了 FRP 加固混凝土三点弯曲梁的试件失稳断裂韧度。

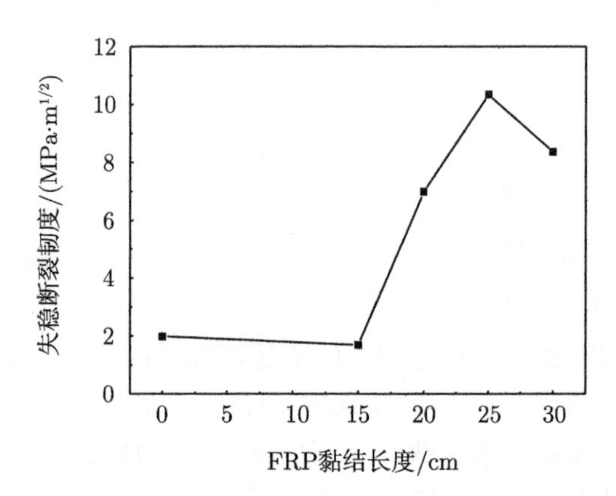

图 8-5　混凝土三点弯曲梁试件失稳断裂韧度变化曲线

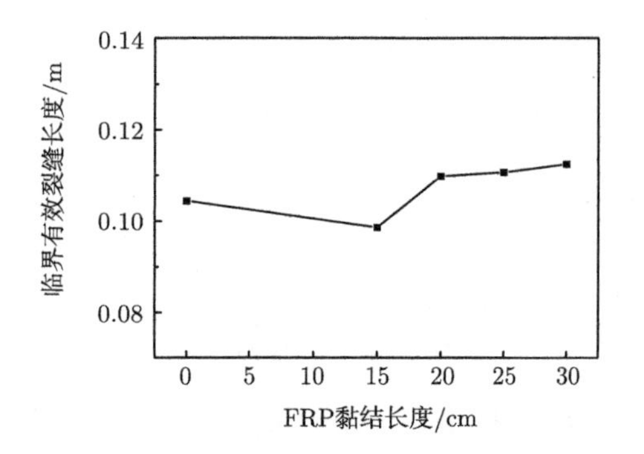

图 8-6　混凝土三点弯曲梁试件临界有效裂缝长度变化曲线

8.3.3　FRP 黏结长度对混凝土三点弯曲梁试件起裂断裂韧度的影响

混凝土的起裂意味着损伤断裂过程的开始，因此混凝土的起裂断裂韧度对其断裂控制具有更加重要的意义。根据《水工混凝土断裂试验规程》(DL/T 5332—2005)，普通混凝土三点弯曲梁试件起裂断裂韧度 $K_{\mathrm{Ic}}^{\mathrm{ini}}$ 采用式 (8-7) 进行计算：

$$K_{\mathrm{Ic}}^{\mathrm{ini}}=\frac{1.5\left(F_{\mathrm{ini}}+\dfrac{W}{2}\right)\cdot S\cdot a_0^{1/2}}{bh^2}f\left(\alpha_0\right) \tag{8-7}$$

其中，

$$f(\alpha_0)=\frac{1.99-\alpha_0(1-\alpha_0)(2.15-3.93\alpha_0+2.7\alpha_0^2)}{(1+2\alpha_0)(1-\alpha_0)^{3/2}},\alpha_0=\frac{a_0}{h}$$

由于计算 FRP 加固混凝土的起裂断裂韧度需考虑 FRP 对裂缝发展的阻裂作用，参考文献 [19]，将 FRP 对混凝土的作用等效为一对集中力作用在试件的底部，假定混凝土裂缝起裂时 FRP 的拉应力 $\sigma_{\mathrm{f}}^{\mathrm{ini}}$ 与虚拟裂缝区黏聚力 $\sigma(x)$[23] 的闭合力作用相同，FRP 阻裂作用可采用应力强度因子 [式 (8-8)] 表达：

$$K_{\mathrm{I}u}^{\mathrm{ini}} = -\frac{2t\sigma_{\mathrm{f}}^{\mathrm{ini}}}{\sqrt{\pi a_0}}\left[\frac{3.52}{(1-\alpha_0)^{3/2}} - \frac{4.35}{(1-\alpha_0)^{\frac{1}{2}}} + 2.13(1-\alpha_0)\right] \tag{8-8}$$

由平截面假定可得

$$\frac{f_{\mathrm{r}}}{E_{\mathrm{c}}}\bigg/\frac{\sigma_{\mathrm{f}}^{\mathrm{ini}}}{E_{\mathrm{f}}} = \frac{h_{\mathrm{c}}}{h_{\mathrm{c}} + a_0} \tag{8-9}$$

由式 (8-9) 可得

$$\sigma_{\mathrm{f}}^{\mathrm{ini}} = \frac{E_{\mathrm{f}}}{E_{\mathrm{c}}} \cdot \frac{h_{\mathrm{c}}}{h_{\mathrm{c}} + a_0} \cdot f_{\mathrm{r}} \tag{8-10}$$

故 FRP 加固混凝土三点弯曲梁的起裂断裂韧度可由普通混凝土三点弯曲梁起裂断裂韧度与 FRP 对混凝土阻裂作用的叠加进行表示，即 $K_{\mathrm{I}c}^{\mathrm{ini}'} = K_{\mathrm{I}c}^{\mathrm{ini}} + K_{\mathrm{I}u}^{\mathrm{ini}}$。

FRP 黏结长度不同的混凝土三点弯曲梁试件起裂断裂韧度如图 8-7 所示。由图 8-7 可知，试件起裂断裂韧度随 FRP 黏结长度的变化规律与失稳断裂韧度变化规律基本一致，表明 FRP 加固措施不仅对混凝土结构起到了很好的阻裂作用，而且可显著增加混凝土的断裂破坏韧性，当 FRP 黏结长度为 25cm 时，FRP 的阻裂效果最佳。

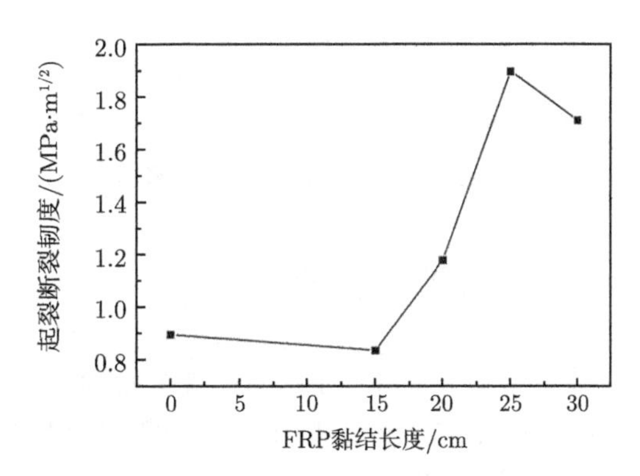

图 8-7 混凝土三点弯曲梁试件的起裂断裂韧度变化曲线

8.3.4 不同 FRP 黏结长度声发射特性研究

混凝土的损伤破坏总会伴随着声发射现象的产生，因此，当混凝土试件自身特性 (强度、刚度等) 发生变化时，其声发射参量也会随之发生波动。

图 8-8 给出了 FRP 黏结长度不同的混凝土三点弯曲梁试件声发射累积振铃计数随时间的变化曲线，其中累积振铃计数和时间均进行了归一化处理。由图 8-8 可知，无 FRP 时，混凝土三点弯曲梁试件加载时间在 40%之前，并无明显的声发射现象，此时试件尚未开裂，当其加载时间达到 80%时，声发射信号明显增加，随后

增长渐快直至试件发生破坏；当 FRP 黏结长度为 15cm 时，与无 FRP 混凝土试件相比，声发射累积振铃计数曲线变化规律区别较小，说明当 FRP 黏结长度为 15cm 时，加固效果影响较小；当 FRP 黏结长度超过 20cm 时，声发射累积振铃计数曲线不再出现“先慢后快”的变化规律，在加载时间为 20%时，便产生了较为明显的声发射信号，在该类加固方式下，试件裂缝的扩展较为平缓，FRP 加固效果明显。

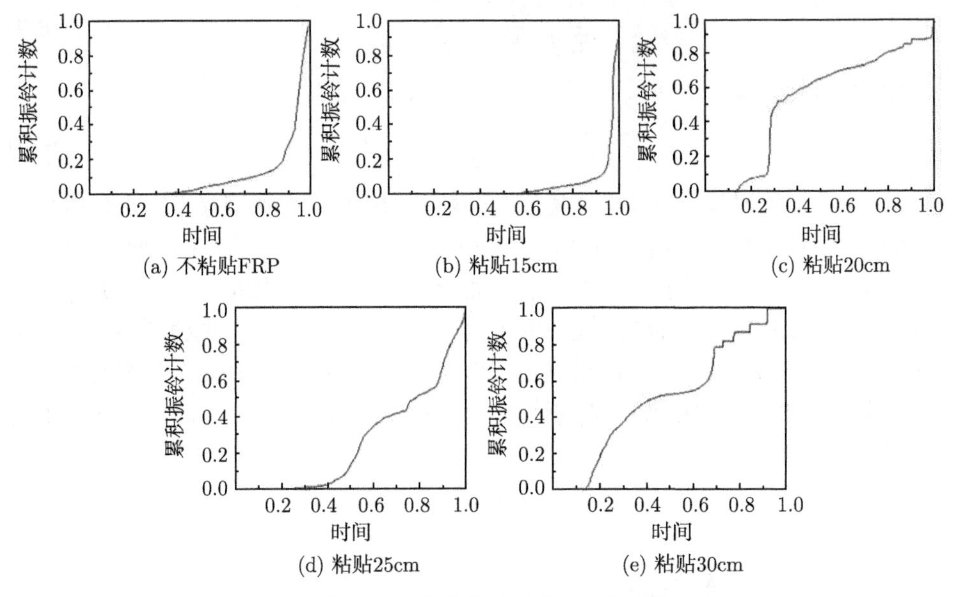

图 8-8　混凝土三点弯曲梁试件声发射累积振铃计数

8.4　本章小结

(1) 当 FRP 黏结长度为 20~25cm 时，FRP 加固混凝土三点弯曲梁试件的峰值荷载和延性得到极大提高，且失稳断裂韧度和起裂断裂韧度均达到最大值，可有效延缓混凝土三点弯曲梁试件裂缝的扩展。

(2) 对于初始缝高比为 0.4 的三点弯曲梁混凝土试件，当 FRP 黏结长度为 25cm 时，加固效果最佳，可显著提高混凝土强度。

(3) 基于声发射无损监测技术，声发射参数可以很好地表征裂缝的扩展情况，当 FRP 黏结长度超过 20cm 时，声发射参数缓慢均速增加，表明此时 FRP 加固效果更加明显。

参考文献

[1] 叶列平, 冯鹏. FRP 在工程结构中的应用与发展 [J]. 土木工程学报, 2006, 39(3): 24-36.

[2] ZHOU D Y, LEI Z, WANG J B, et al. In-plane behavior of seismically damaged masonry walls repaired with external BFRP[J]. Composite structures, 2013, 102(4):9-19.

[3] 陈绪军, 李华锋, 朱晓娥. FRP 片材加固的钢筋混凝土梁短期刚度试验与理论研究 [J]. 建筑结构学报, 2018, 39(1): 146-152.

[4] DI LUDOVICO M, PROTA A, MANFREDI G. Structural upgrade using basalt fibers for concrete confinement[J]. Journal of composites for construction, 2010, 14(5): 541-552.

[5] YEBOAH D, TAYLOR S, MCPOLIN D, et al. Pull-out behaviour of axially loaded basalt fibre reinforced polymer (BFRP) rods bonded perpendicular to the grain of glulam elements[J]. Construction and building materials, 2013, 38(5): 962-969.

[6] CHEN Z F, WAN L L, LEE S, et al. Evaluation of CFRP, GFRP and BFRP material systems for the strengthening of RC slabs[J]. Journal of reinforced plastics and composites, 2008, 27(12): 1233-1243.

[7] RILEM TECHNICAL COMMITTEE 50-FMC. Determination of the fracture energy of mortar and concrete by means of tree-point bend tests of notched beams[J]. Materials and structures, 1985, 18(6): 285-296.

[8] GAO D Y, ZHANG T Y. Fracture characteristics of steel fiber reinforced high strength concrete under three-point bending[J]. Journal of the Chinese Ceramic Society, 2007(12): 1630-1635.

[9] 张廷毅, 李庆斌, 汪自力, 等. 钢纤维高强混凝土断裂韧度及影响因素 [J]. 硅酸盐学报, 2012, 40(5): 638-645, 650.

[10] 朱虹, 董志强, 吴刚, 等. FRP 筋混凝土梁的刚度试验研究和理论计算 [J]. 土木工程学报, 2015, 48(11): 44-53.

[11] 董江峰, 王清远, 邱慈长, 等. 外贴碳纤维布加固混凝土梁断裂特性的试验研究 [J]. 土木工程学报, 2010, 43(S2): 76-82.

[12] NIU H D, WU Z S. Effects of FRP-concrete interface bond properties on the performance of RC beams strengthened in flexure with externally bonded FRP sheets[J]. Journal of materials in civil engineering, 2006, 18(5): 723-731.

[13] NIU H D, KARBHARI V M, WU Z S. Diagonal macro-crack induced debonding mechanics in FRP rehabilitated concrete[J]. Composites part B: engineering, 2006, 37(7/8): 627-641.

[14] MOSTAFA E M, AMR E R, EHAB E S. Flexural behavior of continuous FRP-reinforced concrete beams[J]. Joural of composites for construction, 2010, 14(6): 669-680.

[15] AKBARZADEH H, MAGHSOUDI A A. Experimental and analytical investigation of reinforced high strength concrete continuous beams strengthened with fiber reinforced polymer[J]. Materials & design, 2010, 31(3): 1130-1147.

[16] 何晓雁, 秦立达, 郝贠洪, 等. 基于断裂理论的 FRHPC 破坏概率模型 [J]. 建筑材料学报, 2017, 20(4): 522-526.

[17] 朱万成, 张娟霞, 唐春安. FRP 加固混凝土构件中裂纹扩展规律的数值模拟 [J]. 建筑材料学报, 2007, 10(1): 83-88.

[18] CARLONI C, SUBRAMANIAM K V L. Investigation of sub-critical fatigue crack growth in FRP/concrete cohesive interface using digital image analysis[J]. Composites part B: engineering, 2013, 51(8): 35-43.

[19] 徐世烺. 混凝土断裂力学 [M]. 北京: 科学出版社, 2011.

[20] 范向前, 胡少伟, 陆俊. 不同类型混凝土断裂特性研究 [J]. 混凝土, 2012(3): 46-51.

[21] 徐世烺. 混凝土断裂试验与断裂韧度测定标准方法 [M]. 北京: 机械工业出版社, 2010.

[22] 范向前, 刘决丁, 胡少伟, 等. FRP 增强预制裂缝混凝土断裂性能研究 [J/OL]. 建筑材料学报: 1-9. http: //kns.cnki.net/kcms/detail/31.1764.TU. 20190226. 2011. 052. html [2019-06-28].

[23] WU Z M, YANG S T, HU X Z, et al. Analytical solution for fracture analysis of cfrp sheet-strengthened cracked concrete beams[J]. Journal of engineering mechanics, ASCE, 2010, 136(10): 1202-1219.

[24] 中国航空研究院. 应力强度因子手册 [M]. 北京: 科学出版社, 1981.

第9章　FRP 加固混凝土最佳阻裂层数试验与理论

由于混凝土具有来源广泛、廉价、工艺简便和应用方便等优点[1]，在工程中被广泛应用。然而，混凝土具有韧性差、抗拉强度低和开裂后裂缝宽度难以控制等缺点，使许多混凝土结构在使用过程中在混凝土内部不可避免地产生微裂缝、微孔隙等天然缺陷[2]。在混凝土结构的服役期间，温度、环境及荷载作用也必然会导致上述天然缺陷不断劣化，逐渐成为宏观缺陷[3,4]。当前的经济及科技水平下，将混凝土的裂缝控制在有害程度允许的范围内[5]，对混凝土开裂状态进行实时监测，以及对开裂混凝土进行修复加固工作已成为工程领域的迫切需求。

在结构加固修复领域中，通常采用钢板、纤维增强水泥基复合材料及 FRP 等抗拉强度高、韧性好的材料对已有裂缝的混凝土结构进行加固[6−10]，达到控制裂缝扩展和减小裂缝宽度的目的，尽可能减少混凝土开裂对结构造成的危害。FRP 加固技术是一种新型的混凝土结构加固修补技术，它是利用环氧树脂强力胶将纤维布粘贴于混凝土表面，共同工作，对混凝土结构进行加固。与传统的粘钢加固和采用纤维增强水泥基复合材料的加固方法相比，FRP 质量轻，具有极佳的耐久性能和耐腐蚀性能，且成形方便，施工便捷，容易保证施工质量，非常适合用作修复和补强材料。

在采用 FRP 对混凝土进行加固的过程中，尽管 FRP 黏结长度很大程度上影响加固效果，但黏结层数的影响也不可忽视。从经验上来说，FRP 加固层数越多，FRP 可承受的总承载能力越大，加固效果越好，在特定情况下可避免 FRP 被拉断的情况。但在实际工程中，黏结层破坏是 FRP 加固混凝土断裂时伴随发生的主要 FRP 破坏方式[11]，在 FRP 黏结层数过多的情况下，总黏结力远大于实际所需的黏结承载力，此时 FRP 层数富余，经济效益低。

因此，本章基于断裂力学理论[12−19]，通过试验研究外贴不同层数 FRP 加固混凝土三点弯曲梁的断裂特性，将失稳断裂韧度作为混凝土材料的主要断裂参数，确定带裂缝混凝土三点弯曲梁断裂试验中最佳 FRP 黏结层数，并采用声发射无损检测技术[20,21]，分析不同 FRP 黏结层数对声发射信号的影响程度。

9.1 试验概况

9.1.1 试验设计

根据我国《水工混凝土断裂试验规程》(DL/T 5332—2005)[22]，试验研究构件采用高度为 200mm，宽度为 120mm，长度为 1000mm 的带缺口标准混凝土三点弯曲梁试件，共计 4 组 12 根，预制裂缝深度 80mm，缝宽 2mm，在浇筑时通过预埋钢片进行缺口预制，FRP 黏结长度为 25cm，FRP 黏结层数分别为 1 层、2 层、3 层、4 层，以此来研究不同 FRP 黏结层数的阻裂效果。

混凝土试件组成材料为生活饮用水、P·O42.5 普通硅酸盐水泥、I 级粉煤灰、5～31.5mm 级碎石、天然河砂、高炉矿渣粉、UC-II 型外加剂。混凝土质量配合比为 m(水泥) : m(粉煤灰) : m(高炉矿渣粉) : m(天然河砂) : m(碎石) : m(UC-II 型外加剂)=0.7 : 0.12 : 0.16 : 2.04 : 2.81 : 0.01。混凝土立方体抗压强度实测均值为 41.2MPa，标准差为 3.3MPa。

9.1.2 试验测试内容

试验装置采用液压伺服试验机，试验采用单一速率进行加载，并采用声发射对试验进行全过程动态跟踪定位，试验加载装置如图 9-1 所示。

图 9-1　试验加载装置

FRP 通过环氧树脂强力胶粘贴在混凝土梁底面缺口两侧。加载过程中通过预先粘贴的应变片和荷载传感器测试三点弯曲梁试件的应变值及荷载值，采用夹式引伸计测试裂缝张口位移 (CMOD)，绘制荷载–裂缝张口位移 (F-CMOD) 曲线。试验装置如图 9-2 所示，$2l_{\mathrm{u}}$(6cm) 代表梁缺口两侧的无黏结区域，通过改变 FRP 层数 (1 层、2 层、3 层、4 层) 研究 FRP 最佳黏结层数，每种工况重复三个试件。

荷载及各测点的应变采用 DH-3817 型动态应变测试系统进行采集，夹式引伸计的标距为 12mm，变形测量范围为 $-1 \sim 4$mm。在每个试件的底面缺口两侧粘贴

2 个电阻应变片，在预制裂缝中心延长线方向等间距布置 4 个电阻应变片，并在预制裂缝尖端两侧再粘贴 2 个电阻应变片，具体布置如图 9-3 所示；通过在预制裂缝口两侧粘贴四棱柱钢片，将夹式引伸计安装在钢片刀口位置，直接测量出试件加载过程中的CMOD值。

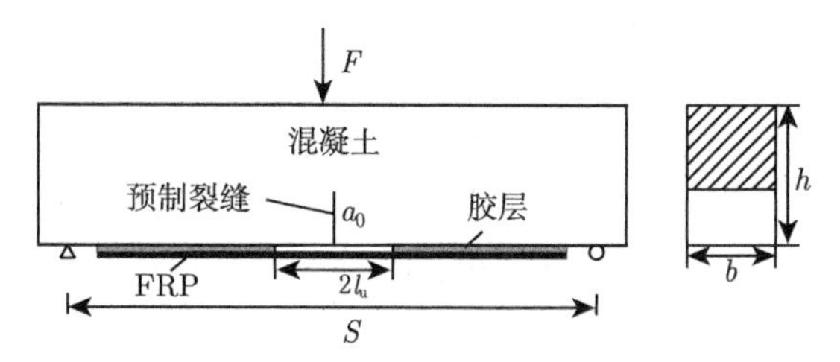

图 9-2 FRP 加固混凝土三点弯曲梁

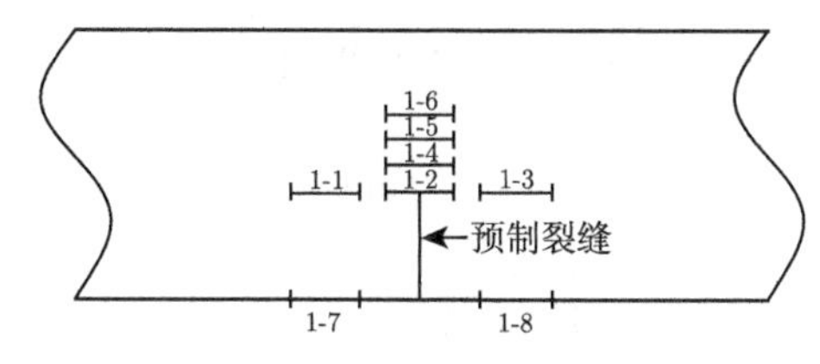

图 9-3 电阻应变片布置图

9.1.3 失稳断裂韧度的确定

1. 基本假定

(1) 在整个裂缝扩展的过程中，裂缝面一直呈线性状态；

(2) 在整个裂缝扩展的过程中，FRP 与混凝土之间无任何界面裂缝产生，且两者在界面处的变形一致；

(3)FRP 加固混凝土整个开裂过程中，不考虑未开裂区域的弹性变形；

(4) 将 FRP 对混凝土三点弯曲梁的作用等效为一对集中力作用在试件底部。

2. 公式修正

根据《水工混凝土断裂试验规程》(DL/T 5332—2005)，三点弯曲梁普通混凝土试件失稳断裂韧度采用如下公式进行计算:

$$K_{\mathrm{I\,c}}^{\mathrm{un}}=\frac{1.5\times\left(F_{\max}+\dfrac{W}{2}\right)\times S\times a_{\mathrm{c}}^{1/2}}{th^2}f(\alpha_{\mathrm{c}}) \tag{9-1}$$

其中，

$$f(\alpha_{\mathrm{c}})=\frac{1.99-\alpha_{\mathrm{c}}(1-\alpha_{\mathrm{c}})(2.15-3.93\alpha_{\mathrm{c}}+2.7\alpha_{\mathrm{c}}^2)}{(1+2\alpha_{\mathrm{c}})(1-\alpha_{\mathrm{c}})^{3/2}},\alpha_{\mathrm{c}}=\frac{a_{\mathrm{c}}}{h}$$

式中，$K_{\mathrm{Ic}}^{\mathrm{un}}$ 为失稳断裂韧度；$F_{\max}$ 为最大荷载，即F-CMOD曲线的最高点所对应的荷载；W 为试件支座间的自重, 用试件总重量按 S/L 折算，L 为试件总长度，S 为试件两支座间的跨度；a_{c} 为试件临界有效裂缝长度；h 为试件高度；t 为试件厚度。

a_{c} 可采用式 (9-2) 进行计算：

$$a_{\mathrm{c}}=\frac{2}{\pi}\left(h+h_{0}\right)\arctan\left(\frac{tE_{\mathrm{c}}V_{\mathrm{c}}}{32.6F_{\max}}-0.1135\right)^{1/2}-h_{0} \tag{9-2}$$

式中，h_0 为夹式引伸计刀片薄钢板厚度；V_{c} 为裂缝张口位移临界值；E_{c} 为混凝土计算弹性模量。

E_{c} 可采用式 (9-3) 进行计算：

$$E_{\mathrm{c}}=\frac{1}{tc_{i}}\left[3.70+32.60\tan^{2}\left(\frac{\pi}{2}\frac{a_{0}+h_{0}}{h+h_{0}}\right)\right] \tag{9-3}$$

式中，a_0 为试件初始预制裂缝长度；c_i 为试件初始CMOD/F值，由F-CMOD曲线上升段中直线段上任一点的CMOD值和 F 值计算得出。

由于将 FRP 对混凝土的作用等效为一对集中力作用在试件的底部，参考文献 [13]，假定 σ_{f} 与 $\sigma(x)$ 的闭合力作用相同，故 FRP 阻裂作用可采用应力强度因子公式 [式 (9-4)] 表示：

$$K_{\mathrm{Iu}}^{\mathrm{un}}=-\frac{2nt\sigma_{\mathrm{f}}}{\sqrt{\pi a_{\mathrm{c}}}}f'\left(\alpha_{\mathrm{c}}\right) \tag{9-4}$$

其中，

$$f'\left(\alpha_{\mathrm{c}}\right)=\frac{3.52}{\left(1-\alpha_{\mathrm{c}}\right)^{3/2}}-\frac{4.35}{\left(1-\alpha_{\mathrm{c}}\right)^{\frac{1}{2}}}+2.13\left(1-\alpha_{\mathrm{c}}\right)$$

式中，σ_{f} 为混凝土裂缝开始失稳扩展时 FRP 的拉应力；n 为 FRP 的黏结层数；t 为 FRP 的厚度；a_{c} 为临界有效裂缝长度。

由平截面假定可得

$$\frac{f_{\mathrm{r}}}{E_{\mathrm{c}}}/\frac{\sigma_{\mathrm{f}}}{E_{\mathrm{f}}}=\frac{h_{\mathrm{c}}}{h_{\mathrm{c}}+a_{\mathrm{c}}} \tag{9-5}$$

式中，f_{r} 为混凝土的抗折强度；E_{f} 为 FRP 的弹性模量；h_{c} 为偏心距。

由式 (9-5) 得

$$\sigma_{\mathrm{f}}=\frac{E_{\mathrm{f}}}{E_{\mathrm{c}}}\times\frac{h_{\mathrm{c}}}{h_{\mathrm{c}}+a_{\mathrm{c}}}\times f_{\mathrm{r}} \tag{9-6}$$

故 FRP 加固混凝土三点弯曲梁的失稳断裂韧度可由普通混凝土的失稳断裂韧度与 FRP 对混凝土阻裂作用的叠加进行表示，即 $K_{\mathrm{Ic}}^{\mathrm{un}'}=K_{\mathrm{Ic}}^{\mathrm{un}}+K_{\mathrm{Iu}}^{\mathrm{un}}$。

9.2 试 验 结 果

根据试验结果，绘制出不同黏结层数 (1 层、2 层、3 层、4 层) 的 FRP 加固混凝土的荷载–裂缝张口位移曲线，如图 9-4 所示。从图中可以看出，黏结长度取 25mm 时，在任何黏结层数下，均无法得到断裂峰后软化段，但混凝土峰值荷载都得到了很大的提高。

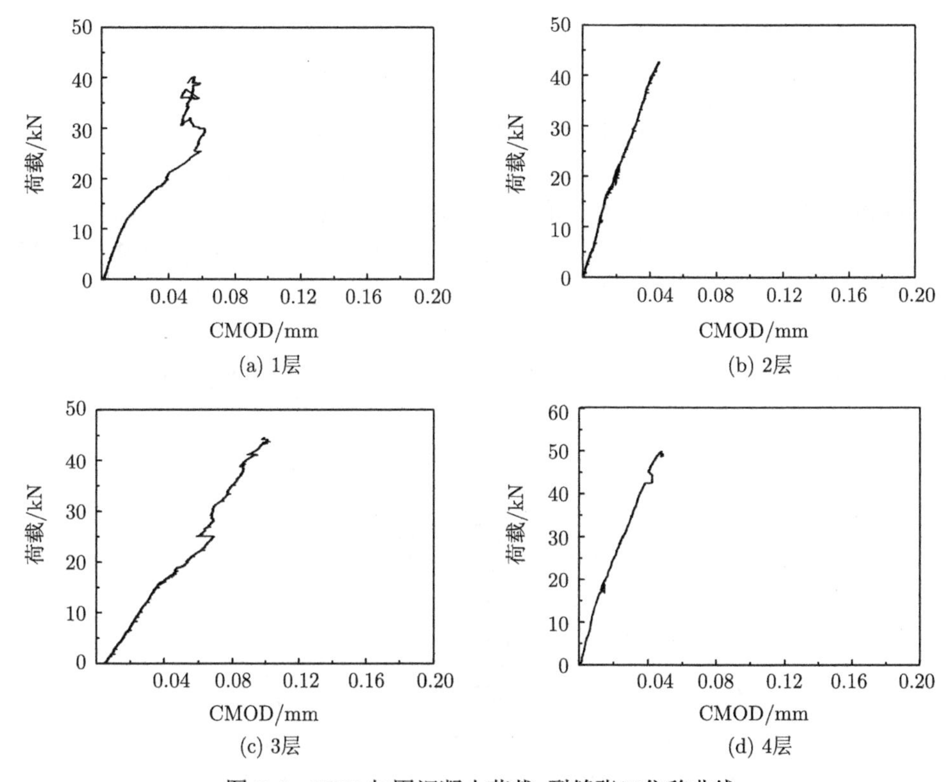

图 9-4 FRP 加固混凝土荷载–裂缝张口位移曲线

根据荷载–应变曲线、F-CMOD 曲线，分别求出各试件的起裂荷载值 F_{ini} 和最大荷载值 $F_{\max}$ 及对应的起裂裂缝张口位移$\mathrm{CMOD_{ini}}$ 和临界裂缝张口位移$\mathrm{CMOD_c}$，结果列于表 9-1，其中，试件的编号 FRP-1、FRP-2、FRP-3、FRP-4 分别表示 FRP 黏结层数为 1 层、2 层、3 层、4 层的带裂缝混凝土三点弯曲梁试件。

表 9-1　试件试验结果

试件	F_{ini}/kN	F_{max}/kN	F_{ini}/F_{max}	$CMOD_{ini}$/μm	$CMOD_c$/μm
FRP-1	11.3825	37.1712	0.3062	14.9850	62.2290
FRP-2	16.5320	36.4830	0.4531	17.3300	49.9433
FRP-3	19.3350	43.7295	0.4422	34.9750	76.1100
FRP-4	17.6350	45.7400	0.3855	15.8400	46.2500

9.3 试验结果分析

9.3.1 FRP 黏结层数对混凝土三点弯曲梁试件峰值荷载的影响

考虑到混凝土试验的离散性影响，每组试件采用完全相同的 3 个 FRP 加固混凝土三点弯曲梁试件，如图 9-5 所示，给出了不同 FRP 黏结层数混凝土三点弯曲梁断裂破坏峰值荷载。从图中可以看出，相比于 FRP 黏结层数为 1 层的混凝土三点弯曲梁而言，黏结层数为 2 层的混凝土三点弯曲梁峰值荷载略微下降，该现象可以由混凝土离散性和 FRP 黏结效果来解释；黏结层数为 3 层和 4 层时，FRP 加固混凝土三点弯曲梁的峰值荷载有所增加，但幅度不大，说明 FRP 黏结层数过多时，经济效益低。因此，FRP 黏结层数为 1 层时，黏结的性价比最好。

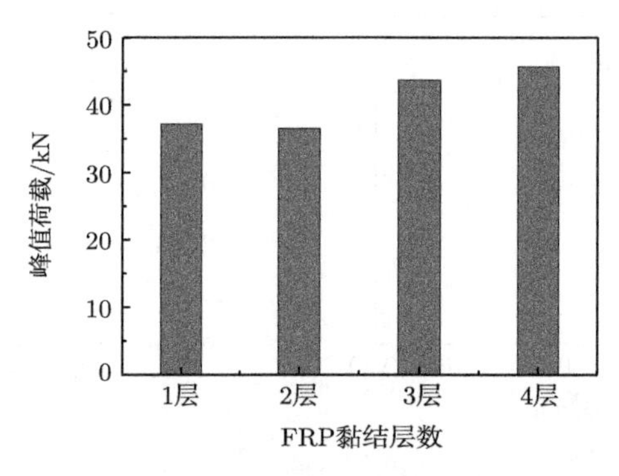

图 9-5　不同 FRP 黏结层数的混凝土断裂破坏峰值荷载

9.3.2 FRP 黏结层数对混凝土三点弯曲梁试件断裂韧度的影响

根据式 (9-1)~ 式 (9-6) 计算不同 FRP 黏结层数下的失稳断裂韧度平均值，将得到的结果绘制于柱形图中，如图 9-6 所示。从图中可以看出，当 FRP 黏结层数为 1 层时，失稳断裂韧度值达到最大，而黏结层数为 2 层时，失稳断裂韧度值突然降低，黏结层数为 3 层和 4 层时，失稳断裂韧度值开始逐渐增大，但其值仍小于 FRP 黏结层数为 1 层的失稳断裂韧度值。图 9-7 给出了 FRP 黏结层数分别为 2 层、3 层及 4 层时的混凝土梁的破坏形态，结合图 9-6 可知，当黏结层数超过 2

层时，FRP 与 FRP 之间通过胶层黏结成为一个整体，该组合体刚度、强度均会大于混凝土梁的整体刚度及整体强度，此时裂缝口处的“缺陷区”转变成为混凝土梁的“高强区”，该现象类似于钢筋混凝土梁的超筋状况，因此出现了图 9-7 中所示的斜压破坏形式，这也为图 9-5 中难以得到表征断裂过程区的峰后软化段提供了合理的解释。

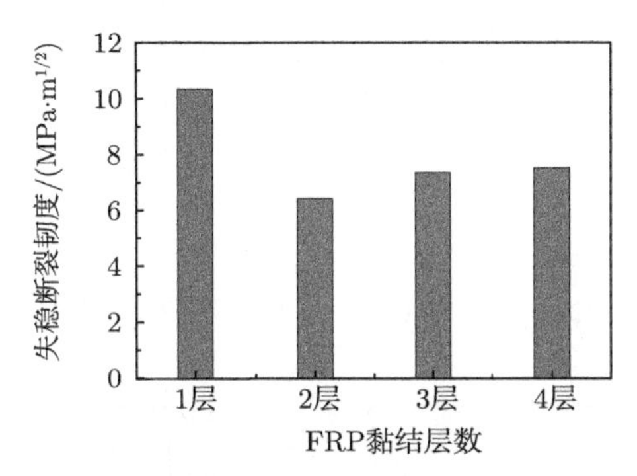

图 9-6 不同 FRP 黏结层数下的混凝土失稳断裂韧度

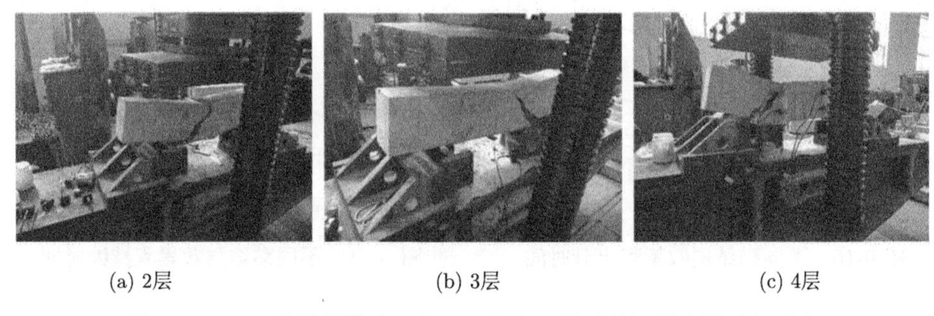

(a) 2层 (b) 3层 (c) 4层

图 9-7 FRP 黏结层数为 2 层、3 层和 4 层时的混凝土梁破坏形态

9.3.3 FRP 黏结层数对声发射参数的影响

混凝土的损伤破坏总会伴随着声发射现象的产生，因此，当混凝土试件自身特性 (强度、刚度等) 发生变化时，声发射参数也会随之发生波动。图 9-8~ 图 9-11 分别给出了不同 FRP 黏结层数下的混凝土声发射累积振铃计数、累积能量、累积上升时间及累积持续时间随时间的变化曲线 (各参数和时间均采用归一化处理)。从图中可以看出，声发射累积振铃计数、累积能量、累积上升时间及累积持续时间都呈现先缓慢增加后快速增加的趋势，其规律呈现相似性。除 FRP 黏结层数为 4 层的试验外，声发射参数缓慢增加与快速增加之间的分界点均位于 60% 的时间点处，FRP 黏结层数的增加并未使声发射参数累积速率更为平缓。相对于黏结层数为 1 层而言，黏结层数为 2 层、3 层及 4 层的声发射参数先缓慢增加后快速增加

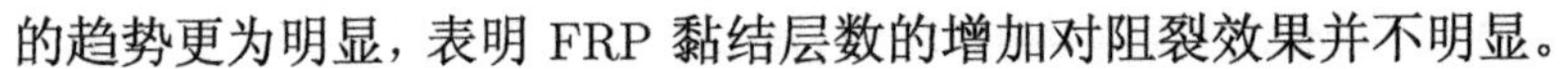

的趋势更为明显，表明 FRP 黏结层数的增加对阻裂效果并不明显。

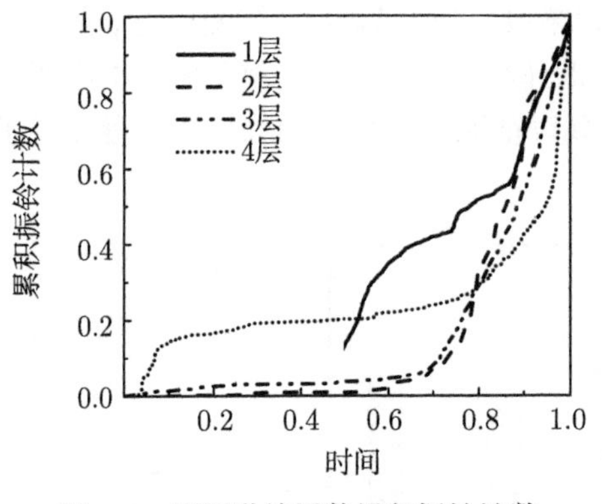

图 9-8　不同黏结层数累积振铃计数

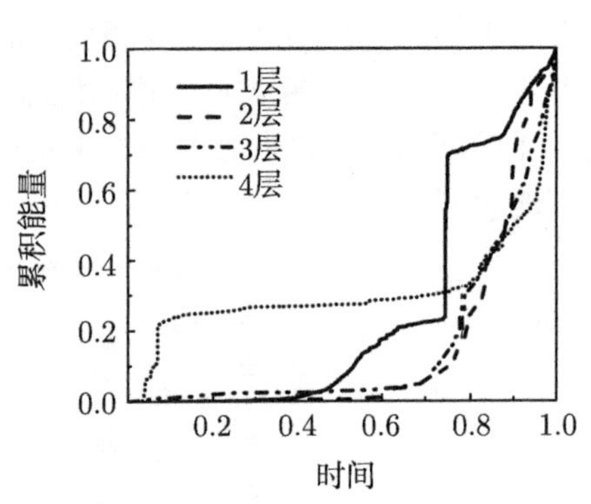

图 9-9　不同黏结层数累积能量

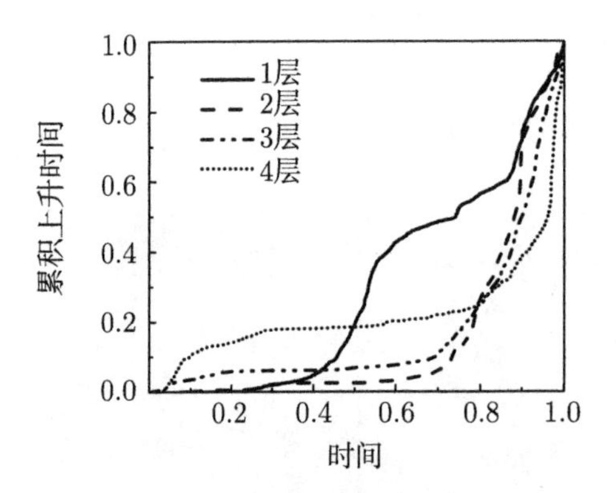

图 9-10　不同黏结层数累积上升时间

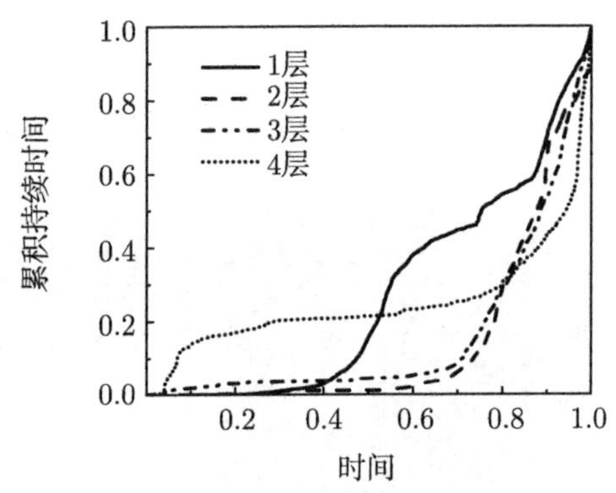

图 9-11　不同黏结层数累积持续时间

9.4　本 章 小 结

本章利用 FRP 所具备的耐腐蚀性、较好的裂缝控制能力、较高的耗能能力及与混凝土之间良好的黏结性能等优点，将其黏结在混凝土三点弯曲切口梁的受拉面，对 FRP 加固混凝土三点弯曲梁的断裂过程进行研究，研究了不同 FRP 黏结层数对混凝土断裂特性的影响。

(1) 对于不同的 FRP 黏结层数而言，黏结层数越多，对于峰值荷载的提高程度越大，但是提高的幅度并不明显，从破坏方式来看，黏结层数过多会导致混凝土梁产生斜压破坏；

(2) 从经济性角度出发，FRP 加固混凝土黏结 1 层 FRP 最为经济合理；

(3) 引入适用于 FRP 加固混凝土三点弯曲梁的失稳断裂韧度 $K_{\mathrm{Ic}}^{\mathrm{un}'}$ 这一断裂

参数，利用双 K 断裂准则对 FRP 加固后的混凝土三点弯曲梁的裂缝扩展全过程进行了描述，其试验结果与理论结果吻合良好，这表明重新定义后的失稳断裂韧度完全可以作为判断 FRP 加固混凝土裂缝扩展状态的理论依据；

(4) 基于声发射无损监测技术，声发射参数的变化规律显示 FRP 黏结层数的增加并不有利于裂缝的均速扩展，阻裂效果并不明显，说明 FRP 加固混凝土黏结层数为 1 层时，FRP 黏结性价比最佳。

参 考 文 献

[1] 吴中伟, 廉惠珍. 高性能混凝土 [M]. 北京: 中国铁道出版社, 1999.

[2] 丁道红, 章青. 混凝土缺陷研究综述 [J]. 混凝土, 2009(10): 16-18, 23.

[3] SHAH S G, KISHEN J M C. Use of acoustic emissions in flexural fatigue crack growth studies on concrete[J]. Engineering fracture mechanics, 2012, 87: 36-47.

[4] YANG L, ZENG X C, YU H F. Study on crack density of concrete exposed to stress corrosion[J]. Construction and building materials, 2015, 82:264-273.

[5] 王铁梦. 工程结构裂缝控制 [M]. 北京: 中国建筑工业出版社, 1997.

[6] 徐庆钟, 易富民, 余贵廷. 碳纤维布加固含裂缝混凝土梁的裂缝扩展阻力性能 [J]. 三峡大学学报 (自然科学版), 2009, 31(4): 65-68.

[7] 张大鹏. 碳纤维布加固混凝土构件的试验研究 [D]. 大连: 大连理工大学, 2006.

[8] YEBOAH D, TAYLOR S, MCPOLIN D, et al. Pull-out behaviour of axially loaded Basalt Fibre Reinforced Polymer (BFRP) rods bonded perpendicular to the grain of glulam elements[J].Construction and building materials, 2013, 38(5):962-969.

[9] WU Z J, DAVIES J M. Mechanical analysis of a cracked beam reinforced with an external FRP plate [J]. Composite structures, 2003, 62(2): 139-143.

[10] 朱榆, 徐世烺. 超高韧性水泥基复合材料加固混凝土三点弯曲梁断裂过程的研究 [J]. 工程力学, 2011, 28(3): 69-77.

[11] CARLONI C, SUBRAMANIAM K V. Investigation of sub-critical fatigue crack growth in FRP/concrete cohesive interface using digital image analysis[J]. Composites part B: engineering, 2013, 51(8): 35-43.

[12] 张清纯. 混凝土断裂机理和断裂力学——第五次国际断裂会议综述 II [J]. 硅酸盐学报, 1983(2): 221-230.

[13] 徐世烺. 混凝土断裂力学 [M]. 北京: 科学出版社, 2011.

[14] ZHAO Y H , XU S L. The influence of span/depth ratio on the double-K fracture parameters of concrete[J]. Journal of China Three Gorges University (Natural Sciences), 2002, 24(1): 35-41.

[15] XU S L, REINHANT H W. A simplified method for determining double-K fracture parameters for three-point bending tests[J]. International journal of fracture, 2000, 104(2):

181-209.

[16] 范向前, 胡少伟, 朱海堂, 等. 非标准钢筋混凝土三点弯曲梁双 K 断裂特性 [J]. 建筑材料学报, 2015, 18(5): 733-736, 762.

[17] 吴熙, 付腾飞, 吴智敏. 自密实轻骨料混凝土的双 K 断裂参数和断裂能试验研究 [J]. 工程力学, 2010, 27(S2): 249-254.

[18] RILEM TECHNICAl COMMITTEE 50-FMC. Determination of the fracture energy of mortar and concrete by means of tree-point bend tests of notched beams[J]. Materials and structures, 1985, 18(106): 285-296.

[19] GAO D Y, ZHANG T Y. Fracture characteristics of steel fiber reinforced high strength concrete under three-point bending[J]. Journal of the Chinese Ceramic Society, 2007(12): 1630-1635.

[20] FAN X Q, HU S W, LU J. Damage and fracture processes of concrete using acoustic emission parameters [J]. Computers and concrete, 2016, 18(2): 267-278.

[21] FAN X Q, HU S W, LU J, et al. Acoustic emission properties of concrete on dynamic tensile test[J]. Construction and building materials, 2016, 114(7): 66-75.

[22] 中国电力企业联合会. 水工混凝土断裂试验规程: DL/T 5332—2005[S]. 北京: 中国电力出版社, 2006.

第10章　不同 FRP 类型加固混凝土阻裂试验与理论

FRP 加固混凝土，是利用 FRP 的高强度、耐疲劳、防腐蚀及良好的黏结性能等优点，通过环氧树脂强力胶将其粘贴于混凝土构件或结构的表面，使 FRP 与混凝土共同作用，从而达到对混凝土结构加固的目的 [1,2]。

常见的 FRP 有 AFRP、CFRP 和 GFRP，因此相关学者对三种类型的 FRP 加固混凝土做了大量的理论分析和试验研究。王兴国等 [3] 通过试验研究了外贴 AFRP 布加固混凝土梁的弯曲性能，表明 AFRP 布加固法能够有效改善混凝土梁的弯曲性能；Lou 等 [4] 研究了黏结 AFRP 筋预应力混凝土梁的时变性能，建立了一个能预测 AFRP 混凝土梁长期工作荷载响应的模型，并对其时变性能进行了评价；Wroblewski 等 [5] 研究了 FRP 与混凝土梁的外黏结耐久性，定量分析了热、湿、冻融循环对 FRP 加固混凝土峰值荷载及延性的影响；孙延华等 [6] 开展了 CFRP–混凝土界面黏结–滑移关系试验，改进了过去的双拉试件，设计了水平加载方案，测得了 CFRP–混凝土界面黏结–滑移本构关系的下降段；Benzarti 等 [7] 研究了混凝土与 CFRP 加固体系在相对湿度加速老化条件下的黏结耐久性，并对 CFRP 加固混凝土试件进行了力学性能表征；Silva 和 Biscaia[8] 通过试验研究了盐湿环境对 GFRP 加固混凝土黏结性能的影响，并将界面附近形成剪切断裂的 Mohr-Coulomb 包络线作为破裂准则；彭飞和薛伟辰 [9] 开展了基于可靠度的 GFRP–混凝土梁抗弯承载力设计方法研究，改进了受压破坏控制截面的 GFRP 筋极限应力计算公式。

尽管国内外学者针对三类常用 FRP 加固混凝土的力学性能已开展了大量研究，但是三种类型的 FRP 力学性能存在差异，上述研究均只考虑了单一类型 FRP 加固混凝土的力学性能，对于三类 FRP 加固混凝土的对比研究较少。鉴于此，本章基于断裂力学理论 [10−12]，利用三点弯曲梁试验对比研究三种不同类型 FRP 加固混凝土的断裂特性。

10.1　试验概况

10.1.1　试验设计

根据《水工混凝土断裂试验规程》(DL/T 5332—2005)，三点弯曲梁试件选择 $L\times b\times h=1000\text{mm}\times 120\text{mm}\times 200\text{mm}$ 的标准试件，设计初始预制裂缝长度 a_0 为

80mm(即初始缝高比 α_0 为 0.4)。FRP 选用 AFRP、CFRP 和 GFRP 三种类型的纤维布，并通过环氧树脂强力胶将三类单层 FRP 纤维布分别粘贴在混凝土梁底面缺口两侧，其黏结长度 l 设计为 250mm[13]，另外准备一组不粘贴 FRP 的普通混凝土梁试件作为对比。鉴于试验过程难免存在一定的误差，为更加真实地反映试验结果，每组浇筑 4 根试件，共计 4 组 16 根，编号分别为 O-beam(普通混凝土梁)、A-beam(AFRP 加固混凝土梁)、C-beam(CFRP 加固混凝土梁) 和 G-beam(GFRP 加固混凝土梁)。FRP 加固混凝土三点弯曲梁试件示意图如图 10-1 所示，其中 $2l_{\mathrm{u}}$(l_{u}=30mm) 表示试件缺口两侧未黏结长度，主要是为了防止梁体在加载过程中出现斜裂缝。

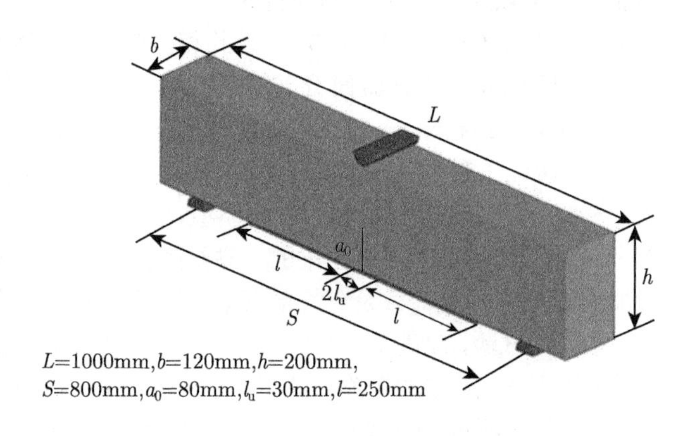

图 10-1 FRP 加固混凝土三点弯曲梁试件

混凝土试件组成材料为 P·O 42.5 普通硅酸盐水泥、I 级粉煤灰、5~31.5mm 级碎石、天然河砂、高炉矿渣粉、UC-II 型外加剂、生活饮用水。其质量配合比为 m(水泥) : m(粉煤灰) : m(高炉矿渣粉) : m(天然河砂) : m(碎石) : m(UC-II 型外加剂)=0.70 : 0.12 : 0.16 : 2.04 : 2.81 : 0.01。混凝土立方体抗压强度实测均值为 41.5MPa，标准差为 3.3MPa。

10.1.2 试验测试内容

在 5000kN 液压伺服试验机上进行不同种类 FRP 加固混凝土的三点弯曲梁断裂试验，试验采用单一速率加载。数据采集设备为 DH-5902 动态采集仪，采集频率为 200Hz。主要采集数据包括荷载 F、裂缝尖端应变 ε、裂缝张口位移 (CMOD)。加载过程中通过预先在混凝土表面粘贴应变片，以及在受拉侧放置荷载传感器测量 FRP 加固混凝土三点弯曲梁试件的应变和荷载值，并采用夹式引伸计 (标距为 12mm，变形测量范围为 −1~4mm) 测量其裂缝张口位移，具体加载装置如图 10-2 所示。

图 10-2 试验加载装置

10.2 试验结果

10.2.1 起裂荷载和极限荷载的对比

将试验结果列于表 10-1 中，其中：F_{ini} 为试件的起裂荷载平均值，F_{max} 为试件的极限荷载平均值，提高幅度为相对于普通混凝土三点弯曲梁的增量。从表 10-1 中可以看出，相比于普通混凝土三点弯曲梁，FRP 具有明显的阻裂和加固效应，起裂荷载提高 54.61%以上，极限荷载提高 140.81%以上；CFRP 加固混凝土三点弯曲梁起裂荷载与极限荷载均远大于其他两种 FRP 加固混凝土三点弯曲梁的起裂荷载与极限荷载，表明 CFRP 的加固效果优于 AFRP 和 GFRP。起裂荷载与极限荷载的比值反映试件从起裂到失稳破坏的差距，比值越大，起裂荷载距离失稳荷载越近，试件从起裂到失稳的速度越快，试件的脆性越好，延性越差；相反，比值越小，试件的脆性就越差，延性越好。故由表 10-1 可知，CFRP 加固混凝土三点弯曲梁起裂荷载与极限荷载的比值最小，表明 CFRP 加固混凝土三点弯曲梁的延性最好，更加适合外贴带裂缝混凝土的加固。

表 10-1 三点弯曲梁试验结果

编号	起裂荷载		极限荷载		F_{ini}/F_{max}
	F_{ini}/ kN	提升幅度/%	F_{max}/ kN	提升幅度/%	
O-beam	5.42	—	8.75	—	0.62
A-beam	9.45	74.35	26.82	206.51	0.35
C-beam	11.01	103.13	33.23	279.77	0.33
G-beam	8.38	54.61	21.07	140.81	0.40

10.2.2　破坏形式的对比

普通混凝土梁的裂缝一旦出现便迅速发展到试件顶部，即裂缝的失稳扩展破坏，但是 FRP 加固混凝土三点弯曲梁的破坏形式并不同于普通混凝土三点弯曲梁，大多是由试件弯曲主裂缝导致的混凝土–FRP 的界面剥离引起的断裂破坏，三种不同 FRP 加固混凝土三点弯曲梁的具体破坏形式如图 10-3 所示。从图 10-3 中可以看出，AFRP 加固混凝土梁和 CFRP 加固混凝土梁的破坏形式都是梁底部发生界面剥离，整个试件发生断裂破坏，分析其原因主要是在混凝土梁底部有 FRP 的存在，FRP 会分担外荷载在混凝土试件内部产生的拉应力，并且随着外荷载的不断增加，FRP 内的拉应力的增长速度要比混凝土内部拉应力的增长速度快，从而导致 FRP 与混凝土逐渐开始剥离，当 FRP 的拉应力达到其抗拉强度时，FRP 与混凝土梁底部发生完全剥离，试件瞬间失稳破坏。然而，图 10-3 中 GFRP 加固混凝土梁的破坏形式并不同于界面的剥离破坏，而是 GFRP 布的拉断破坏，分析其原因主要是受 GFRP 本身玻璃纤维的约束，其断裂延伸率较小，耗能能力较差，受力时变形大，未达到其极限强度时已被直接拉断，从而使混凝土试件发生断裂破坏，这也从侧面表明了使用 GFRP 对带裂缝混凝土的加固效果没有 AFRP 和 CFRP 好。

(a) A-beam

(b) C-beam

(c) G-beam

图 10-3　不同 FRP 加固混凝土梁破坏形式

10.3　FRP 加固混凝土梁的阻裂加固机理

10.3.1　基本假定

(1) 在整个裂缝扩展的过程中，正应变沿着构件截面呈现线性分布；

(2) 在试件整个开裂过程中，不考虑未开裂区域的弹性变形；

(3) 将 FRP 对混凝土三点弯曲梁的作用等效为一对集中力作用在试件底部；

(4) 不考虑 FRP 与混凝土发生相对滑移；

(5) 不考虑胶层的拉伸强度。

10.3.2 缝尖端闭合力阻裂模型

根据梁的受力特点，混凝土三点弯曲梁的断裂可以简化为平面问题，FRP 加固混凝土梁在保证界面黏结可靠的情况下，其界面裂缝扩展对试件的影响性能较小，试件破坏的本质是混凝土中主裂缝的失稳扩展，所以可以采用线弹性断裂力学的原理来分析主裂缝的失稳扩展规律及裂缝闭合措施效果 [14,15]，如图 10-4 所示。图 10-4(a) 为普通混凝土梁，一旦开裂，裂缝迅速扩展至试件顶部，发生失稳破坏，此时裂缝尖端 A 的应力强度因子 K_{IA} 大于混凝土的断裂韧度 K_{Ic}；图 10-4(b) 为 FRP 加固混凝土梁，梁开裂后，FRP 的作用相当于在起裂点施加了一个反向的集中力 F_{FRP}，故裂缝尖端 B 的应力强度因子为 $K_{\mathrm{IB}}=K_{\mathrm{IA}}-K_{\mathrm{IF}}$。

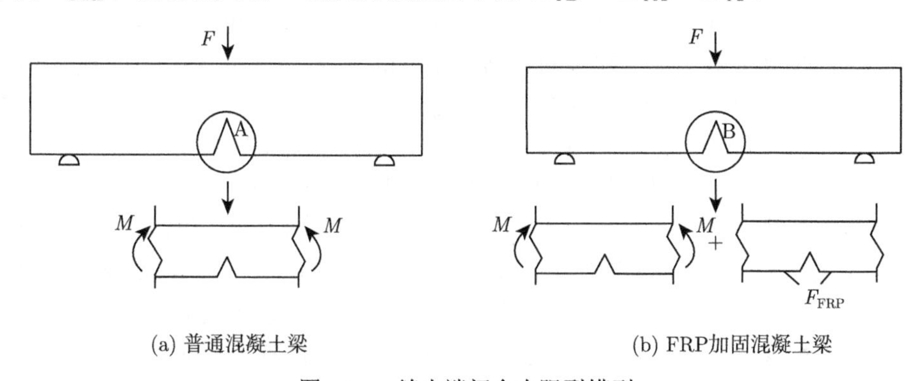

图 10-4 缝尖端闭合力阻裂模型

10.3.3 裂缝扩展状态的判定准则

通过对 FRP 加固混凝土三点弯曲梁裂缝扩展过程的分析，其断裂过程同样可类比普通混凝土分为三个阶段：裂缝起裂、裂缝稳定扩展和失稳破坏。因此，参考文献 [10]，引入 FRP 加固混凝土三点弯曲梁的起裂断裂韧度 $K_{\mathrm{Ic}}^{\mathrm{ini}}$ 和失稳断裂韧度 $K_{\mathrm{Ic}}^{\mathrm{un}}$ 两个参数，可利用双 K 断裂准则 [16,17] 对其裂缝的扩展状态进行描述，即：

$K_{\mathrm{IB}}<K_{\mathrm{Ic}}^{\mathrm{ini}}$，裂缝不扩展；

$K_{\mathrm{IB}}=K_{\mathrm{Ic}}^{\mathrm{ini}}$，裂缝开始扩展；

$K_{\mathrm{Ic}}^{\mathrm{ini}}<K_{\mathrm{IB}}<K_{\mathrm{Ic}}^{\mathrm{un}}$，裂缝稳定扩展；

$K_{\mathrm{IB}}=K_{\mathrm{Ic}}^{\mathrm{un}}$，裂缝开始失稳扩展；

$K_{\mathrm{IB}}>K_{\mathrm{Ic}}^{\mathrm{un}}$，裂缝失稳扩展。

其中，FRP 加固混凝土梁裂缝开始扩展时的应力强度因子 K_{IB} 即其起裂断裂韧度，可记为 $K_{\mathrm{IB}}^{\mathrm{ini}}$；FRP 加固混凝土梁裂缝开始失稳扩展时的应力强度因子 K_{IB} 即其失稳断裂韧度，可记为 $K_{\mathrm{IB}}^{\mathrm{un}}$。

由于 FRP 对混凝土裂缝的限制作用，故对 FRP 加固混凝土梁所采用的双 K 断裂准则中的起裂断裂韧度和失稳断裂韧度两个参数已经不同于普通混凝土梁双 K 断裂准则中的两个参数，需要考虑 FRP 的作用力，其具体计算方法可参考文献 [13]。

10.3.4　计算结果分析

根据参考文献 [13] 中相关公式计算出不同 FRP 加固混凝土三点弯曲梁的起裂断裂韧度和失稳断裂韧度，分别绘制出不同 FRP 加固混凝土三点弯曲梁两个参数平均值的变化柱形图，如图 10-5 所示。从图中可以看出，相对普通混凝土而言，FRP 加固混凝土三点弯曲梁的起裂断裂韧度和失稳断裂韧度均有着不同程度的增加，表明使用 FRP 对带裂缝混凝土加固有一定的阻裂和加固效果。同时，对比三种不同种类 FRP 加固混凝土三点弯曲梁的起裂断裂韧度和失稳断裂韧度发现，CFRP 加固混凝土梁的起裂断裂韧度和失稳断裂韧度达到最大，表明 CFRP 加固混凝土的效果最佳。尽管 AFRP 加固混凝土三点弯曲梁的起裂断裂韧度和失稳断裂韧度与 CFRP 加固混凝土梁相近，但 AFRP 的价格远高于 CFRP 的价格，考虑到经济成本的问题，使用 AFRP 对带裂缝混凝土加固的性价比不高。GFRP 由于其弹性模量大，在相同外力作用下，其变形要小于其他两种纤维；又根据 GFRP 本身的性能可知，其抗拉强度比混凝土要大很多，但 GFRP 只有在混凝土结构二次受荷，裂缝进一步发生扩展时才能逐渐参加作用，加固效率较低，对带裂缝混凝土正常使用状态的性能改善不大，这从图 10-5 的起裂断裂韧度和失稳断裂韧度的对比中可以验证。由此可见，使用 CFRP 对带裂缝混凝土加固的性价比最高，其阻裂加固效果优于其他两种材料。

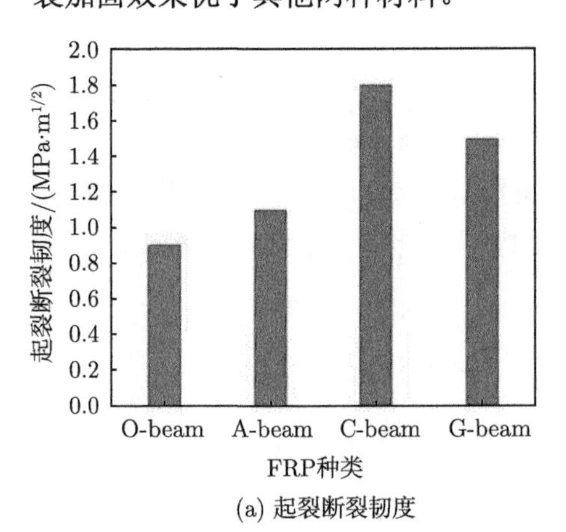

(a) 起裂断裂韧度

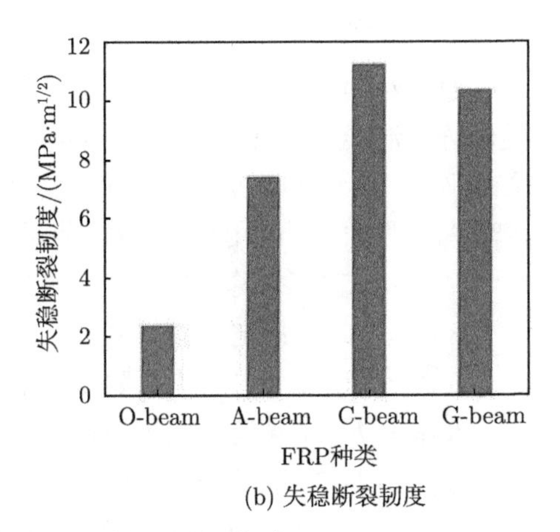

(b) 失稳断裂韧度

图 10-5　不同 FRP 加固混凝土三点弯曲梁断裂韧度

10.4 本章小结

本章基于 FRP 作为一种具有轻质量、高强度、耐疲劳和防腐蚀的新型混凝土结构加固材料，研究了不同种类 FRP 加固混凝土的断裂性能，对比了不同种类 FRP 对带裂缝混凝土的阻裂效果。

(1) 对比 4 组三点弯曲梁试验的起裂荷载和极限荷载发现，使用 FRP 对带裂缝混凝土的阻裂加固效果明显，且 CFRP 加固效果优于 AFRP 和 GFRP，CFRP 加固混凝土三点弯曲梁的延性最好；

(2) FRP 加固混凝土三点弯曲梁的破坏形式不同于普通混凝土三点弯曲梁，AFRP 加固混凝土梁和 CFRP 加固混凝土梁的破坏形式是试件底部界面的剥离破坏，GFRP 加固混凝土梁的破坏形式是试件底部 GFRP 的拉断破坏；

(3) 通过对不同 FRP 加固混凝土梁阻裂加固机理的分析，计算了不同 FRP 加固混凝土三点弯曲梁的起裂断裂韧度和失稳断裂韧度两个参数，发现 CFRP 加固混凝土梁的起裂断裂韧度和失稳断裂韧度均达到最大，同时考虑了经济成本的问题，CFRP 的价格远低于 AFRP，表明使用 CFRP 对带裂缝混凝土加固的性价比最优。

参考文献

[1] RAMADOSS P, NAGAMANI K. Tensile strength & durability characteristics of high performance fiber reinforced concrete[J]. The Arabian journal for science and engineering, 2008, 33(2): 577-582.

[2] KAMIL H, THOMAS H, JACOB W, et al. Wedge splitting test and inverse analysis on fracture behaviour of fiber reinforced and regular high performance concretes[J]. Journal of civil engineering and architecture, 2014, 8(5): 595-603.

[3] 王兴国, 张鹏飞, 代波, 等. 外黏 AFRP 布加固 RC 梁弯曲性能试验研究 [J]. 混凝土, 2017(1): 17-19, 23.

[4] LOU T J, LOPES S M R, LOPES A V. Time-dependent behavior of concrete beams prestressed with bonded AFRP tendons[J]. Composites part B: engineering, 2016, 97: 1-8.

[5] WROBLEWSKI L, HRISTOZOV D, SADEGHIAN P. Durability of bond between concrete beams and FRP composites made of flax and glass fibers[J]. Construction & building materials, 2016, 126(15): 800-811.

[6] 孙延华, 叶苏荣, 熊光晶, 等. CFRP–混凝土界面黏结–滑移关系试验 [J]. 建筑材料学报, 2014, 17(6): 959-964.

[7] BENZARTI K, CHATAIGNER S, QUIERTANT M. Accelerated ageing behaviour of the adhesive bond between concrete specimens and CFRP overlays[J]. Construction & building materials, 2011, 25: 523-538.

[8] SILVA M A G, BISCAIA H C. Effects of exposure to saline humidity on bond between GFRP and concrete[J]. Composite structures, 2011, 93(1): 216-224.

[9] 彭飞, 薛伟辰. 基于可靠度的 GFRP 筋混凝土梁抗弯承载力设计方法 [J]. 土木工程学报, 2018, 51(5): 60-67.

[10] 徐世烺. 混凝土断裂力学 [M]. 北京: 科学出版社, 2011.

[11] HUANG L, ZHAO L, YAN L. Flexural performance of RC beams strengthened with polyester FRP composites[J]. International journal of civil engineering, 2018, 16(6): 715-724.

[12] 范向前, 胡少伟, 陆俊. 三点弯曲梁法研究试件宽度对混凝土断裂参数的影响 [J]. 水利学报, 2012, 43(S1): 85-90.

[13] 范向前, 刘决丁, 胡少伟, 等. FRP 黏结长度对混凝土三点弯曲梁断裂参数的影响 [J]. 建筑材料学报, 2019, 22(1): 38-44.

[14] HE X B, YAN B, GU J Y. Crack-arresting and strengthening mechanism of hybrid fiber reinforced polymer sheets in strengthening of reinforced concrete beams[J]. Journal of engineering science and technology review, 2013, 6(2): 134-138.

[15] 何小兵, 郭晓博, 李亚, 等. GFRP/CFRP 混杂加固混凝土梁阻裂增强机理 [J]. 华中科技大学学报 (自然科学版), 2014, 42(1): 78-83.

[16] HU S W, ZHANG X F, XU S L. Effects of loading rates on concrete double-K fracture parameters[J]. Engineering fracture mechanics, 2015, 149: 58-73.

[17] XU S L, REINHARDT H W. A simplified method for determining double-K fracture parameters for three-point bending tests[J]. International journal of fracture, 2000, 104: 181-209.

第 11 章 FRP 加固混凝土黏结界面混合型断裂试验

FRP 与混凝土之间的接触界面是 FRP 加固混凝土结构中最薄弱的地方，对 FRP 加固混凝土的研究关键是对 FRP 与混凝土之间黏结界面的黏结性能和强度的研究，准确量测其界面强度和断裂韧性是采用 FRP 对混凝土结构进行加固的前提和关键。

由于 FRP–混凝土黏结界面的界面强度分析远比其受力特性分析复杂和困难，过去的十几年里，科研工作者开展了一系列以 I 型断裂为主的黏结界面断裂性能和强度的分析与研究，取得了一些显著成绩 [1−3]。然而，II 型断裂或以 II 型为主的混合型断裂的黏结界面，开裂界面之间的作用力对断裂强度的影响、裂缝扩展过程中试件的不稳定性及裂缝扩展过程中裂缝长度的不易准确量测等诸多因素，使 FRP–混凝土黏结界面的 II 型断裂或以 II 型为主的混合型断裂研究仍有诸多难题亟待解决。

由于混凝土是脆性材料，很难在试验时保证裂缝稳定地发展并达到预期的目标。目前常用的单剪、双剪和插剪断裂试验，FRP–混凝土黏结界面处于混合型加载条件下，特别当 FRP 厚度较大时，单剪试验本质上就是混合型切口单剪试验。对混合型断裂试验，由于试验时很难测量弯、剪裂缝张开或滑移位移，到目前为止尚未有合理的 FRP–混凝土黏结界面混合型节点断裂模型。因此，迫切需要简单有效的试验技术来研究 FRP–混凝土黏结界面的断裂性能。

末端切口三点弯曲试件 (3-ENF) 是现有文献中量测 II 型为主的黏结界面断裂韧性的模型之一，如图 11-1(a) 所示。尽管基于这一模型的裂缝扩展驱动力的理论分析和断裂韧性试验提取取得了实质性进展，但是关于前面提到的以 II 型为主的断裂测试的缺陷在 3-ENF 测试中依然存在，因此制约了 3-ENF 模型在 II 型界面断裂的理论分析和试验研究中的应用。

一些科研工作者 [4,5] 提出了变截面末端切口弯曲试件 (TENF) 来分析和评估在 II 型加载情况下 FRP–混凝土黏结界面的断裂韧性，如图 11-1(b) 所示。TENF 的独特之处在于其柔度与裂缝长度为线性变化关系，断裂试件的柔度变化率 $\mathrm{d}C/\mathrm{d}a$ 为常数，因此断裂试件的能量释放率与界面裂缝的开裂长度无关。试验中只要测量开裂和止裂时的临界荷载，而不用测量裂缝的长度就能直接得到试件的断裂韧度。但是 TENF 的柔度和能量释放率的表达式非常复杂，尤其是在不同材料之间的黏

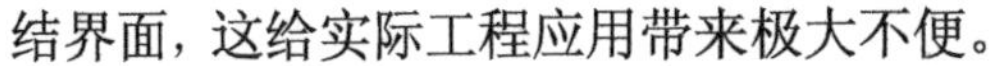
结界面，这给实际工程应用带来极大不便。

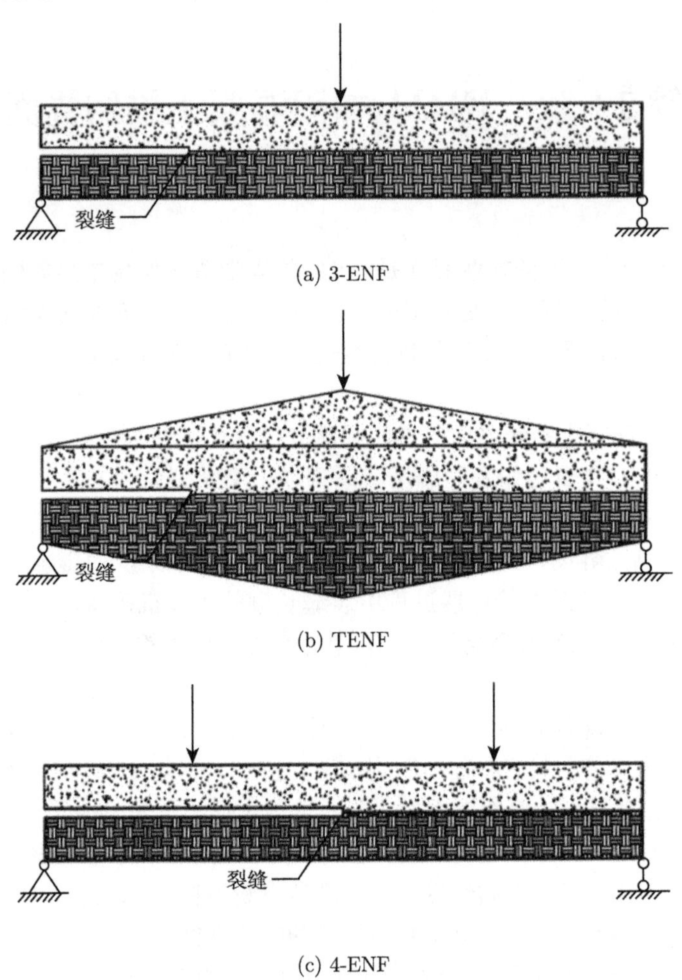

(a) 3-ENF

(b) TENF

(c) 4-ENF

图 11-1　测量Ⅱ型断裂为主的 FRP–混凝土黏结界面断裂韧性试验

为了改善 3-ENF 的不足，Martin 和 Davidson[6] 提出了四点末端切口弯曲试件 (4-ENF) 来研究黏结界面的Ⅱ型断裂韧度，如图 11-1(c) 所示。与 3-ENF 不同的是，4-ENF 中裂缝的扩展在位移加载控制下是稳定发展的 [7]，能够从单个断裂试件中获得多个数据点并拟合成一条完整的裂缝阻力曲线 [8]。4-ENF 的另一个优点是，靠近界面裂缝尖端的区域只受纯弯矩作用而没有横向剪力存在 (假设界面裂缝的初始长度大于左支座与其相邻加载点的距离)，这使 4-ENF 中开裂界面间的作用力相比于其他断裂试件大为减小 [9]。

值得提出的是，目前针对 4-ENF 的试验研究绝大部分仅局限于试件中各子层具有对称几何尺寸和材料属性的特殊情况，即纯Ⅱ型加载界面断裂。实际上，在混凝土结构加固应用中，待加固结构与加固片材之间材料和几何尺寸很少具有对称性，使加固结构中由不同材料结合成的黏结界面并非属于Ⅱ型加载范畴。然而，在现有文献报告中 [10,11]，针对四点弯曲荷载作用下由非对称子层组成的层结构中黏结界面的界面断裂韧性的理论分析和试验研究都很少，制约了 4-ENF 这一有效断裂试件在混凝土结构加固应用中黏结界面断裂韧性的试验提取。

本章将对四点弯曲荷载下铝板/CFRP–混凝土结构中 CFRP–混凝土黏结界面的断裂强度进行理论分析与试验研究。借助分层理论模型和柔性节点模型，将加固结构中各子层的横向剪切变形及裂缝尖端的局部变形纳入理论模型中，得到 4-ENF 的柔度和能量释放率的解析解。通过与现有文献中经典的 4-ENF 模型的数值解进行比较，本章 11.1 节验证了所提供的理论解析解的精度。

4-ENF 中的断裂试验在 11.2 节进行展开，并在 11.3 节对断裂试验结果进行分析和讨论，结合理论模型所预测的柔度变化率和试验得到的黏结界面的起裂和抑裂临界荷载，将得到以Ⅱ型断裂为主的混合型断裂黏结界面的起裂和抑裂界面断裂韧性。

最后，通过基于不同模型所预测的铝板/CFR–混凝土梁混合型 4-ENF 的柔度变化率和断裂韧性的比较，论证裂缝尖端的局部变形对精确评估混合型断裂试件界面强度的重要性。

11.1 4-ENF 理论分析

将图 11-2 所示的 4-ENF 作为研究对象，试件的具体尺寸如图 11-2 所示，其中裂缝长度为 a，跨度为 L，距左右支座分别为 d 处各受 $F/2$ 的集中荷载作用。仍然采用由 Davidson 等 [12] 提出的裂缝尖端单元的概念，加固结构中上下子层的厚度分别为 h_1 和 h_2，各子层为均质正交各向异性材料。

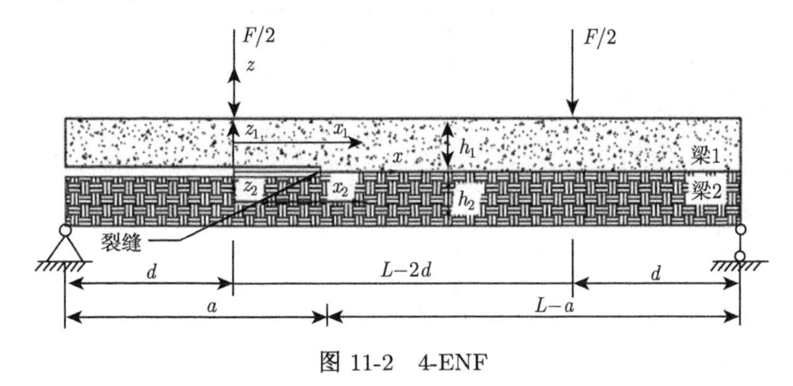

图 11-2 4-ENF

4-ENF 的能量释放率通常可由柔度方法所确定，即

$$G = \frac{F^2}{2b}\frac{\mathrm{d}C}{\mathrm{d}a} \tag{11-1}$$

式中，F 为外荷载；C 为含界面裂缝体的柔度；a 为裂缝长度；b 为试件宽度。因此，确定断裂试件的能量释放率的关键是求出界面的柔度。对界面柔度和试件能量释放率的计算将分别基于第 4 章中介绍的刚性节点模型和柔性节点模型进行，并将计算结果与 Martin 和 Davidson[6] 采用有限元和复合梁理论计算的结构进行比较。

11.1.1　基于刚性节点模型

基于刚性节点模型，为方便不同节点模型的统一分析，采用由 Davidson 等提出的裂缝尖端单元 [12] 这一概念，如图 11-3 所示。考虑到 FRP 横向剪切变形将对混凝土结构的影响，假设各子层材料本构关系均服从 Timoshenko 梁理论，即

$$N_i(x) = A_i\frac{\mathrm{d}u_i(x)}{\mathrm{d}x},\ M_i(x) = D_i\frac{\mathrm{d}\phi_i(x)}{\mathrm{d}x},\ Q_i(x) = B_i\left[\frac{\mathrm{d}w_i(x)}{\mathrm{d}x} + \phi_i(x)\right] \tag{11-2}$$

式中，$N_i(x)$、$M_i(x)$、$Q_i(x)$ 分别为各子层 $i(i=1,2)$ 单位宽度的轴力、弯矩和剪力；$u_i(x)$、$\phi_i(x)$ 和 $w_i(x)$ 分别为各子层 $i(i=1,2)$ 的纵向位移、转角和横向位移；A_i、D_i、B_i 分别为各子层 $i(i=1,2)$ 的轴向、弯曲和横向剪切刚度系数，其表达式为

$$A_i = E_{11}^{(i)}bh_i,\ D_i = E_{11}^{(i)}\frac{bh_i^3}{12},\ B_i = \frac{5}{6}G_{13}^{(i)}bh_i \tag{11-3}$$

式中，$E_{11}^{(i)}$，$G_{13}^{(i)}(i=1,2)$ 分别为各子层 $i(i=1,2)$ 纵向弹性模量和横向剪切模量。

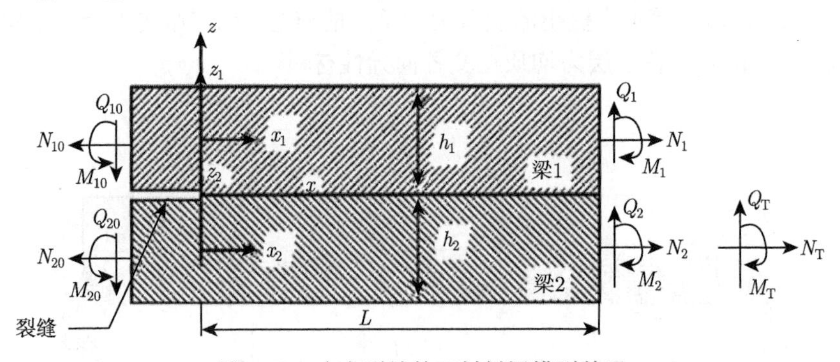

图 11-3　含有裂缝的双材料梁模型单元

FRP 加固混凝土结构中各子层的转角和挠度的表达式如下。

当 $-a \leqslant x \leqslant -a+d$ 时，

$$\left\{\begin{array}{l}\phi_1=\int \dfrac{M_1}{D_1}\mathrm{d}x=-\dfrac{\alpha F}{4D_1}x(x+2a)+c_1\\ w_1=\int\left(\dfrac{Q_1}{B_1}-\phi_1\right)\mathrm{d}x=-\dfrac{\alpha F}{4B_1}x+\dfrac{\alpha F}{12D_1}x^2(x+3a)-c_1x+c_2\end{array}\right. \tag{11-4}$$

当 $-a+d<x\leqslant 0$ 时,

$$\left\{\begin{array}{l}\phi_1=-\dfrac{\alpha Fd}{2D_1}x+c_3\\ w_1=\dfrac{\alpha Fd}{4D_1}x^2-c_3x+c_4\end{array}\right. \tag{11-5}$$

当 $0<x\leqslant L-a-d$ 时,

$$\left\{\begin{array}{l}\phi_1=-\dfrac{\varphi Fd}{2D_1}x+c_5\\ w_1=-\dfrac{\varphi Fd}{4D_1}x^2-c_5x+c_6\end{array}\right. \tag{11-6}$$

当 $L-a-d<x\leqslant L-a$ 时,

$$\left\{\begin{array}{l}\phi_1=-\dfrac{\varphi Fd}{4D_1}\left[x^2+(a-L)x\right]+c_7\\ w_1=\dfrac{\beta Fd}{2B_1}x-\dfrac{\varphi F}{12D_1}x^2\left[x+3(a-L)\right]-c_7x+c_8\end{array}\right. \tag{11-7}$$

其中，$c_i(i=1\sim 8)$ 为由连续边界条件确定的积分常数；$\alpha=\dfrac{D_1}{D_1+D_2}$、$\beta=\dfrac{B_1}{B_1+B_2}$、$\varphi=\dfrac{D_1}{D_{\mathrm{T}}}$为基于传统的复合梁理论所得的参数，$D_i$、$B_i$ 分别为各子层 $i(i=1,2)$ 的弯曲和横向剪切刚度系数，D_{T} 为复合梁的等效抗弯刚度。

连续边界条件为

$$\left\{\begin{array}{l}\phi_1|_{x=(-a+d)^-}=\phi_1|_{x=(-a+d)^+}\\ w_1|_{x=(-a+d)^-}=w_1|_{x=(-a+d)^+}\\ \phi_1|_{x=0^-}=\phi_1|_{x=0^+}\\ w_1|_{x=0^-}=w_1|_{x=0^+}\\ \phi_1|_{x=(L-a-d)^-}=\phi_1|_{x=(L-a-d)^+}\\ w_1|_{x=(L-a-d)^-}=w_1|_{x=(L-a-d)^+}\\ w_1|_{x=-a}=0\\ w_1|_{x=L-a}=0\end{array}\right. \tag{11-8}$$

将式 (11-8) 代入式 (11-4)～ 式 (11-7) 中，可以求得式 (11-4)～ 式 (11-7) 中的 8 个积分常数。下面需要求试件沿界面方向的挠度。

Schuecker 和 Davidson[8] 的研究表明，基于 4-ENF 试验数据来确定界面断裂能量最精确的方法是柔度校准法。Knninen 和 Popelar[13] 指出，柔度校准技术仅适合于单一加载形式与单一位移响应一一对应的线弹性系统。为满足这一要求，在 4-ENF 中，单一加载定义为作用于跨中的总荷载，而单一位移为相应跨中的位移。基于此，4-ENF 的柔度可定义为

$$C=-\frac{\overline{w}}{F} \tag{11-9}$$

式中，$\overline{w}$ 为两集中荷载作用处的平均挠度，值得注意的是，$\overline{w}$ 在大多数情况下都不等于试件跨中挠度。

Martin 和 Davidson[6] 的研究表明，在试验中加载支架结构硬度足够大的情况下，$\overline{w}$ 可以近似为试件的跨中挠度。基于刚性结点模型的 4-ENF 的柔度可以求得为

$$\begin{aligned}C_{\mathrm{C}}^{4-\mathrm{ENF}}=&\frac{1}{192}\left\{\frac{24}{B_1}(1+2\beta)\,d+\frac{2d^2}{D_1}(3L-10d+9a)+\frac{24}{B_1}(1-2\beta)(L-a)\right.\\&\left.+\frac{1-8\varphi}{D_1}\left[-2a^3+3a^2-6L(L-d)\,a+\left(2L^3-3L^2d+d^3\right)\right]\right\}\end{aligned} \tag{11-10}$$

将式 (11-10) 代入式 (11-1) 就可以求出 4-ENF 的能量释放率为

$$G_{\mathrm{C}}^{4-\mathrm{ENF}}=\frac{F^2}{64b}\left\{\frac{3d^2}{D_1}-\frac{4}{B_1}(1-2\beta)-\frac{1-8\varphi}{D_1}\left[a^2-a+L(L-d)\right]\right\} \tag{11-11}$$

此处含下标“C”表示为基于传统刚性节点模型的解。式 (11-10) 中的后两项和式 (11-11) 中的第二项是由 4-ENF 上下子层材料属性和几何尺寸的不对称所产生的。

对于上下子层具有对称属性的矩形试件

$$\beta=\frac{1}{2},\quad \varphi=\frac{1}{8} \tag{11-12}$$

使式 (11-10) 中的后两项和式 (11-11) 中的后两项都为零，4-ENF 退化为纯 II 型断裂模式下的 4-ENF。相应地，4-ENF 的柔度和能量释放率简化为

$$C_{\mathrm{C}}^{4-\mathrm{ENF}}=\frac{d}{4B_1}+\frac{d^2}{96D_1}(3L-10d+9a) \tag{11-13}$$

$$G_{\mathrm{C}}^{4-\mathrm{ENF}}=\frac{3F^2d^2}{64bD_1} \tag{11-14}$$

11.1.2 基于柔性节点模型

尽管 Corleto 和 Hogan[14] 的研究表明断裂试件中横向剪切变形对纯Ⅱ型断裂破坏的能量释放率没有任何影响 [式 (11-14)]，但式 (11-13) 表明剪切变形对断裂试件的柔度会产生影响，这是因为支座与集中荷载作用点之间存在的横向剪力将产生横向剪切变形，进而使试件产生挠度。

如果断裂试件能量释放率的提取是基于柔度校准法，那么试件中横向剪切变形对纯Ⅱ型断裂破坏的能量释放率影响可以完全忽略，如果能量释放率的提取是基于 Yoshihara[7] 所提出的荷载响应与纵向应变挠度相结合的方法，忽略横向剪切变形对断裂试件能量释放率的影响将产生很大误差。因为此方法需要测量试件的挠度，而对于横向剪切刚度较小的试件或深梁试件，忽略剪切变形会严重低估试件的挠度。

此外，对于不对称的 4-ENF，式 (11-1) 说明横向剪切变形对其能量释放率有明显作用。Wang 和 Qiao[15] 及 Andrew 和 Massabo[16] 的进一步研究表明，裂缝尖端的局部变形对断裂试件的挠度和能量释放率会产生很大影响，相比于柔性节点模型 (考虑裂缝尖端变形)，刚性节点模型 (忽略裂缝尖端变形) 严重低估了断裂试件的柔度和能量释放率，并且两者之间的误差随着试件裂缝长厚比的减小而增加。然而，横向剪切变形和裂缝尖端变形等重要因素在现有绝大多数 4-ENF 的研究中都没有得到考虑。

借助柔性节点模型，将这些重要因素纳入 4-ENF 节点模型的研究中。对基于刚性节点模型的断裂试件柔度和能量释放率进行修正得到柔性节点模型的柔度和能量释放率，分别为

$$C = C_{\mathrm{C}} + C_{\mathrm{j}} \tag{11-15}$$

$$G = G_{\mathrm{C}} + G_{\mathrm{j}} \tag{11-16}$$

式中，C 为含裂缝试件的总的柔度；C_{C} 为基于刚性节点模型 (经典复合梁模型) 的试件柔度；C_{j} 为裂缝尖端的局部变形所产生的柔度。在横向荷载作用下，C_{j} 可表示为

$$C_{\mathrm{j}} = -\frac{1}{2F}\left(\Delta\phi a + \Delta w\right) \tag{11-17}$$

式中，$\Delta\phi$ 和 Δw 分别为基于刚性节点模型和柔性节点模型之间的转角和挠度之差，其表达式为

$$\Delta\phi = S_{21}N + S_{22}M + S_{23}Q \tag{11-18}$$

$$\Delta w = S_{31}N + S_{32}M + S_{33}Q \tag{11-19}$$

此处，S_{2i} 和 $S_{3i}(i=1\sim 3)$ 为裂缝尖端的局部变形参数。N、M 和 Q 为裂缝尖端的荷载参数，对于图 11-1 所示的 4-ENF，N、M 和 Q 可表示为

$$\begin{cases} N=-\dfrac{1}{2}\varsigma Fd \\ M=\dfrac{1}{2}\left(\alpha-\varphi\right)Fd \\ Q=0 \end{cases} \tag{11-20}$$

其中，ς 为初等复合梁理论中的参数，

$$\varsigma=\frac{bh_1(h_2+h_1/2-\widetilde{z})}{I_{\mathrm{T}}}$$

式中，I_{T} 为复合梁的惯性矩；$\widetilde{z}$ 为复合梁的底部到其中性轴的距离。

将式 (11-17)~ 式 (11-20) 代入式 (11-15)，可得到 4-ENF 修正后的柔度为

$$C_{\mathrm{F}}^{4-\mathrm{ENF}}=C_{\mathrm{C}}^{4-\mathrm{ENF}}+\frac{d}{4}\left\{\left[S_{21}\varsigma-S_{22}\left(\alpha-\varphi\right)\right]a+S_{31}\varsigma-S_{32}\left(\alpha-\varphi\right)\right\} \tag{11-21}$$

将式 (11-21) 代入式 (11-10)，并结合式 (11-16) 可以得到基于柔性节点模型的 4-ENF 的能量释放率为

$$G_{\mathrm{F}}^{4-\mathrm{ENF}}=G_{\mathrm{C}}^{4-\mathrm{ENF}}+\frac{F^2d}{8b}\left[S_{21}\varsigma-S_{22}\left(\alpha-\varphi\right)\right] \tag{11-22}$$

此处含下标“F”的量为基于柔性节点模型的解。当上下子层对称时，4-ENF 退化为纯 II 型断裂模式下的 4-ENF，相应地，4-ENF 的柔度和能量释放率简化为

$$C_{\mathrm{F}}^{4-\mathrm{ENF}}=\frac{d}{4B_1}+\frac{d^2}{96D_1}\left(3L-10d+9a\right)+\frac{dh}{64D_1}\left(\frac{h}{k_0^2}+\frac{\sqrt{6}a}{k_0}\right) \tag{11-23}$$

$$G_{\mathrm{F}}^{4-\mathrm{ENF}}=\frac{\sqrt{6}F^2d}{64bD_1}\left(\frac{\sqrt{6}}{2}d+\frac{h}{k_0}\right) \tag{11-24}$$

其中，

$$k_0=\sqrt{10G_{13}/E_{11}}$$

11.1.3　不同计算方法比较

基于初等复合梁理论和有限元分析，Martin 和 Davidson[6] 给出了纯 II 型界面断裂 4-ENF 柔度和能量释放率的解。本节将通过柔性节点模型与这两种模型的比较来研究裂缝尖端变形对 4-ENF 柔度和能量释放率的影响作用。此处，初等复合梁理论可通过忽略刚性节点模型中剪切变形项而退化得到。4-ENF 的材料参数和

几何尺寸从 Martin 和 Davidson[6] 的论文中提取为 $F = 100\text{N}$，$L = 100\text{mm}$，$d = 25\text{mm}$，$h_1 = h_2 = 2.2\text{mm}$，$E_x = 145.0\text{GPa}$，$E_z = 10.5\text{GPa}$，$G_{xz} = 4.16\text{GPa}$，$\upsilon_{xz} = 0.293$。

图 11-4 显示了基于初等复合梁理论、刚性节点模型、柔性节点模型及有限元分析对 4-ENF 随裂缝扩展而变化的柔度的比较。此处，假定有限元分析解为精确解，从图 11-4 可以发现：所比较的四种模型都表明 4-ENF 的柔度与界面裂缝长度呈线性变化关系；而基于初等复合梁理论的解所预测的柔度最小，与有限元分析结果也相差最大。根据 Martin 和 Davidson[6] 的论点，这一误差是由于初等复合梁理论忽略了横向剪切变形。然而，图 11-4 表明，基于刚性节点模型的解还是低估了 4-ENF 的柔度。实际上，式 (11-13) 和式 (11-23) 揭示了这两种模型间差异的真实原因为初等复合梁理论和刚性节点模型未能考虑 4-ENF 的裂缝尖端变形。通过考虑裂缝尖端变形，基于柔性节点模型的解法更加接近基于有限元分析的解法，这也证明了裂缝尖端的变形是精确评估 4-ENF 柔度的关键因素。

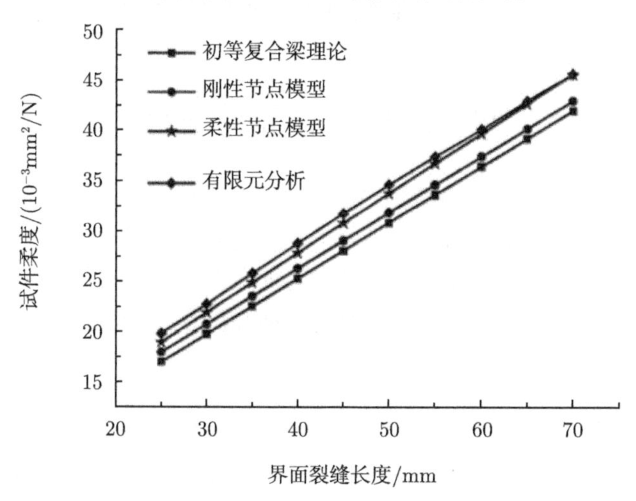

图 11-4 4-ENF 柔度与界面裂缝长度之间的关系

图 11-5 显示了基于初等复合梁理论、刚性节点模型、柔性节点模型及有限元分析对 4-ENF 随裂缝扩展而变化的能量释放率比较。此时，因为横向剪切变形对纯 II 型断裂试件的能量释放率不产生影响，所以基于初等复合梁理论和刚性节点模型所预测的能量释放率完全相同。相比于有限元分析结果，初等复合梁理论低估了 4-ENF 的能量释放率，而由于考虑了裂缝尖端局部变形，柔性节点模型结果与数值分析结果更加接近。图 11-5 表明，初等复合梁理论和柔性节点模型所预测的 4-ENF 的能量释放率都不随裂缝扩展而变化；而有限元分析结果则显示，能量释放率在裂缝尖端靠近荷载加载点处存有局部效应。因而，Martin 和 Davidson[6] 推

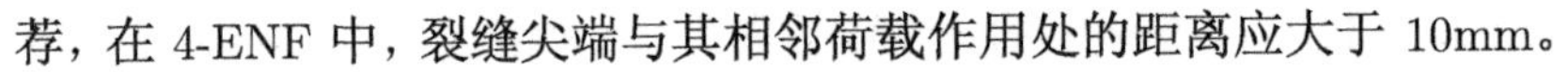
荐，在 4-ENF 中，裂缝尖端与其相邻荷载作用处的距离应大于 10mm。

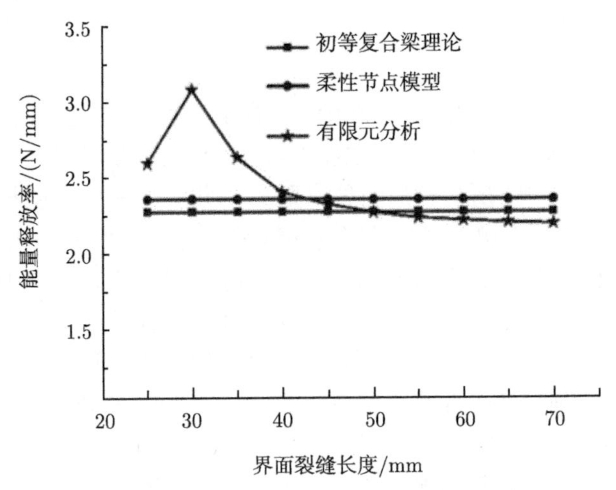

图 11-5　4-ENF 能量释放率与界面裂缝长度之间的关系

11.2　4-ENF 试验研究

在 FRP 加固混凝土结构的应用中，混凝土和 FRP 基本上不满足对称属性的条件，所以 FRP–混凝土黏结界面通常不是纯 II 型而是混合型界面断裂破坏。但是，现有文献中对混合型 4-ENF 的断裂韧性试验研究非常有限，本节将对 CFRP 加固混凝土黏结界面的纯 II 型和混合型界面断裂韧性进行试验研究。

11.2.1　4-ENF 试验介绍

含界面裂缝的铝板/CFRP–混凝土试件是由混凝土、CFRP 和铝板黏结而成的。由于 CFRP 很薄，采用强度高的铝板和 CFRP 结合起来，形成与混凝土梁相应的子层，之后，CFRP 和混凝土面黏结，形成铝板/CFRP 层和混凝土层的双层梁试件，如图 11-6 所示。

首先，清除混凝土、CFRP 和铝板的黏合面上的杂质。用木头抹刀将环氧树脂胶结剂 (环氧树脂和固化剂的体积比为 3 : 1) 均匀涂抹在 38mm 厚的铝板上。将 0.1651mm 厚的 CFRP 放在铝板上并施以轻微的均匀压力，以使其更好地黏结在铝板上。其次，将长 305mm、宽 102mm 的塑料薄膜分别粘贴在混凝土 (厚度分别为 38mm、51mm 和 64mm) 和 CFRP 一端的上表面，形成 305mm 长的初始裂缝。再次，将环氧树脂胶结剂均匀地涂抹在 FRP 顶面。待 CFRP 被胶结剂充分浸润之后，把贴有塑料薄膜的混凝土置于 CFRP 上，从而形成混凝土、CFRP 和铝板结合的 4-ENF。每个试件装配时间控制在 5~10min。最后，为了更好地使各子层间充分胶结并得到均匀的胶层厚度，用图 11-7 所示夹具对各试件施加压力，使胶层内产生 0.69MPa 左右的压应力，并得到 0.0508~0.1778mm 的胶层厚度。在室温条件下养护 36h 后除去压力。在这段时期内，用抹刀把试件侧边的过量胶结剂清除。所有的试件将在室温放置 6 天以固化。

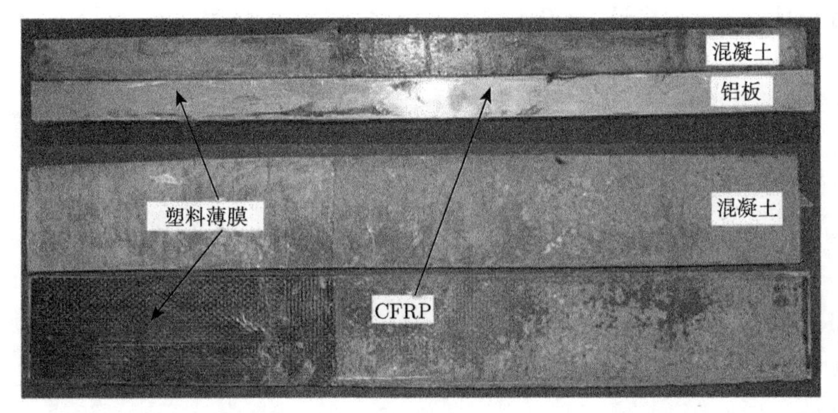

(a) 4-ENF实拍

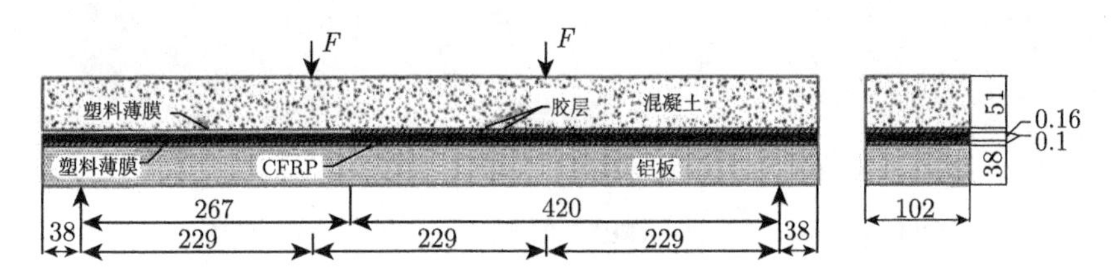

(b) 4-ENF示意图 (单位:mm)

图 11-6　4-ENF

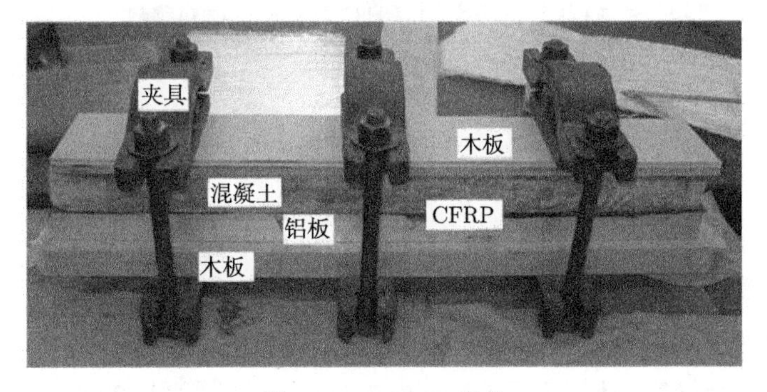

图 11-7　4-ENF 夹具

11.2.2 材料

混凝土的各成分质量配合比为 m(水泥) : m(细沙) : m(粗骨料) : m(水) $= 1 : 1.577 : 2.356 : 0.4$，粗骨料的粒径为 $3.2 \sim 9.5$mm。试件浇筑成型后采用蒸汽养护，28 天后开始测试。通过混凝土试件的压缩试验和劈裂试验 (图 11-8)，测得了本试验中混凝土试件的弹性模量、拉压强度及泊松比，详见表 11-1。

(a) 混凝土弹性模量试验

(b) 混凝土压缩试验

(c) 混凝土劈裂试验

图 11-8 混凝土参数提取试验

表 11-1 混凝土、CFRP 和铝板的材料参数

项目	弹性模量及剪切模量/GPa			泊松比	强度/MPa	
	E_1	E_2	G_{12}	ν	f_{t}	f_{c}
混凝土	27.579	27.579	14.496	0.2	3.14	34.24
CFRP	195.81	47.643	12.962	0.0674	—	—
铝板	69.982	69.982	25.92	0.35	—	—

将碳纤维及环氧树脂胶结剂组合而成的复合材料 CFRP 作为铝板/CFRP–混凝土结构的黏结材料。环氧树脂胶结剂由#2000 液体树脂和#2006 粉状硬化剂，通过 3 : 1 的体积比例混合搅拌而成。成型后的 CFRP 织物为单层 CF130，纤维体积含量为 86.1%。铝板和 CFRP 的材料属性详见表 11-1。

11.2.3 4-ENF 设计

采用 4-ENF 对 CFRP 加固混凝土黏结界面的纯Ⅱ型和混合型界面断裂韧性进行试验研究，铝层厚度固定为 38mm，需要改变混凝土的厚度来设计纯Ⅱ型和混合型 4-ENF。

由式 (11-12) 得

$$\beta = B_1/(B_1 + B_2) = 1/2 \Rightarrow B_1 = B_2 \tag{11-25}$$

$$\varphi = \frac{D_1}{D_{\mathrm{T}}} = \frac{1}{8} \Rightarrow D_{\mathrm{T}} = 8D_1 \tag{11-26}$$

其中，

$$\begin{cases} D_{\mathrm{T}} = E_1 I_{\mathrm{T}} \\ I_{\mathrm{T}} = bh_1^3/12 + bh_1(h_2 + h_1/2 - \widetilde{z})^2 + nbh_2^3/12 + nbh_2(h_2/2 - \widetilde{z})^2 \\ \widetilde{z} = \left(h_1^2/2 + h_1h_2 + nh_2^2/2\right) / (h_1 + nh_2) \\ n = E_2/E_1 \end{cases} \tag{11-27}$$

式中，D_{T} 为复合梁的等效抗弯刚度；n 为子层 2 与子层 1 的弹性模量的比值；$\widetilde{z}$ 为复合梁的底部到其中性轴的距离；h_1 和 h_2 分别为子层 1 和子层 2 的厚度。

将混凝土和铝板弹性模量及铝板厚度代入式 (11-26) 和式 (11-27) 中得

$$h_1 = 51\mathrm{mm} \tag{11-28}$$

该试验共准备了 18 个试件。所有试件中，铝层厚度固定为 38mm。第一组 (M 组)6 个试件 (其中两个失败) 的混凝土厚度为 51mm，用以测量纯Ⅱ型界面断裂强度。这一特定的混凝土基底厚度是通过传统复合梁理论中的有效抗弯刚度法来确定的。为了测量混合型界面裂缝断裂强度，另两组试件 (每组 6 个试件) 的混凝土厚度分别为 38mm(S 组) 和 64mm(L 组)。

11.2.4 4-ENF 的界面断裂试验

本节对 CFR–混凝土黏结界面的断裂试验过程进行详细的介绍。所有断裂试验均在 MTS 液压试验机 (图 11-9) 上进行，用钢荷载装置施加四点弯曲荷载。该荷载装置的支座间的净跨为 687mm，支座与荷载间的距离为 229mm，如图 11-6(b) 所示。

因为位移加载比力加载能更稳定地控制裂缝的扩展，试验采用 0.508mm / min 的位移加载模式，且最大挠度设为 25.4mm。为了降低荷载装置本身位移的影响，用夹子把测量仪固定在试件下以测量试件的跨中挠度。MTS 液压试验机将自动连续地记录荷载和加载点的挠度。试验时持续加载，直到荷载–位移曲线出现第 2 个明显的峰值，从而得出裂缝起裂和抑裂的临界荷载。

图 11-9　MTS 液压试验机

1. 破坏方式

4-ENF 断裂试验包括纯Ⅱ型断裂和混合型断裂试验。随着施加荷载达到开裂荷载，在裂缝尖端附件开始出现断裂，并且随着施加荷载的增加裂缝不断扩展，直至试件完全失效破坏。根据 CFRP–混凝土黏结界面脱黏扩展的路径和失效的位置、方式等，将破坏失效方式划分为以下三种。

1) 破坏方式 A：剥离发生在胶层–混凝土界面和界面混凝土

M-1、M-2、M-3 试件的裂缝在胶层–混凝土界面扩展一定长度后，又在界面混凝土内发展直到试件末端，如图 11-10(a) 所示。胶层–混凝土界面剥离在图中显示为清晰的 FRP 表面；界面混凝土剥离发生在不足 1mm 的混凝土表层内，图中显示为灰层部分。

2) 破坏方式 B：剥离始于胶层–混凝土界面、界面混凝土且混凝土梁破坏

试件 M-4、S-1、S-2、S-3、S-4、S-6、L-1、L-2、L-4、L-5、L-6 的裂缝始于胶层–混凝土界面，发展一定长度后沿界面混凝土发展，并引发混凝土斜裂缝，该裂缝随荷载增加延伸至右加载点下发生斜拉破坏。在混凝土梁侧面可观察到明显的裂缝，如图 11-10(b) 所示。

3) 破坏方式 C：剥离发生在界面混凝土且混凝土梁破坏

试件 S-5、L-3 的破坏方式与破坏方式 B 类似，但裂缝始于界面混凝土，如图 11-10(c) 所示。

2. 纯Ⅱ型 4-ENF

图 11-11 为纯Ⅱ型 4-ENF 的典型荷载–位移曲线关系。其中，荷载是两个集中力传感器测出的荷载平均值，位移是构件跨中的挠度。起初，位移随着外加荷载线性增加，这一过程中，储存在试件中的弹性应变能不断增加，当试件内的弹性应变

能随着荷载的增加持续增加到初始裂缝扩展所需要的能量时，裂缝开始扩展并释放部分能量。

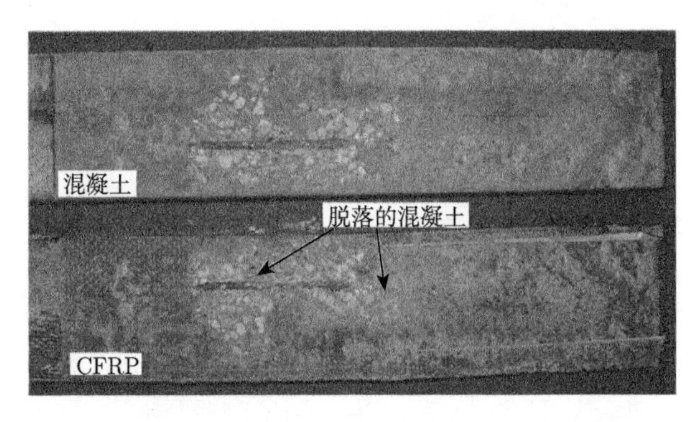

(a) 破坏方式A:剥离发生在胶层-混凝土界面和界面混凝土

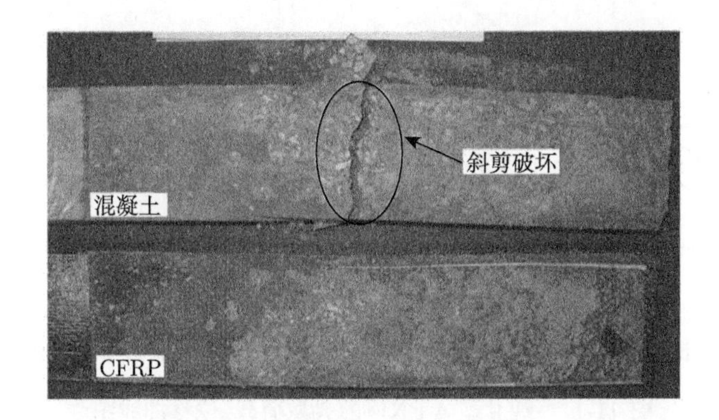

(b) 破坏方式B:剥离始于胶层-混凝土界面、界面混凝土且混凝土梁破坏

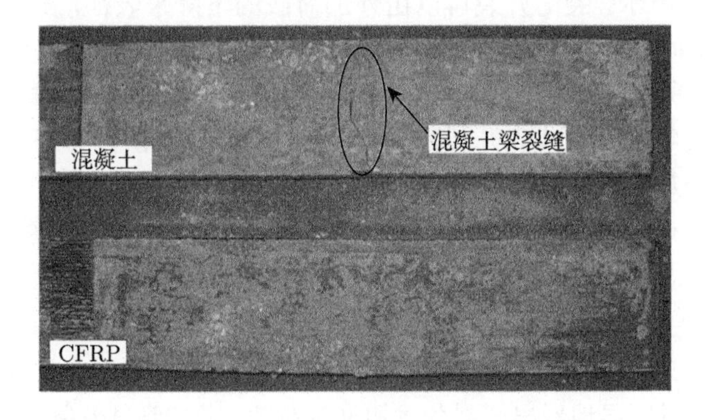

(c) 破坏方式C:剥离发生在界面混凝土且混凝土梁破坏

图 11-10 4-ENF 典型 CFRP–混凝土黏结界面失效破坏方式

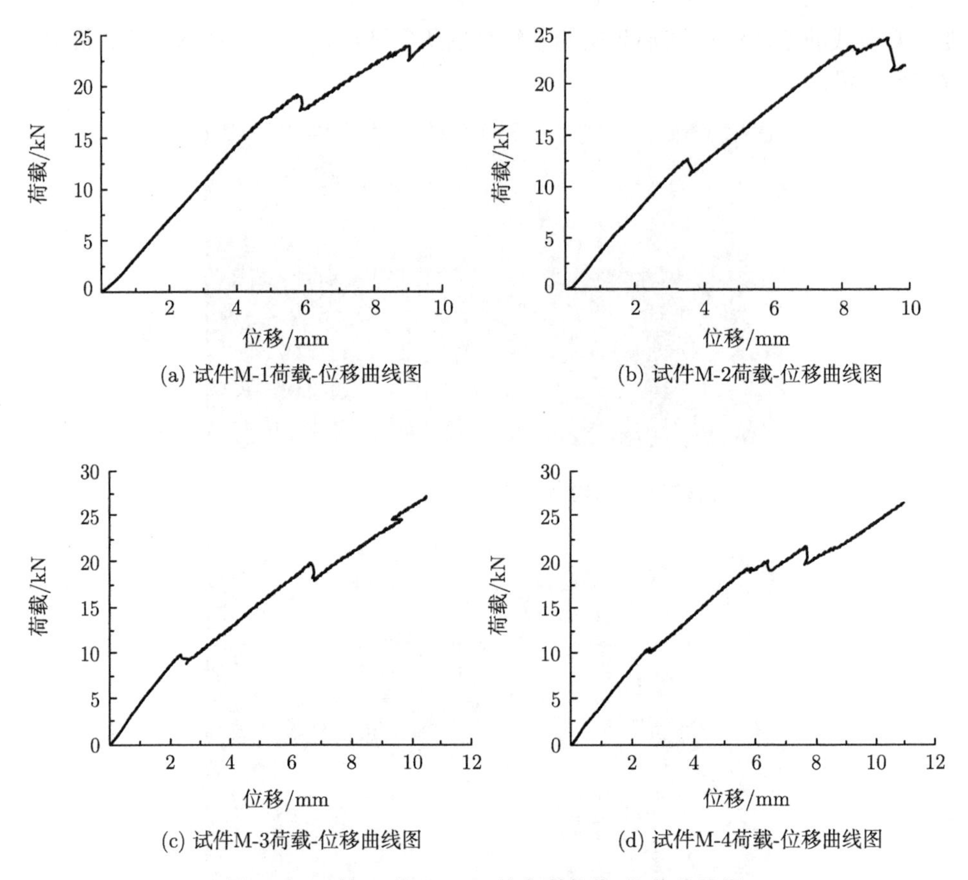

图 11-11　纯 II 型 4-ENF 的典型荷载–位移曲线图

如图 11-11 所示，裂缝开裂可以由外加荷载的下降来表征，随着裂缝的延伸，外加荷载减小，同时储存的弹性应变能增加，所以裂缝在没有完全贯通前就得到了抑制。图 11-11 所示的荷载–位移曲线中，荷载–位移曲线的突然下降表明裂缝的起裂扩展，相应的峰值荷载代表开裂荷载；曲线中局部下降阶段为裂缝的扩展阶段，这一过程中，外加荷载减小，当荷载减小到一极小值时，裂缝停止扩展而外荷载开始增加，相应的极小值为抑裂荷载。随着试验的进行，开裂界面持续增加，并且起裂—抑裂这一试验现象循环出现，直到 CFRP–混凝土黏结界面完全破坏或混凝土梁发生开裂破坏。

以试件 M-2 为例，图 11-12 为试件 M-2 开裂荷载附近的荷载–位移曲线的放大部分。该图可以明显地看出开裂荷载和抑裂荷载。考虑到试件制作过程裂缝尖端附近 CFRP–混凝土黏结界面难免存在杂质和空隙等缺陷，各试件的开裂荷载和抑裂荷载均从荷载–位移曲线中第 2 个明显的峰值中读取。

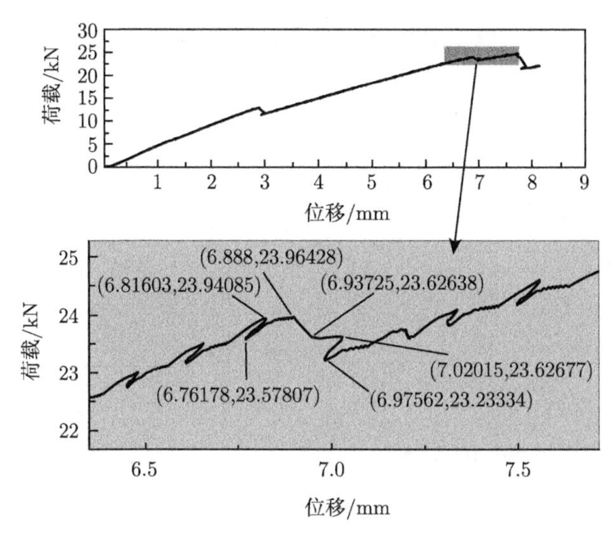

图 11-12 试件 M-2 开裂荷载附近荷载–位移曲线

表 11-2 列出了纯Ⅱ型 4-ENF 的开裂荷载、抑裂荷载及其平均值和变异系数(COV)。

表 11-2 纯Ⅱ型 4-ENF 的临界荷载

试件	开裂荷载/kN	抑裂荷载/kN
M-1	19.14	19.39
	18.97	19.60
	18.03	19.51
M-2	23.94	23.62
	26.96	23.60
	23.63	23.28
M-3	19.91	19.57
	19.88	18.31
	18.46	18.08
M-4	19.97	19.54
	20.10	19.13
	20.01	19.83
平均值	20.75	20.29
COV	10.3%	9.9%

3. 混合型 4-ENF

混合型 4-ENF 的荷载–位移曲线分别由图 11-13 和图 11-14 给出，从中可以看出，混合型 4-ENF 的荷载–位移关系、裂缝开裂和止裂现象与图 11-12 所示的纯Ⅱ型界面断裂的行为相类似。图 11-15 为试件 S-6 和 L-1 开裂荷载附近的荷载–位移曲线的放大部分，该图可以明显地看出开裂荷载和抑裂荷载。

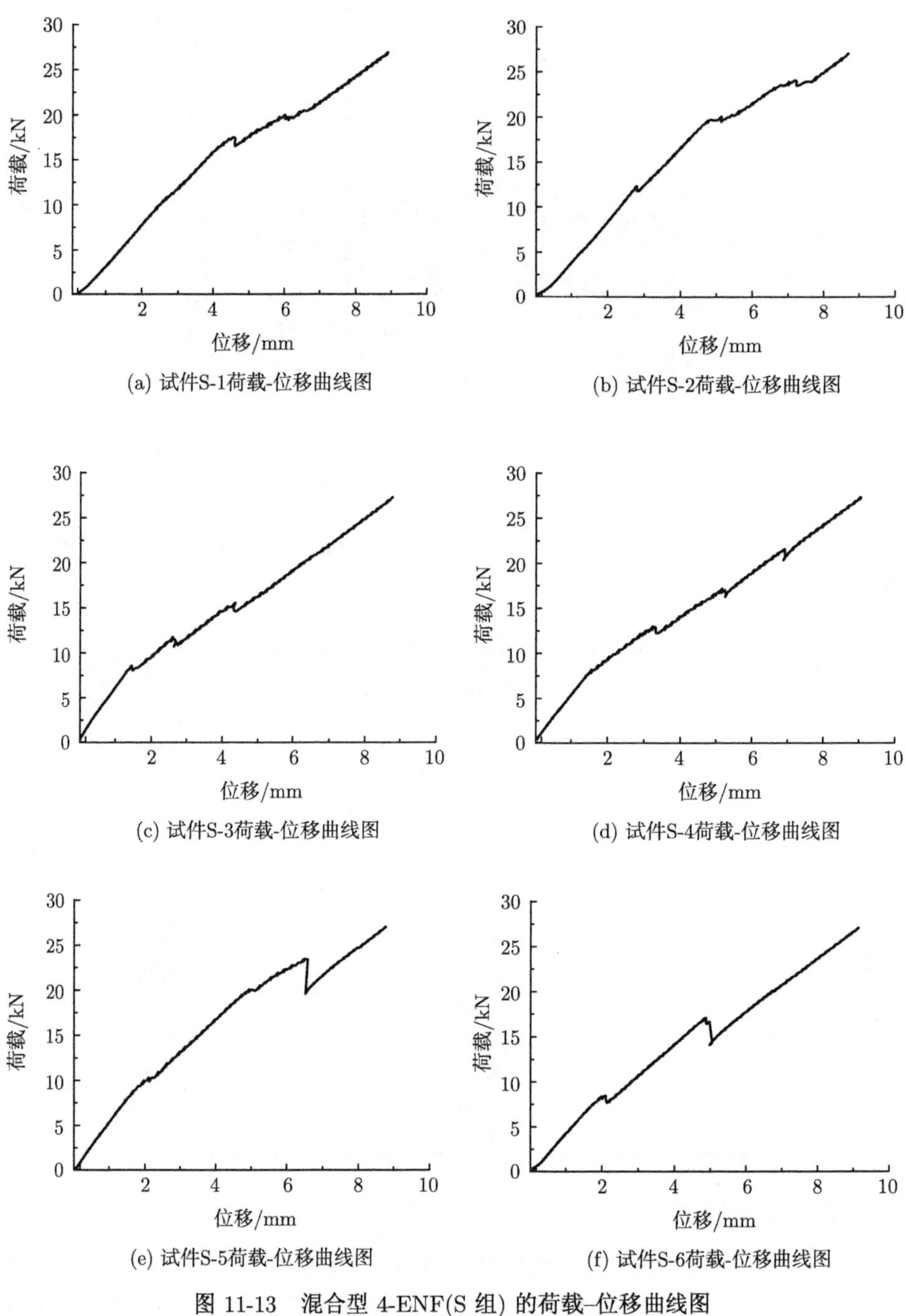

(a) 试件S-1荷载-位移曲线图

(b) 试件S-2荷载-位移曲线图

(c) 试件S-3荷载-位移曲线图

(d) 试件S-4荷载-位移曲线图

(e) 试件S-5荷载-位移曲线图

(f) 试件S-6荷载-位移曲线图

图 11-13　混合型 4-ENF(S 组) 的荷载–位移曲线图

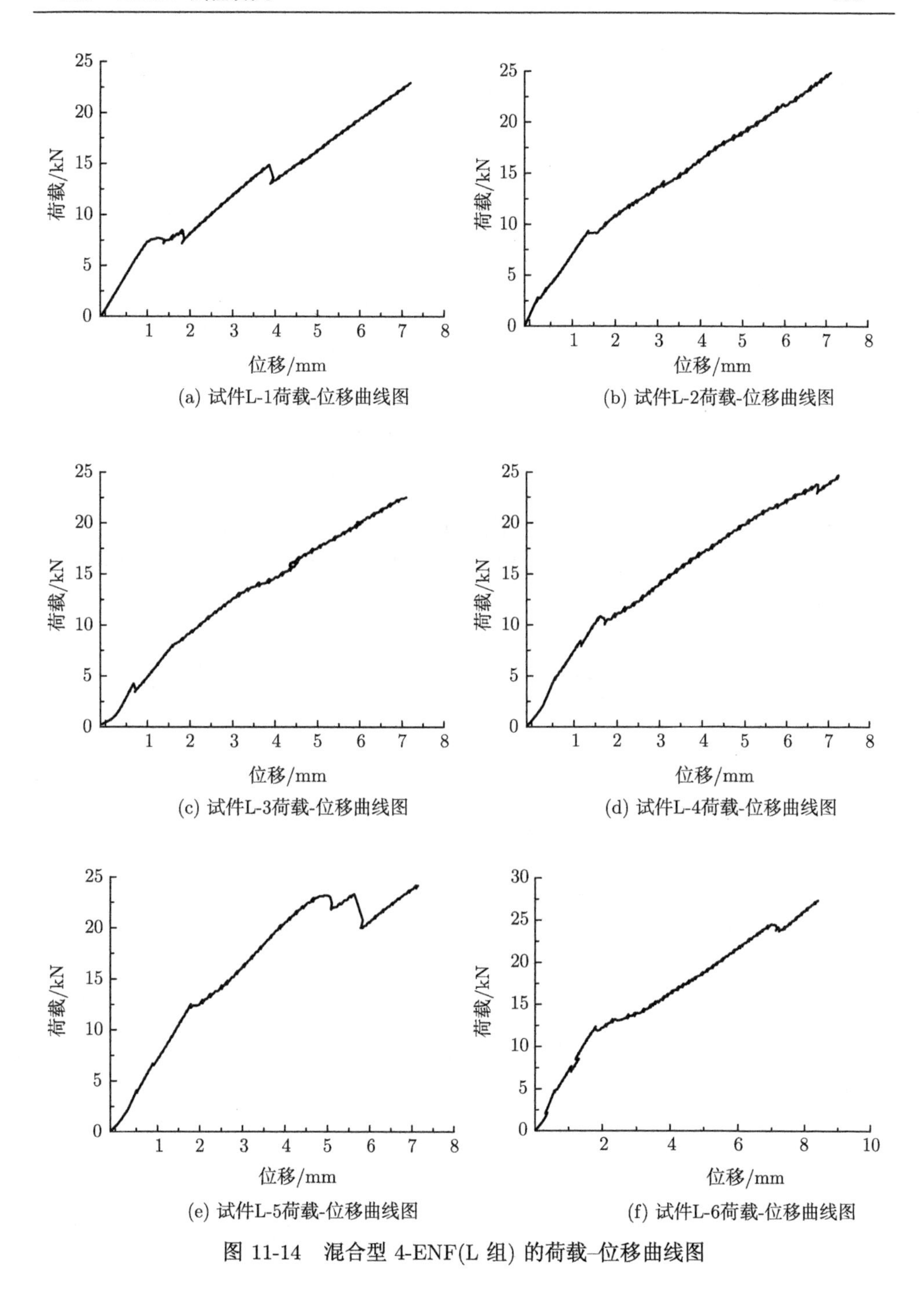

(a) 试件L-1荷载-位移曲线图

(b) 试件L-2荷载-位移曲线图

(c) 试件L-3荷载-位移曲线图

(d) 试件L-4荷载-位移曲线图

(e) 试件L-5荷载-位移曲线图

(f) 试件L-6荷载-位移曲线图

图 11-14 混合型 4-ENF(L 组) 的荷载–位移曲线图

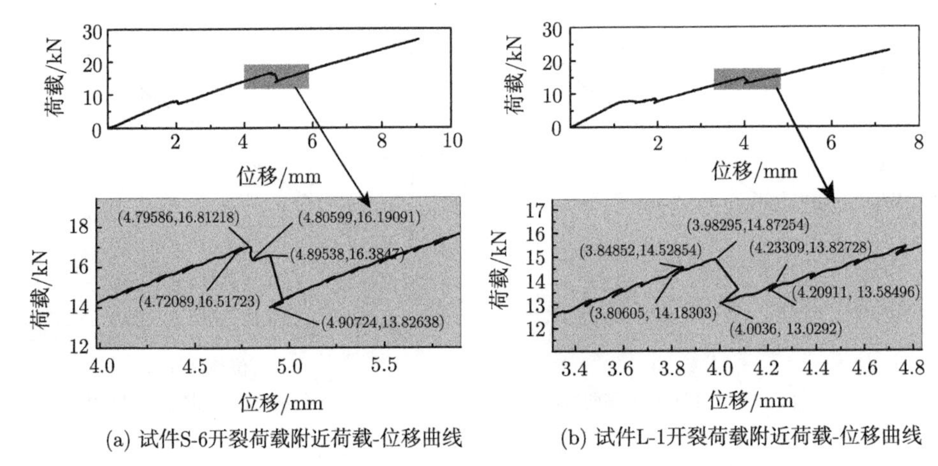

(a) 试件S-6开裂荷载附近荷载-位移曲线　　(b) 试件L-1开裂荷载附近荷载-位移曲线

图 11-15　试件 S-6 和 L-1 开裂荷载附近荷载–位移曲线

表 11-3 列出了混合型 4-ENF S 组和 L 组的开裂荷载、抑裂荷载及其平均值和变异系数 (COV)。其中试件 S-5 和 L-3 在试验过程中混凝土在 CFRP–混凝土黏结界面发生破坏，所以这两组数据没有列入表 11-3 中。

表 11-3　混合型 4-ENF 的临界荷载

试件	开裂荷载/kN	抑裂荷载/kN	试件	开裂荷载/kN	抑裂荷载/kN
S-1	17.18	17.13	L-1	14.45	14.12
	17.38	16.50		14.79	13.09
	17.29	17.02		13.76	13.63
S-2	19.45	19.40	L-2	13.24	13.14
	19.61	19.57		13.93	13.60
	19.90	19.64		14.73	14.62
S-3	14.84	14.70	L-4	10.37	10.16
	15.21	14.36		10.60	10.19
	15.29	15.08		10.89	10.76
S-4	16.77	16.45	L-5	11.74	11.66
	16.56	16.47		12.32	12.21
	16.30	16.08		12.80	12.72
S-6	16.74	16.44	L-6	11.58	11.50
	16.72	16.32		12.33	11.91
	16.34	13.83		12.67	12.53
平均值	17.04	16.60	平均值	12.68	12.39
COV	9.1%	10.8%	COV	10.7%	11.2%

11.3 试验结果分析与比较

结合本章第 1 节所确定的柔度变化率 dC/da 和第 2 节由试验得到的临界荷载，可确定纯 II 型和混合型 4-ENF 的界面断裂韧性。为验证基于柔性节点模型所预测的混合型界面断裂试件的柔度和能量释放率，本节采用有限元分析来预测纯 II 型和混合型 4-ENF 的柔度，随后用理论解与有限元分析结果比较，以研究 CFRP–混凝土黏结界面的裂缝尖端变形对试件柔度的影响。

最后结合柔度变化率 dC/da 比较基于不同模型所预测的界面断裂韧性。在有限元分析中，采用商业有限元软件对试件进行分析，采用六节点三角形平面应力单元，考虑到铝板和 CFRP 之间一般不会出现脱黏的情况，并且 CFRP 层的厚度相对于铝板的厚度来说非常小 (仅为铝板厚度的 1/230)，因此在建模过程中将 CFRP 和铝板按一种材料进行模拟，取两者的等效弯曲刚度进行计算分析。在裂缝尖端局部区域进行网格细化，裂缝尖端周边布置 12 个退化的奇异单元来捕获裂间奇异应力。采用对称的接触单元模拟试件变形过程中裂缝界面的接触现象。4-ENF 的有限元模型如图 11-16 所示。

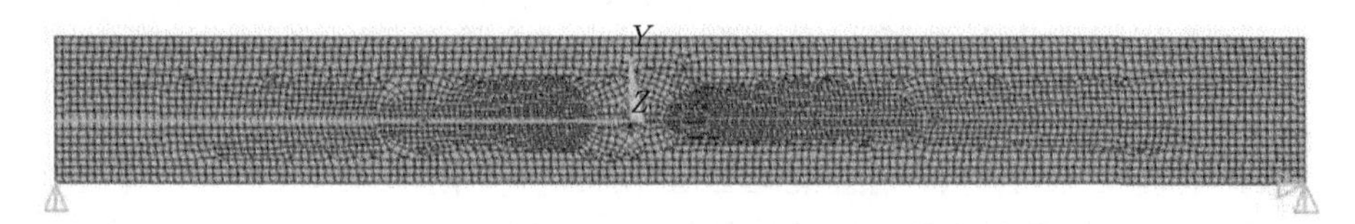

(a) 4-ENF的有限元模拟

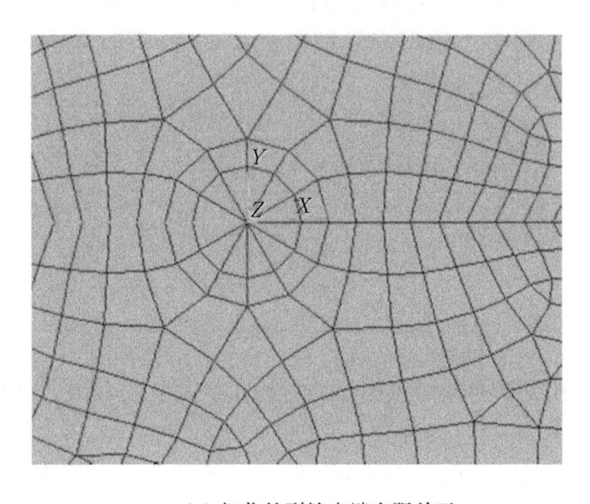

(b) 细化的裂缝尖端有限单元

图 11-16 4-ENF 有限元模型

图 11-17 显示了基于刚性节点模型、柔性节点模型及有限元分析对铝板/CFRP–混凝土梁纯 II 型 4-ENF 随裂缝扩展而变化的柔度的比较。仍旧假定有限元分析解为精确解。图 11-17 表明三种模型所预测的断裂试件的柔度都与裂缝长度呈线性关系；其中，刚性节点模型低估了试件的柔度，与有限元分析结果之间的误差达到 10.2%；而考虑了裂缝尖端变形的柔性节点模型所预测的柔度与有限元分析结果比较接近，其误差仅为 3.4%。

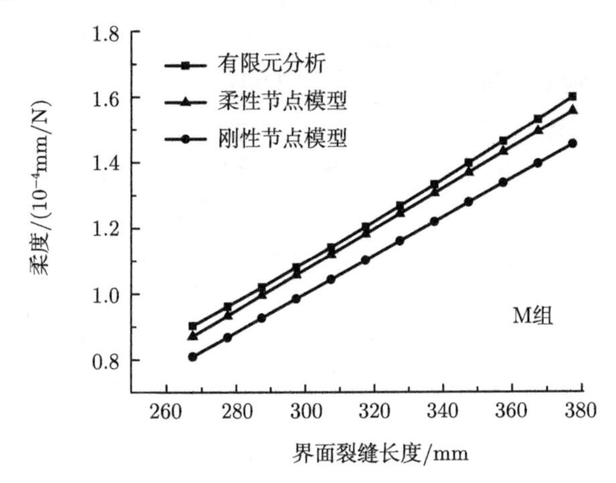

图 11-17　纯 II 型 CFRP–混凝土 4-ENF 柔度与界面裂缝长度之间的关系

纯 II 型铝板/CFRP–混凝土梁 4-ENF 的柔度变化率 $\mathrm{d}C/\mathrm{d}a$ 可以通过计算图 11-17 中柔度与界面裂缝长度曲线的斜率而得到。表 11-4 列出了不同模型 (刚性节点模型、柔性节点模型及有限元分析) 所预测试件柔度变化率的比较结果，表中数据显示了基于不同节点模型纯 II 型铝板/CFRP–混凝土梁 4-ENF 的柔度变化率及其与有限元分析结果的差异。

表 11-4　铝板/CFRP–混凝土梁 4-ENF 柔度变化率的比较

试件	有限元分析/$10^{-7}\mathrm{N}^{-1}$	刚性节点模型/$10^{-7}\mathrm{N}^{-1}$	差异/%	柔性节点模型/$10^{-7}\mathrm{N}^{-1}$	差异/%
M 组	6.32	5.71	9.7	6.22	1.6
S 组	8.79	7.8	11.3	8.44	4.0
L 组	4.29	3.81	11.2	4.15	3.3

图 11-18 显示了基于刚性节点模型、柔性节点模型及有限元分析对铝板/CFRP–混凝土梁混合型 4-ENF 随裂缝扩展而变化的柔度的比较。值得注意的是，此时刚性节点模型与柔性节点模型所预测的断裂试件柔度与界面裂缝长度的关系并不是严格意义上的线性关系，这表明铝板/CFRP–混凝土梁混合型 4-ENF 的柔度变化率并不是一个常数。然而，基于图 11-18 中所显示的试件柔度与界面裂缝长度的变

化曲线，完全可以近似认为其为线性关系，这表明可近似认为混合型 4-ENF 的能量释放率与界面裂缝的长度无关，进而说明 4-ENF 是测量工程加固结构中纯Ⅱ型或混合型界面断裂韧性的理想试验模型。与有限元分析结果相比较，刚性节点模型仍旧低估了断裂试件的柔度，对于 S 组和 L 组，其误差分别是 11.4%和 13.1%。而柔性节点模型再一次较为精确地预测了试件的柔度，对于 S 组和 L 组，其与有限元分析结果间的误差仅为 4.3%和 4.5%。

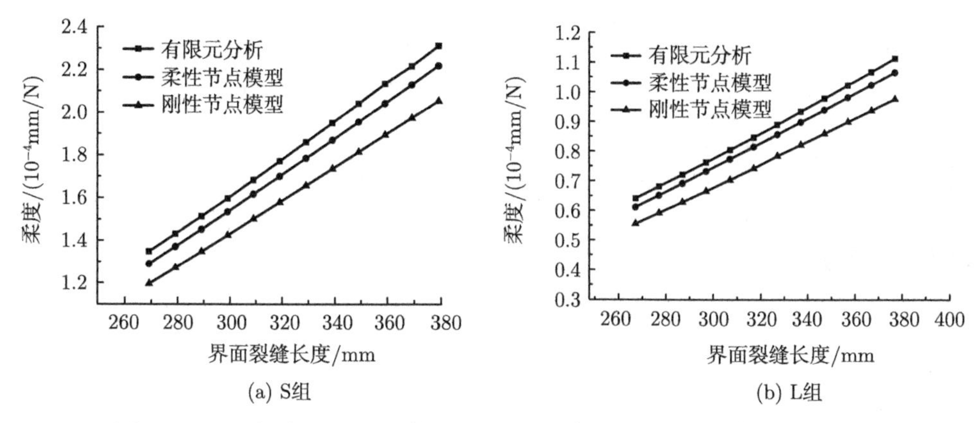

图 11-18 混合型 CFRP–混凝土 4-ENF 柔度与界面裂缝长度之间的关系

基于不同模型所预测的铝板/CFRP–混凝土梁混合型 4-ENF 柔度变化率的比较也在表 11-4 中给出。从中可以发现，相对于刚性节点模型，由于考虑了裂缝尖端变形，柔性节点模型能预测更为精确的柔度、柔度变化率和界面断裂韧性，这再次说明了裂缝尖端变形在精确评估加固结构中混合型界面断裂试件的柔度和界面断裂韧性中发挥着至关重要的作用。

结合裂缝扩展过程中开裂和抑裂临界荷载、柔度变化率 $\mathrm{d}C/\mathrm{d}a$ 及式 (11-1)，铝板/CFRP–混凝土梁中 CFRP–混凝土黏结界面的开裂断裂韧性 (G_c^i) 和抑裂断裂韧性 (G_c^a) 可得以确定。基于不同的模型 (刚性节点模型、柔性节点模型及有限元分析)，针对本试验中所量测的三组不同试件 (纯Ⅱ型 M 组、混合型 S 组及 L 组)，其界面开裂断裂韧性和抑裂断裂韧性分别列于表 11-5 中。

表 11-5 CFRP–混凝土黏结界面断裂韧性比较

试件	裂缝扩展	刚性节点模型/(N/m)	柔性节点模型/(N/m)	有限元分析/(N/m)
纯Ⅱ型 (M 组)	开裂	1176.29	1281.35	1301.95
	抑裂	1152.31	1255.23	1275.41
混合型 (S 组)	开裂	1110.21	1201.30	1251.12
	抑裂	1052.34	1138.69	1185.91
混合型 (L 组)	开裂	281.18	306.27	316.60
	抑裂	272.54	296.86	306.87

针对混凝土结构加固中由不同材料组成的结合面，除了可以用开裂断裂韧度和抑裂断裂韧度衡量黏结界面的强度外，脆性指标也是衡量断裂韧度的一项重要参数。脆性指标定义为裂缝开裂—抑裂过程中所损失的能量与裂缝开裂扩展所需要能量的比值，其表达式为 [17]

$$I = \frac{G_{\mathrm{c}}^{\mathrm{i}} - G_{\mathrm{c}}^{\mathrm{a}}}{G_{\mathrm{c}}^{\mathrm{i}}} \tag{11-29}$$

脆性指标越大，表明裂缝的扩展越不稳定；脆性指标越小，则说明裂缝缓慢且稳定扩展。River 和 Okkonen[17] 指出，$I = 0.43$ 代表中等程度的非稳定裂缝扩展情况，$I = 0.06$ 代表较强的裂缝稳定扩展情况。对于本试验研究的三组不同的铝板/CFRP–混凝土试件，通过表 11-5 中所列出的开裂断裂韧性和抑裂断裂韧性可计算出其脆性指标分别为 0.02、0.052 和 0.031。这表明本试验所研究的铝板/CFRP–混凝土试件中黏结界面的裂缝扩展均为稳定扩展。

11.4 本章小结

本章对四点弯曲荷载下铝板/CFRP–混凝土结构中 CFRP–混凝土黏结界面的断裂强度进行了理论分析与试验研究，给出了铝板/CFRP–混凝土断裂试件柔度和能量释放率的理论解析解。

(1) 利用一阶剪切变形分层梁理论，把试件中各子层的横向剪切变形纳入理论模型中；基于界面可变形梁理论 (柔性节点模型)，界面裂缝尖端的局部形变对断裂试件柔度和能量释放率的影响得到了充分考虑。

(2) 纯 II 型界面断裂试件中柔度与裂缝长度的线性关系及混合型界面断裂试件中柔度与裂缝长度的近似线性关系揭示了断裂试件的能量释放率与界面裂缝的长度无关，论证了 4-ENF 是测量工程加固结构中纯 II 型或混合型界面断裂韧性的理想试验模型。

(3) 通过对柔性节点模型和传统刚性节点模型及有限元分析结果进行比较，本章所给出的四点弯曲荷载下界面裂缝加固试件中柔度和能量释放率理论解的精确性得到了验证。结合理论模型所预测的柔度变化率和试验得到的黏结界面的起裂和抑裂临界荷载，得到了加固结构中以 II 型断裂为主的混合型断裂黏结界面的起裂和抑裂界面断裂韧性。

(4) 通过基于不同模型所预测的铝板/CFRP–混凝土梁混合型断裂试件柔度变化率和断裂韧性的比较，裂缝尖端的局部变形对精确评估混合型断裂试件界面强度的重要性得到了论证，比较结果表明，相对于刚性节点模型，由于考虑了裂缝尖端变形，柔性节点模型能更为精确地预测柔度、柔度改变率和界面断裂韧性，说明裂缝尖端变形在精确评估加固结构中混合型界面断裂试件的柔度和界面断裂韧性中发挥着至关重要的作用。较小的脆性指标表明本试验所研究的铝板/CFRP–混凝土试件中黏结界面的裂缝扩展均为稳定扩展。同时，本试验也验证了不同的测量裂缝纯 II 型和混合型界面断裂试件对 CFRP–混凝土断裂界面测量的优越性和可行性。

本章所提出的理论与试验相结合的方法的试验过程中无须跟踪测量裂缝开裂长度，减小了裂缝界面间的摩擦力影响，并提高了裂缝扩展过程中试件的稳定性，填补了文献中混合型 4-ENF 断裂韧性试验研究的空白；为准确量测加固结构中 II 型界面为主的混合型界面断裂韧性提供了理论基础及试验指导；为混凝土结构加固应用中设计高强度的黏结界面奠定了坚实的基础。

参 考 文 献

[1] QIAO P, WANG J, DAVALOS J F. Tapered beam on elastic foundation model for compliance rate change of TDCB specimen[J]. Engineering fracture mechanics, 2003,70(2): 339-353.

[2] DAVALOS J F, MADABHUSI-RAMAN P, QIAO P Z, et al. Compliance rate change of tapered double cantilever beam specimen with hybrid interface bonds[J]. Theoretical and applied fracture mechanics, 1998,29(2):125-139.

[3] DAVALOS J F, QIAO P, MADABHUSI-RAMAN P, et al. Mode I fracture toughness of fiber reinforced composite-wood bonded interface[J]. Journal of composite materials, 1998,32(10):987-1013.

[4] QIAO P, WANG J, DAVALOS J F. Analysis of tapered ENF specimen and characterization of bonded interface fracture under Mode-II loading[J]. International journal of solids and structures, 2003,40(8):1865-1884.

[5] EDDE F C, VERREMAN Y. Nominally constant strain energy release rate specimen for the study of mode II fracture and fatigue in adhesively bonded joints[J]. International journal of adhesion and adhesives, 1995,15(1):29-32.

[6] MARTIN R H, DAVIDSON B D. Mode II fracture toughness evaluation using four point bend, end notched flexure test[J]. Plastics, rubber and composites processing and applications, 1999,28(8):401-406.

[7] YOSHIHARA H. Mode II R-curve of wood measured by 4-ENF test[J]. Engineering fracture mechanics, 2004,71(13/14): 2065-2077.

[8] SCHUECKER C, DAVIDSON B D. Evaluation of the accuracy of the four-point bend end-notched flexure test for mode II delamination toughness determination[J]. Composites science and technology, 2000, 60(11): 2137-2146.

[9] ROBINSON P. A concept for experimentally evaluating the effect of friction in the 4-

ENF interlaminar toughness test[J]. International journal of fracture, 2001,110(3):L37-L42.

[10] QIAO P, WANG J. Mechanics and fracture of crack tip deformable bi-material interface[J]. International journal of solids and structures, 2004,41(26):7423-7444.

[11] QIAO P, WANG J. Novel joint deformation models and their application to delamination fracture analysis[J]. Composites science and technology, 2005,65(11/12): 1826-1839.

[12] DAVIDSON B D, HU H, SCHAPERY R A. An analytical crack-tip element for layered elastic structures[J]. Journal of applied mechanics, 1995,62(2): 294-305.

[13] KANNINEN M F, POPELAR C H. Advanced fracture mechanics[M]. New York: Oxford University Press, 1985.

[14] CORLETO C R, HOGAN H A. Energy release rates for the ENF specimen using a beam on an elastic foundation[J]. Journal of composite materials, 1995,29(11): 1420-1436.

[15] WANG J L, QIAO P Z. Analysis of beam-type fracture specimens with crack-tip deformation[J]. International journal of fracture, 2005,132(3):223-248.

[16] ANDREW M G, MASSABO R. The effects of shear and near tip deformations on energy release rate and mode mixity of edge-cracked orthotropic layers[J]. Engineering fracture mechanics, 2007,74(17):2700-2720.

[17] RIVER B H, OKKONEN E A. Contoured wood double cantilever beam specimen for adhesive joint fracture tests[J]. Journal of testing and evaluation, 1993,21(1):21-28.